REGULAÇÃO EMOCIONAL EM **PSICOTERAPIA**

L434l Leahy, Robert L.

Regulação emocional em psicoterapia : um guia para o terapeuta cognitivo-comportamental / Robert L. Leahy, Dennis Tirch, Lisa A. Napolitano ; tradução: Ivo Haun de Oliveira ; revisão técnica: Irismar Reis de Oliveira. – Porto Alegre : Artmed, 2013.

331 p. ; 25 cm.

ISBN 978-85-65852-86-9

1. Psicologia cognitiva. 2. Psicoterapia. I. Tirch, Dennis. II. Napolitano, Lisa A. III. Título.

CDU 159.92:615.851

Catalogação na publicação: Ana Paula M. Magnus – CRB-10/2052

REGULAÇÃO EMOCIONAL EM **PSICOTERAPIA**

Um guia para o terapeuta cognitivo-comportamental

Robert L. Leahy
Dennis Tirch
Lisa A. Napolitano

Tradução:
Ivo Haun de Oliveira

Consultoria, supervisão e revisão técnica desta edição:
Irismar Reis de Oliveira
Terapeuta Cognitivo certificado pelo Beck Institute.
Especialista em Psiquiatria pela Université René Descartes, Paris – França.
Doutor em Neurociências e Livre-docente em Psiquiatria pela Universidade Federal da Bahia (UFBA).
Professor Titular de Psiquiatria do Departamento de Neurociências da UFBA.
Membro Fundador da Academy of Cognitive Therapy.

2013

Obra originalmente publicada sob o título
Emotion Regulation in Psychotherapy: A Practitioner's Guide
ISBN 9781609184834

Gerente editorial:
Letícia Bispo de Lima

Colaboraram nesta edição

Coordenadora editorial:
Cláudia Bittencourt

Assistente editorial:
André Luis de Souza Lima

Capa:
Maurício Pamplona

Preparação de originais:
Simone Dias Marques

Leitura final:
Antônio Augusto da Roza

Editoração eletrônica:
Armazém Digital® Editoração Eletrônica – Roberto Carlos Moreira Vieira

SÃO PAULO
Av. Embaixador Macedo Soares, 10.735 – Pavilhão 5
Cond. Espace Center – Vila Anastácio
05095-035 – São Paulo – SP
Fone: (11) 3665-1100 Fax: (11) 3667-1333

SAC 0800 703-3444 – www.grupoa.com.br

IMPRESSO NO BRASIL
PRINTED IN BRAZIL

SOBRE OS AUTORES

Robert L. Leahy, Ph.D., é diretor do American Institute for Cognitive Therapy e professor de Psicologia no Departamento de Psiquiatria da Weill Cornell Medical College, ambos em Nova York. É autor ou organizador de 19 livros sobre terapia cognitiva e processos psicológicos, incluindo os livros para profissionais *Técnicas de terapia cognitiva, superando a resistência em terapia cognitiva* e *Treatment Plans and Interventions for Depression and Anxiety Disorders* (2ª edição), além de *Como lidar com as preocupações* e *Beat the Blues Before They Beat You*, voltados ao público geral. O Dr. Leahy é ex-presidente da Association for Behavioral and Cognitive Therapies, da International Association for Cognitive Psychotherapy e da Academy of Cognitive Therapy. É ganhador do Prêmio Aaron T. Beck por "Contribuições consistentes e duradouras na terapia cognitiva". Já ministrou *workshops* em todo o mundo e aparece com frequência nos meios de comunicação.

Dennis Tirch, Ph.D., é diretor associado e diretor de Serviços Clínicos do American Institute for Cognitive Therapy; professor assistente-adjunto na Weill Cornell Medical College e fundador e diretor do Center for Mindfulness and Compassion Focused CBT. É membro certificado da Academy of Cognitive Therapy, membro fundador e presidente da Association for Contextual Behavioral Science, seção de Nova York, e membro fundador, membro consultor a distância e coordenador de tecnologia da Cognitive Behavioral Therapy Association de Nova York. O Dr. Tirch é coautor de diversos artigos e capítulos de livros sobre terapia cognitivo-comportamental baseada em *mindfulness* e focada na compaixão e de três livros sobre *mindfulness*, aceitação e compaixão. Ao lado de Robert L. Leahy, está envolvido em um programa ativo de pesquisa que avalia o papel da teoria dos esquemas emocionais no bem-estar e na flexibilidade psicológica de humanos.

Lisa A. Napolitano, J.D., Ph.D., é fundadora e diretora da CBT/DBT Associates em Nova York e instrutora clínica adjunta do Departamento de Psiquiatria da Escola de Medicina da Universidade de Nova York. É diretora de treinamento em TCC do Projeto de Prevenção de Suicídio em Pequim, na China, e ex-coordenadora do Comitê de Treinamento da International Association for Cognitive Psychotherapy. A Dra. Napolitano é membro certificado da Academy of Cognitive Therapy e membro fundador da Cognitive Behavioral Therapy Association da Cidade de Nova York.

Para Helen
– R. L. L.

Para Jaclyn Marie Tirch
– D. T.

Para meus pacientes – alguns dos meus melhores professores
– L. A. N.

AGRADECIMENTOS

Robert L. Leahy e Dennis Tirch: Queremos expressar nosso reconhecimento aos muitos pesquisadores e clínicos em todo o mundo, cujo trabalho nos influenciou. Gostaríamos de agradecer às seguintes pessoas por suas contribuições no campo da terapia cognitivo-comportamental e da regulação emocional: Aaron T. Beck, David Burns, James Gross, John Teasdale, Jon Kabat-Zinn, Leslie Greenberg, Steven K. Hayes, Tom Borkovec, Adrian Wells, Cristopher Fairburn, Mark Williams, Zindel Segal, Marsha Linehan, Kelly Wilson, Francisco Varela, Joseph LeDoux, Edna Foa, Marylene Cloitre, Paul Gilbert, Richard Lazarus, Christopher Germer, Kristen Neff, Paul Ekman e Douglas Mennin. Poonam Melwani foi uma valorosa assistente de edição e pesquisa neste livro, e suas dedicação e atenção aos detalhes são muito apreciadas. Os muitos funcionários e estagiários do American Institute for Cognitive Therapy foram especialmente prestativos ao longo dos anos no esclarecimento e na testagem de muitas destas ideias. Particularmente, gostaríamos de agradecer a Laura Oliff e Jenny Taitz. Por fim, a equipe editorial da Guilford Press nos deu apoio e sugestões valiosas de aprimoramento durante todo o trabalho. Louise Farkas, editora sênior de produção, foi especialmente prestativa no processo de edição, e Jim Nageotte, editor sênior, um guia valoroso desde o princípio. Também somos profundamente gratos a nossas maravilhosas esposas, Helen e Jaclyn, e nos sentimos honrados em poder dedicar este livro a elas.

Dennis Tirch: Gostaria de agradecer a todos os meus professores de práticas meditativas, particularmente Stephen K. Hayes, Richard Amodio, Robert Fripp, Paul Kahn e Lillian Firestone, bem como aos companheiros da terapia focada na compaixão, Russell Kolts, Mary Welford, Choden e Chris Irons. Obviamente, gostaria também de reconhecer as lições de sabedoria e compaixão que aprendi com minha mãe e meu irmão, Janet e John.

Lisa A. Napolitano: Gostaria de agradecer com profundo reconhecimento o trabalho de Marsha Linehan e Aaron T. Beck, as duas influências primordiais no meu desenvolvimento de técnicas de regulação emocional para ajudar os pacientes. Também devo muito ao trabalho de K. Elaine Williams, Anthony Ahrens e Dianne Chambless. Sua extensão do conceito de "medo-do-medo" atiçou meu interesse clínico e de pesquisa sobre a forma como as crenças relativas às emoções contribuem para criar dificuldades de regulação emocional. Gostaria de agradecer a meus colegas da CBT/DBT Associates, que me encorajaram ao longo do projeto e ampliaram muitas de minhas ideias, em particular Annalise Caron, Arielle Freedberg e Samantha Monk. As sugestões e o auxílio do time editorial da Guilford Press, especialmente Jim Nageotte, editor sênior, e Jane Keislar, editora-assistente sênior, foram muito importantes. Finalmente, gostaria de agradecer a dois de meus mentores da Georgetown University, James T. Lamiell e Daniel N. Robinson. Sem seus estímulo e interesse genuíno em meus incipientes conhecimentos de psicologia, eu poderia ter simplesmente permanecido aquela jovem e sugestionável advogada que eles conheceram no verão de 1996.

PREFÁCIO

A ideia de escrever este livro surgiu em um colóquio a respeito de casos clínicos do American Institute for Cognitive Therapy, em Nova York, no qual participávamos de discussões sobre os diferentes problemas clínicos que se apresentaram na prática da terapia cognitivo-comportamental (TCC). Um de nós (R. L. L.), diretor do Instituto, ansiava por fomentar uma discussão aberta sobre como várias orientações teóricas ou abordagens clínicas podem ser utilizadas em uma variedade de problemas. Ao discutir os dilemas e obstáculos clínicos, tínhamos a visão de que cada abordagem teórica devia ter alguma legitimidade, e que se ater apenas a uma delas poderia limitar a flexibilidade e, consequentemente, a eficácia do terapeuta. Como a regulação emocional aparentava ser uma questão recorrente entre nossos pacientes, concordamos em iniciar uma colaboração. Este livro é o produto desses encontros.

Por que "regulação emocional"? Os terapeutas experientes percebem que uma das experiências mais problemáticas para os pacientes é ter a sensação de estarem dominados pelas emoções e não saberem como lidar com sua intensidade. Como resultado, alguns adotam comportamentos problemáticos, como abuso de álcool ou drogas, compulsão alimentar, ações purgativas, responsabilização de outras pessoas, necessidade compulsiva de pornografia, ruminação, preocupação e outras estratégias autodestrutivas. Muitos evitam as situações que trazem à tona "emoções problemáticas" ou permanecem passivos e distantes, aumentando ainda mais a sensação de fracasso e depressão. Outros se culpam ou culpam outras pessoas por seus sentimentos, tornando ainda maior o grau de depressão ou distanciamento de fontes importantes de apoio. Quando as emoções são ativadas e atingem um nível de intensidade problemático, pode ser especialmente difícil utilizar as técnicas cognitivas tradicionais de reestruturação, promovendo, assim, mais estresse. Isso também pode dificultar o emprego de técnicas comportamentais, especialmente de exposição, que envolvem a adoção de comportamentos que provocam ansiedade, já que podem exacerbar a perturbação emocional. Desenvolver habilidades de tolerância e de regulação das reações emocionais pode ajudar os pacientes a ampliarem o leque de comportamentos e reações disponíveis nas ocasiões de intenso sofrimento. De fato, as formas "mais convencionais" de TCC podem ter de aguardar até que as emoções se acalmem. Tais dilemas também estão no foco deste livro.

Reconhecemos a importância do trabalho de muitas pessoas no campo da regulação emocional e somos gratos pelo trabalho de outros profissionais no que diz respeito à teoria das emoções, especialmente Richard Lazarus, Robert Zajonc, James Gross, Paul Ekman, Antonio Damasio, John D. Mayer, Peter Salovey, Kevin Ochsner, Joseph LeDoux, Jeffrey A. Gray, Joseph Forgas, Nancy Eisenberg, George Bonanno, Susan Harter e Francisco Varela. Quanto aos modelos clínicos de intervenção, devemos muito a Marsha Linehan, Steven K. Hayes, Aaron T. Beck, John M. Gottman, Adrian Wells, Leslie Greenberg, Paul Gilbert, Jon Kabat-Zinn e muitos outros. Como guia do terapeuta, este livro pode não fazer jus à crescente literatura em psicologia, psiquiatria, neurociências e outras especialidades, mas esperamos apresentar ao leitor informação suficiente para contextualizar as intervenções e ideias propostas – e, mais importante, instigar curiosidade suficiente para que busque informações adicionais em outras fontes.

Muitas das ideias deste livro foram organizadas em torno do modelo da terapia do esquema emocional (TEE), de Leahy. De acordo com esse modelo, as diferentes interpretações, avaliações, tendências de ação e estratégias comportamentais de um indivíduo em relação a suas emoções são chamadas de "esquemas emocionais". Alguns indivíduos têm crenças negativas a respeito das emoções, como a de que elas não fazem sentido, vão durar indefinidamente, são avassaladoras, são constrangedoras, só ocorrem com eles, não podem ser expressas e nunca serão validadas. Esses indivíduos têm maior probabilidade de adotar posturas problemáticas, como ruminação, preocupações, esquiva, abuso de álcool, comer compulsivo ou dissociação. Outros têm visões mais positivas ou "funcionais" a respeito das emoções e são menos propensos à esquiva, têm maior inclinação para expressá-las e são mais hábeis em obter validação. As emoções fazem sentido para eles. Elas são aceitáveis e não são constrangedoras, nem exclusivas ou prolongadas; são vistas como temporárias. Consequentemente, tais pessoas são menos propensas a utilizar estratégias comportamentais problemáticas para lidar com as situações.

Cada capítulo clínico é integrado em uma conceituação do esquema emocional. Assim, técnicas focadas na aceitação e no compromisso (Capítulo 6) podem ajudar os pacientes a modificar sua relação com esquemas emocionais destrutivos ou auxiliá-los a modificar tais esquemas. As técnicas da terapia comportamental dialética (Capítulo 4) podem ajudar a modificar os mitos emocionais que alguns pacientes endossam e sugerir habilidades mais funcionais para tolerar o sofrimento e regular emoções. A terapia focada na compaixão (Capítulo 7) pode auxiliar os pacientes a acalmar as emoções e, com isso, modificar a forma como vivenciam os esquemas emocionais de medo e vergonha. De forma similar, a atenção plena (*mindfulness*) (Capítulo 5) pode ajudá-los a reconhecer que as emoções não precisam ser controladas ou suprimidas, mas podem ser toleradas e aceitas, voltando-se a atenção, de forma flexível e concentrada, para o presente. O processamento das emoções e a inteligência emocional (Capítulo 8) ajudam a estimular a observação, a diferenciação e o uso das emoções para que elas tenham mais significado. A TEE (Capítulo 2) identifica várias intervenções que lidam diretamente com as crenças negativas sobre as emoções, e a validação (Capítulo 3) auxilia a identificar crenças problemáticas quanto a receber apoio (a exemplo da crença de que é necessário obter um resultado exatamente igual para receber validação). A reestruturação cognitiva (Capítulo 9) e a redução do estresse (Capítulo 10) oferecem ideias e estratégias comportamentais mais efetivas, tanto por meio de mudanças comportamentais quanto pela avaliação cognitiva, para reduzir o surgimento de experiências emocionais problemáticas.

Apesar de a TEE envolver uma heurística ou conceituação de caso que permeia todo o livro, os leitores não precisam adotar a teoria para obter os benefícios do uso das técnicas demonstradas aqui. Nossa visão, contudo, é de que a terapia é normalmente fortalecida com a conceituação do caso, e não apenas com o emprego de uma técnica após a outra. Apesar de haver muitos modelos de conceituação, temos a visão de que a TEE é um modelo abrangente e integrativo que permite ao terapeuta e ao paciente entenderem a socialização emocional e as crenças específicas relacionadas a emoções particulares, compreenderem como as emoções estão conectadas aos relacionamentos pessoais, esboçarem as crenças e estratégias de enfrentamento problemáticas, assim como as maneiras para modificá-las, e promoverem crenças sobre as emoções que sejam mais adaptativas, humanas e aceitáveis. Sendo um modelo integrativo e aberto, a TEE estimula o uso de outros modelos de conceituação e intervenção. A ideia, portanto, é de que as intervenções ajudam os pacientes a aprender sobre as emoções e a lidar com elas, e que esse aprendizado – um novo modelo das emoções – é fortalecedor.

Esperamos que este livro auxilie os pacientes a ajudarem a si mesmos. Reconhecemos que terapeutas experientes e competentes descobrirão maneiras inovadoras de integrar as técnicas e ideias e que essa abertura e flexibilidade devem fazer parte da adaptação do terapeuta às necessidades do paciente. Estamos aqui tanto para ajudar quanto para aprender com nossos pacientes.

Voltamo-nos agora para a primeira pergunta: "Por que a regulação emocional é importante?".

Robert L. Leahy
Dennis Tirch
Lisa A. Napolitano

LISTA DE FORMULÁRIOS

SUMÁRIO

1

POR QUE A REGULAÇÃO EMOCIONAL É IMPORTANTE?

Todos nós vivenciamos emoções de vários tipos e tentamos lidar com elas de maneiras tanto eficazes quanto ineficazes. O verdadeiro problema não é sentir ansiedade, e sim nossa capacidade de reconhecê-la, aceitá-la, usá-la quando possível e continuar a funcionar apesar dela. Sem emoções, nossas vidas não teriam significado, textura, riqueza, contentamento e conexão com outras pessoas. As emoções nos lembram de nossas necessidades, nossas frustrações e nossos direitos – nos levam a fazer mudanças, fugir de situações difíceis ou saber quando estamos satisfeitos. Ainda assim, há muitas pessoas que se sentem sobrecarregadas por suas emoções, temerosas dos sentimentos e incapazes de lidar com eles por acreditar que a tristeza e a ansiedade impedem um comportamento efetivo. Este livro destina-se a todos os clínicos que ajudam essas pessoas a lidar mais efetivamente com as emoções.

Consideramos que as emoções compreendem um conjunto de processos, dos quais nenhum é por si só suficiente para denominar uma experiência como "emoção". As emoções, como a ansiedade, envolvem avaliação, sensação, intencionalidade (um objeto), "sentimento" (ou *qualia*), comportamento motor e, na maioria dos casos, um componente interpessoal. Assim, ao ter a emoção "ansiedade", você reconhece que está preocupado com o fato de que não conseguirá concluir o trabalho a tempo (avaliação), o ritmo cardíaco acelera (sensação), você se concentra em sua competência (intencionalidade), tem sentimentos terríveis em relação à vida (sentimento), torna-se fisicamente agitado e inquieto (comportamento motor) e pode muito bem dizer a seu parceiro que está em um dia ruim (interpessoal). Em virtude da natureza multidimensional das emoções, os clínicos podem considerar qual dimensão deve ser o foco primordial, escolhendo entre várias abordagens, cada uma delas representada neste livro. Por exemplo, ao escolher as técnicas a serem utilizadas com cada paciente, os profissionais podem considerar suas escolhas técnicas com base no problema que se apresenta no momento. Por exemplo, se a luta de um paciente contra a sensação de agitação for muito problemática, o terapeuta pode empregar técnicas de manejo do estresse (p. ex., relaxamento, exercícios respiratórios), intervenções baseadas na aceitação, estratégias focadas nos esquemas emocionais ou atenção plena (*mindfulness*). Se o paciente se confronta com a sensação de que uma situação é insuportável, o terapeuta pode considerar reestruturação cognitiva ou resolução de problemas para colocar as coisas em perspectiva e considerar possíveis modificações da situação estressante. Assim, a regulação emocional pode envolver reestruturação cognitiva, relaxamento, ativação comportamental ou estabelecimento de metas, tolerância aos esquemas emocionais e afetos, mudanças comportamentais e modificação das tentativas problemáticas de obter validação. Em cada um dos capítulos deste volume, oferecemos sugestões aos clínicos de como avaliar quais dessas técnicas podem ser mais adequadas para cada tipo de paciente.

As emoções têm um longo histórico na filosofia ocidental. Platão as considerava como parte de uma metáfora em que o cocheiro tenta controlar dois cavalos: um é facilmente domável e não precisa ser conduzido, enquanto o outro é selvagem e possivelmente perigoso. Filósofos estoicos como Epíteto, Cícero e Sêneca viam a emoção como experiência que perturbava a capacidade de raciocínio, que deveria sempre dominar e controlar as decisões. Contudo, as emoções e sua expressão são altamente valorizadas na cultura ocidental. De fato, o panteão dos deuses gregos representava uma gama completa de emoções e dilemas. A peça *As bacantes*, de Eurípedes, representa o perigo de ignorar e desonrar o espírito livre e selvagem de Dionísio. As emoções desempenham papel central em todas as grandes religiões do mundo que valorizam a gratidão, a compaixão, a reverência, o amor e até a paixão. O movimento Romântico rebelou-se contra a "racionalidade" do Iluminismo, ressaltando a natureza livre do homem, a criatividade, o entusiasmo, a inovação, o amor intenso e até o valor do sofrimento. Na tradição religiosa oriental, a prática budista diferencia as emoções construtivas das destrutivas, encorajando o indivíduo a experimentar seu leque de emoções, porém, evitando ater-se à permanência de qualquer estado emocional.

O QUE É REGULAÇÃO EMOCIONAL?

Os indivíduos que lidam com experiências estressantes vivenciam as emoções em intensidade crescente, o que, por si só, pode ser mais uma causa de estresse e intensificação das emoções. Por exemplo, um homem que passa pelo término de uma relação íntima sente tristeza, raiva, ansiedade, falta de esperança e até sensação de alívio. À medida que essas emoções se intensificam, ele pode vir a abusar de drogas ou álcool, comer compulsivamente, ter insônia, adotar um comportamento sexual ou criticar-se. Uma vez que as emoções de ansiedade, tristeza ou raiva surgem, formas problemáticas de lidar com sua intensidade podem determinar se as experiências estressantes vão levá-lo a novos comportamentos problemáticos. A desregulação emocional pode incitá-lo a queixar-se, provocar e atacar ou afastar-se dos outros. Ele pode ficar ruminando sobre suas emoções, tentando descobrir o que está acontecendo, o que o faz mergulhar ainda mais na depressão, no isolamento e na inatividade. Os estilos problemáticos de enfrentamento dos problemas podem reduzir temporariamente a agitação (p. ex., beber álcool reduz a ansiedade a curto prazo), mas também prejudicar a administração das emoções posteriormente. Tais soluções temporárias (comer compulsivamente, esquiva, ruminação e abuso de substâncias) podem funcionar em um primeiro momento; contudo, as soluções podem se tornar um problema.

Definimos desregulação emocional como a dificuldade ou inabilidade de lidar com as experiências ou processar as emoções. A desregulação pode se manifestar tanto como intensificação excessiva quanto como desativação excessiva das emoções. A intensificação excessiva inclui qualquer aumento de intensidade de uma emoção que seja sentida pelo indivíduo como indesejada, intrusiva, opressora ou problemática. A intensificação de emoções que resultem em pânico, terror, trauma, temor ou senso de urgência, de forma que o indivíduo se sinta sobrecarregado e com dificuldade de tolerar tais emoções, encaixa-se nesses critérios. A desativação excessiva de emoções inclui experiências dissociativas, como despersonalização e desrealização, cisão ou entorpecimento emocional em situações nas quais normalmente se esperaria que as emoções fossem sentidas em alguma intensidade ou magnitude. Por exemplo, ao confrontar uma situação de perigo de vida, uma mulher reage com entorpecimento emocional e relata ter se sentido como se estivesse em uma outra dimensão de tempo e espaço, observando o que parecia ser um filme. Essa desativação emocional, caracterizada por desrealização, é vista como uma reação atípica a um evento traumático. A desativação excessiva de emoções impede o processamento emocional e faz parte de um estilo de enfrentamento caracterizado por esquiva. Entretanto, pode haver situações em que desativar ou temporariamente suprimir a emoção pode ser útil. Por exemplo, a reação inicial a um evento catastrófico pode ser mais adaptativa pela supressão instantânea do medo, de modo que se possa lidar com a situação no momento.

A regulação emocional pode incluir qualquer estratégia de enfrentamento (seja ela problemática ou adaptativa) que o indivíduo usa ao confrontar a intensidade emocional indesejada. É importante reconhecer que a regulação emocional é como um termostato homeostático capaz de regular as emoções e mantê-las em "nível controlável" para que se possa lidar com elas. Ou a modulação – para mais ou para menos – pode desequilibrar as coisas de forma extrema, a ponto de criar uma situação "quente demais" ou "fria demais". A regulação emocional é como qualquer estilo de enfrentamento: depende do contexto e da situação. Ela não é problemática ou adaptativa independentemente da pessoa e da situação presente.

A adaptação é definida aqui como a implementação de estratégias de enfrentamento adaptativas que incrementam o reconhecimento e processamento de reações úteis que estimulam, tanto a longo quanto a curto prazo, um funcionamento mais produtivo, definido por metas e propósitos valorizados pelo indivíduo. Folkman e Lazarus (1988) identificaram oito estratégias para lidar com as emoções: confrontação (p. ex., assertividade), distanciamento, autocontrole, busca de apoio social, aceitação de responsabilidade, fuga-esquiva, resolução planejada dos problemas e reavaliação positiva. Lidar com experiências faz parte da regulação emocional. Se o indivíduo lida melhor – por meio da resolução de problemas, sendo assertivo, adotando ativação comportamental para buscar experiências mais gratificantes ou reavaliando a situação –, suas emoções têm menor probabilidade de se exacerbar. Exemplos de estratégias não adaptativas para lidar com as emoções incluem intoxicação alcoólica e automutilação. Essas estratégias podem reduzir temporariamente a intensidade da emoção e até trazer a sensação momentânea de bem-estar, mas não condizem com as metas e os propósitos que o indivíduo aprovaria. Presume-se aqui que pouquíssimos indivíduos endossem a crença de que abuso de álcool e automutilação valorizem a vida. As estratégias adaptativas podem incluir exercícios de relaxamento, distração temporária durante as crises, exercício físico, conectar emoções a valores maiores, substituir uma emoção por outra mais agradável ou apreciada, consciência atenta (*mindful awareness*), aceitação, atividades prazerosas, momentos íntimos compartilhados e outras estratégias que ajudem a processar, lidar, reduzir, tolerar ou aprender com emoções intensas. Em cada caso, as metas e os propósitos valorizados não são comprometidos, mas podem, em algumas situações, ser reafirmados.

O PAPEL DA REGULAÇÃO EMOCIONAL EM VÁRIOS TRANSTORNOS

Nos últimos anos, verificou-se crescente atenção dada ao papel do processamento e da regulação emocional em uma variedade de transtornos. O processamento emocional por meio da ativação do "esquema do medo" durante a exposição foi empregado no tratamento de fobias específicas e em cada um dos transtornos de ansiedade (Barlow, Allen e Choate, 2004; Foa e Kozak, 1986). A ativação do medo no tratamento da fobia específica possibilita a ocorrência de um novo aprendizado e novas associações durante a exposição. Entretanto, o uso de medicamentos tranquilizantes pode comprometer o tratamento com exposição e impedir que novas associações ocorram. Se considerarmos a exposição como uma forma de habituação ao estímulo e às sensações de medo que ocorrem com a exposição inicial, a ativação do medo é um importante fator experiencial no novo aprendizado que decorre da exposição. Esse novo aprendizado inclui reconhecer que o estímulo temido "prevê" uma ascensão e uma queda da intensidade emocional e que esta não deve ser temida. Sentimentos intensos podem ser tolerados à medida que sua intensidade diminui.

A regulação emocional também está envolvida no tratamento do transtorno de ansiedade generalizada (TAG). O TAG é agora considerado um transtorno marcado principalmente por excesso de preocupação e crescente excitação fisiológica (American Psychiatric Association, 2000). Apesar de a preocupação excessiva possuir muitos componentes (como intolerância à incerteza, escassez de estratégias focadas em problemas e fatores metacognitivos), descobriu-se que a esquiva emocional é um componente central na ativação e perpetuação da preocupação (Borkovec, Alcaine e Behar, 2004). De forma semelhante, demonstrou-se que a ruminação (pensamentos negativos repetidos sobre o passado ou o presente) é um estilo cognitivo de alto risco para depressão (Nolen-Hoeksema, 2000) e também foi definida como uma estratégia de esquiva emocional ou experiencial (Cribb, Moulds e Carter, 2006). Hayes e colaboradores propuseram que a esquiva experiencial é um processo subjacente a várias formas de psicopatologia (Hayes, Wilson, Gifford, Follette e Strosahl, 1996). Os indivíduos que utilizam esquiva experiencial ou emocional podem correr maior risco de desenvolver problemas psicológicos; contudo, aqueles que adotam a supressão emocional em certas situações podem estar lidando com elas de forma mais adaptativa. Por exemplo, a supressão de emoções, uma forma de esquiva emocional, foi identificada como fator de risco para o aumento de dificuldades emocionais. Os indivíduos que foram instruídos a suprimir uma emoção relataram mais emoções negativas. Em contrapartida, a expressão das emoções foi relacionada à melhora do estresse psicológico, fazendo acreditar que escrever sobre as emoções durante um período faz mais sentido, talvez ajudando-os a processar melhor a experiência e a emoção (Dalgleish, Yiend, Schweizer e Dunn, 2009; Pennebaker, 1997; Pennebaker e Francis, 1996). De fato, o simples ato de ativar, expressar e refletir sobre as emoções pode trazer melhora da depressão. Os indivíduos deprimidos que apresentavam inicialmente níveis elevados em uma medida de supressão emocional obtiveram benefício com um tratamento de seis semanas de redação expressiva, o que resultou na redução dos sintomas (Gortner, Rude e Pennebaker, 2006). Todavia, em um estudo, a supressão emocional foi mais efetiva do que a aceitação na redução do impacto de assistir a um evento traumático em vídeo (Dunn, Billotti, Murphy e Dalgleish, 2009). Além disso, a supressão emocional não estava associada à compulsão alimentar em outro estudo (Chapman, Rosenthal e Leung, 2009). Ademais, a supressão de emoções foi associada ao relato de "um dia melhor" por parte de indivíduos com altos indícios de transtorno da personalidade *borderline* (TPB; Chapman et al., 2009). Claramente, não há verdades absolutas no que se refere ao processamento emocional. Às vezes, a supressão ajuda; em outras, atrapalha.

Apesar de os transtornos da alimentação poderem resultar de muitos fatores (p. ex., autoimagem, perfeccionismo, dificuldades interpessoais e transtornos afetivos), há evidências consideráveis de que a regulação emocional tem um papel significativo, beneficiando casos complexos (marcados por uma combinação dos fatores de risco citados anteriormente) com uma estratégia de tratamento "transdiagnóstica" (Fairburn et al., 2009; Fairburn, Cooper e Shafran, 2003). Parte dessa estratégia transdiagnóstica consiste em usar técnicas de regulação emocional para auxiliar os pacientes que recorrem a comportamentos problemáticos (comer compulsivamente, purgar, beber, mutilar-se) por não saber o que fazer para lidar com as emoções (Fairburn et al., 2003, 2009; Zweig e Leahy, a ser publicado). Além do mais, a regulação emocional atua como mediadora nos transtornos da alimentação e naqueles que envolvem vergonha (Gupta, Zachary Rosenthal, Mancini, Cheavens e Lynch, 2008). A ruminação é outra estratégia que pode ser usada por indivíduos com transtornos da alimentação, como sugere o trabalho de Nolen-Hoeksema, Stice, Wade e Bohon (2007).

A supressão emocional pode resultar em menor eficácia comunicativa. Em um estudo, os participantes instruídos a suprimir as emoções ao discutir um assunto difícil apresentaram aumento na pressão sanguínea e queda na eficácia comunicativa. Além disso, os participantes designados a escutar aqueles que tentavam suprimir as emoções também tiveram aumento na pressão sanguínea (E. A. Butler et al., 2003).

Os indivíduos diferem quanto a suas "filosofias" acerca da expressão e experiência emocional. Na terapia conjugal, Gottman identificou uma variedade de filosofias emocionais que afetam a forma como os indivíduos pensam, avaliam e reagem ao estado emocional de seu parceiro. Assim, alguns parceiros podem considerar as emoções como um fardo e, portanto, adotar uma postura desdenhosa ou mesmo depreciativa. Outros podem enxergá-las como oportunidade de aproximação, de conhecer melhor e de ajudar seu parceiro (Gottman, Katz e Hooven, 1997). A regulação emocional também é parte do controle da raiva, pois esses indivíduos frequentemente apresentam um intenso aumento nas sensações de ativação (frequência cardíaca, tensão física), junto com uma vasta gama de avaliações, estilos de comunicação e ações físicas inadequados (DiGiuseppe e Tafrate, 2007; Novaco, 1975). Na verdade, a intensidade emocional pode se tornar tão insuportável para alguns que um "tempo limite" autoimposto é, às vezes, a intervenção de primeira linha. Finalmente, a desregulação emocional encontra-se subjacente ao comportamento de automutilação, que é com frequência um comportamento negativamente reforçado para reduzir emoções intensas (Nock, 2008). A automutilação libera endorfinas, que temporariamente reduzem a intensidade emocional negativa da ansiedade e da depressão.

Talvez o primeiro e mais abrangente trabalho teórico a ressaltar o papel da desregulação emocional em um transtorno clínico específico tenha sido o de Linehan sobre o desenvolvimento do transtorno da personalidade *borderline* (TPB). Linehan (1993a, 1993b) conceituou o TPB como um transtorno de desregulação emocional difusa que resulta da combinação de vulnerabilidade biológica às emoções e um ambiente desfavorável por parte dos cuidadores. Esse ambiente possui três características fundamentais. Primeira, reage de forma crítica, punitiva ou desdenhosa a uma criança emocionalmente vulnerável, exacerbando assim sua vulnerabilidade emocional. Segunda, reage aleatoriamente a expressões emocionais extremas, reforçando-as intermitentemente. Terceira, superestima a facilidade de resolução dos problemas. Como resultado, o ambiente adverso deixa de ensinar as habilidades necessárias para regular emoções intensas. Consequentemente, o indivíduo vulnerável do ponto de vista emocional pode recorrer a estratégias mal-adaptativas de regulação emocional, como automutilação, compulsão alimentar ou *overdose*, como forma de escapar ou diminuir a intensidade das emoções. No centro da conceituação do TPB proposta por Linehan está a esquiva emocional. De fato, ela caracteriza o indivíduo com TPB como "emocionalmente fóbico". Considera que o medo das emoções deriva em parte da avaliação negativa das experiências emocionais.

A conceituação de Linehan do TPB como transtorno de regulação emocional define sua abordagem de tratamento: a terapia comportamental dialética (TCD; Linehan, 1993a, 1993b). A TCD é um tratamento comportamental baseado na atenção plena (*mindfulness*) que equilibra o uso de técnicas de aceitação e mudança. Dentro da estrutura da TCD, a regulação emocional é conceituada como um conjunto de habilidades adaptativas, incluindo a capacidade de identificar as emoções e compreendê-las, controlar os comportamentos impulsivos e usar estratégias adaptativas para cada situação, de forma a ajustar as respostas emocionais. Uma parte essencial do tratamento consiste em ajudar os pacientes a superar o medo e a esquiva das emoções e a aumentar a aceitação da experiência emocional.

Cada vez mais, os modelos cognitivo-comportamentais de psicopatologia estão sendo ampliados para refletir as perspectivas da regulação emocional. Os déficits de regulação emocional já foram relacionados a vários transtornos clínicos, incluindo abuso de substâncias e transtorno de estresse pós-traumático (TEPT; Cloitre, Cohen e Koenen, 2006). Mennin e colaboradores desenvolveram um modelo de desregulação emocional do TAG no qual este é caracterizado por elevada intensidade das emoções e compreensão emocional deficiente, reatividade negativa ao próprio estado emocional e reações desadaptativas de manejo das emoções (Mennin, Heimberg, Turk e Fresco, 2002; Mennin, Turk, Heimberg e Carmin, 2004). Barlow e colaboradores (2004) desenvolveram uma teoria e unificaram o tratamento dos transtornos do humor e de ansiedade com base na teoria da regulação emocional.

Uma pesquisa recente examinou as perturbações diferenciais entre o processamento emocional do TAG e do transtorno de ansiedade social (Turk, Heimberg, Luterek, Mennin e Fresco, 2005). Novos modelos de tratamento do TAG demandam a integração de técnicas focadas nas emoções (Roemer, Slaters, Raffa e Orsillo, 2005; Turk et al., 2005).

Há ampla variedade de estratégias reguladoras de emoções que podem ou não ser úteis. Uma metanálise recente sobre as estratégias de regulação emocional em vários transtornos indicou que a mais frequente é a ruminação, seguida por esquiva, resolução de problemas e supressão; há relativamente menos ênfase na reavaliação e aceitação (Aldao, Nolen-Hoeksema e Schweizer, 2010). Essa metanálise fornece importantes informações sobre o uso relativo das estratégias, mas, obviamente, não é capaz de indicar quais delas são mais *úteis* para modificar a desregulação emocional. De qualquer forma, a natureza transdiagnóstica da desregulação emocional parece estar ganhando importância (Harvey, Watkins, Mansell e Shafran, 2004; Kring e Sloan, 2010).

TEORIA DA EVOLUÇÃO

Darwin (1872/1965) é creditado como criador da psicologia comparativa da expressão emocional. Suas observações e descrições detalhadas – frequentemente retratadas em fotos e desenhos – indicam a similaridade entre humanos e animais e também sugerem padrões universais de expressão facial. As emoções são vistas na teoria da evolução como processos adaptativos que permitem aos indivíduos avaliar o perigo (ou outras condições), ativar comportamentos, comunicar-se com outros membros da espécie e incrementar aptidões adaptativas (Barkow, Cosmides e Tooby, 1992; Nesse, 2000). Por exemplo, o medo, emoção universal, é uma resposta adaptativa a um perigo natural, como a altura. Ele pode paralisar o animal, motivá-lo a fugir ou evitar e oferecer os meios de expressão facial e vocal para alertar os outros acerca do perigo iminente. As emoções negativas podem ser particularmente adaptativas porque são invocadas em momentos de perigo ou ameaça e podem exigir reação imediata para garantir a sobrevivência (Nesse e Ellsworth, 2009). Os etólogos perceberam que as emoções podem ser apresentadas em padrões aparentemente universais de expressão facial, postura, olhar e gestos de conciliação ou ameaça (Eibl-Eibesfeldt, 1975).

Darwin interessou-se particularmente pelas expressões faciais de várias emoções, colecionando numerosas fotografias de pessoas de todas as classes sociais (incluindo um hospital psiquiátrico). A natureza aparentemente universal das expressões faciais foi corroborada pelo trabalho transcultural de Paul Ekman, que demonstrou que as expressões faciais e a percepção da expressão de emoções básicas são encontradas em todas as culturas, sugerindo a existência de emoções básicas universais (Ekman, 1993). De fato, a tendência natural a expressar emoções facialmente torna quase impossível escondê-las (Bonanno et al., 2002). De forma similar, a dificuldade em ler as emoções dos outros pode tornar-se uma desvantagem para alguns indivíduos.

O VALOR DAS EMOÇÕES

As emoções ajudam-nos a avaliar as alternativas, oferecendo motivação para mudar ou fazer algo, e revelam nossas necessidades. Por exemplo, os indivíduos com danos nas áreas cerebrais que conectam emoção e razão podem conseguir avaliar racionalmente prós e contras, mas não ser capazes de tomar decisões. Damasio

(2005) referiu-se às emoções como "marcadores somáticos" que nos dizem o que "queremos" fazer. Apesar de as abordagens racionais para a tomada de decisão com base na teoria da utilidade sugerirem que os indivíduos devem avaliar (ou de fato avaliam) todas as evidências disponíveis e decidir com base em trocas, pesquisas relativas à *real* tomada de decisão sugerem que não raro recorremos à heurística (regras da experiência) e que as emoções constituem a heurística (regra de ouro) com a qual frequentemente contamos. Essa abordagem é semelhante à ideia popular de "reação visceral", refletida no título do livro *Gut feelings: the intelligence of the unconscious*, do psicológo cognitivo social Gerd Gigerenzer (2007). Ao contrário do modelo racionalista de que as reações viscerais são menos válidas ou confiáveis, há crescentes evidências de que elas podem frequentemente ser mais eficazes, rápidas e precisas (Gigerenzer, 2007; Gigerenzer, Hoffrage e Godstein, 2008). Além disso, as avaliações emocionais ou intuitivas são com frequência a base da maioria dos julgamentos morais ou éticos, e não o raciocínio moral complexo (Haidt, 2001; Keltner, Horberg e Oveis, 2006). Essa visão de que há reações viscerais por trás da tomada tradicional das decisões éticas – ou o que poderia ser chamado de "sabedoria" – sugere que pode haver alguma base emocional em uma "mente sábia".

As emoções ajudam a nos conectar com os outros e constituem uma "teoria da mente" compartilhada. Os indivíduos que sofrem da síndrome de Asperger ou autismo são incapazes de avaliar com precisão as emoções dos outros, muitas vezes resultando em um comportamento interpessoal esquisito e disfuncional (Baron-Cohen et al., 2009). A incapacidade de reconhecer, classificar, diferenciar e fazer a conexão entre as emoções e os eventos é denominada "alexitimia" e está associada a uma grande variedade de problemas, incluindo abuso de substâncias, transtornos da alimentação, TAG, TEPT e outros problemas (Taylor, 1984). A linguagem da emoção é parte da socialização emocional das crianças. As famílias diferem no uso das palavras que se referem às emoções, em sua distinção e denominação e no encorajamento da discussão sobre elas. Essa "conversa sobre emoções" tem efeito nas futuras tendências "alexitímicas" ou na habilidade de reconhecer e dar nome às emoções. As famílias que falam sobre as emoções têm menor propensão de gerar crianças alexitímicas (Berenbaum e James, 1994).

O conceito de inteligência emocional engloba a natureza geral da consciência e adaptação emocional, sugerindo uma característica geral que possui implicações abrangentes no comportamento adaptativo. A inteligência emocional compreende quatro fatores: percepção, uso, compreensão e manejo das emoções (Mayer, Salovey e Caruso, 2004). Essas habilidades são importantes nas relações íntimas, na resolução de problemas, nas tomadas de decisão, na expressão das emoções apropriadas, no controle das emoções e no local de trabalho (Grewal, Brackett e Salovey, 2006). Ao longo do presente volume, descrevemos as técnicas de regulação emocional que envolvem:

1. perceber e classificar emoções,
2. a habilidade de usar as emoções para tomar decisões e esclarecer valores e metas,
3. compreender a natureza das emoções, descartando interpretações negativas acerca delas, e
4. a forma como as emoções podem ser manejadas e controladas.

De fato, as técnicas de regulação emocional podem ser vistas como parte de uma abordagem maior e mais integrativa que reconhece o papel central da inteligência emocional. Neste livro, oferecemos uma teoria integrativa e abrangente que incorpora cada uma dessas técnicas: a teoria do esquema emocional, que descreve as várias interpretações, estratégias e metas que podem ser utilizadas para lidar com as emoções (Leahy, 2002, 2005a). Consideramos a terapia do esquema emocional (TEE) como uma conceituação de caso envolvendo a teoria do paciente sobre as emoções, os modelos de controle emocional e as estratégias para lidar com as emoções. Sugerimos que muitas abordagens contemporâneas da regulação emocional podem ser vistas como modelos que lidam com as questões levantadas pela TEE. Todavia, os leitores podem usar as técnicas deste livro sem adotar a TEE como teoria condutora.

NEUROBIOLOGIA DAS EMOÇÕES

As pesquisas acerca da neurociência da regulação emocional trouxeram descobertas importantes, mas potencialmente confusas e contraditórias. Ainda assim, pesquisadores e teóricos começaram recentemente a integrar essa literatura de forma a oferecer um modelo abrangente para compreender a neurobiologia da regulação emocional. Ochsner e Gross (2007) ofereceram um modelo teórico dos sistemas neurais interativos envolvidos na regulação emocional, com base em revisão da literatura. Esse modelo integra tanto os aspectos "ascendentes" (*bottom-up*) quanto "descendentes" (*top-down*) do processamento emocional.

Um modelo "ascendente" de regulação emocional descreve as emoções como uma resposta a um estímulo ambiental. Certos estímulos desencadeadores do ambiente podem ser vistos como detentores de qualidades inerentes que provocam emoções específicas nos seres humanos – modelo também descrito como "emoção-vista-como-propriedade-do-estímulo" (Ochsner e Gross, 2007). As pesquisas com não humanos demonstraram que a amígdala está envolvida no aprendizado da previsão de estímulos adversos e das experiências desagradáveis que se seguem à exposição a eles, enquanto a extinção aparenta envolver atividade nos córtices frontais medial e orbital (LeDoux, 2000; Ochsner e Gross, 2007; Quirk e Gehlert, 2003).

Os modelos "descendentes" de regulação emocional propõem que as emoções emergem como resultado de um processamento cognitivo. Tal processamento envolve discriminar quais estímulos do ambiente deveriam ser buscados, evitados ou selecionados para se dar atenção. Isso também envolve avaliar se o estímulo será benéfico ou danoso ao indivíduo, particularmente em termos de suas necessidades, metas e motivações (Ochsner e Gross, 2007). Os seres humanos são os únicos qualificados a empregar linguagem, pensamento racional, processamento das relações e memória para executar estratégias deliberadas e conscientes de regulação emocional. De acordo com Davidson, Fox e Kalin (2007), os achados de estudos com não humanos, as pesquisas de neuroimagem humana e os estudos de lesões sugerem que uma série de regiões inter-relacionadas do cérebro podem funcionar como "circuitos" reguladores das emoções. Essas regiões incluem a amígdala, o hipocampo, a ínsula, o córtex cingulado anterior (CCA) e as regiões dorsolaterais e ventrais do córtex pré-frontal (CPF) (Davidson, 2000). Postulou-se que a atividade pré-frontal seja um componente central da regulação emocional em humanos, em particular no processamento descendente (Davidson, 2000; Davidson et al., 2007; Ochsner e Gross, 2005). Ademais, uma atividade relativamente concentrada à esquerda do CPF pode estar envolvida em melhor capacidade de regular e reduzir emoções negativas (Davidson et al., 2007).

O modelo de Ochsner e Gross (2007) postula que os modos ascendente e descendente de processamento estão envolvidos na regulação emocional. Quando o ser humano se depara com um estímulo adverso no ambiente, como a ameaça de um animal predador, uma reação emocional ascendente pode ocorrer. Essa reação pode envolver a ativação de sistemas de avaliação, incluindo atividade na amígdala, no *nucleus accumbens* e na ínsula (Ochsner e Feldman Barrett, 2001; Ochsner e Gross, 2007).

Esses sistemas de avaliação comunicam-se com o córtex e com o hipotálamo para gerar respostas comportamentais. A resposta emocional descendente também pode começar com um estímulo do ambiente. Contudo, pode ser um estímulo discriminativo, o qual sugere que o indivíduo prevê que um estímulo ou sensação adversa pode estar a caminho. O estímulo no processamento descendente pode também ser neutro, capaz de provocar uma reação negativa em determinado contexto. Em tais casos, processos cognitivos mais elevados estão envolvidos na geração de uma resposta emocional ajustada. Esses processos envolvem sistemas de avaliação do CPF que agem por meio de estruturas como o CPF lateral e medial, bem como o CCA (Ochsner e Gross, 2007). Assim, vê-se o potencial de interdependência entre os modos de processamento emocional, o que sugere a possibilidade de que nenhum deles precisa ser visto como dominante. De fato, os modelos de processamento podem estar relacionados em um sofisticado *continuum* que os pesquisadores ainda precisam entender ou explicar plenamente.

PRIMAZIA: COGNIÇÃO OU EMOÇÃO?

Um debate recorrente nesse campo é a questão da causalidade: as emoções têm primazia ou as cognições conduzem às emoções? Zajonc (1980) propôs que a percepção de estímulos novos ou ameaçadores pode ocorrer quase imediatamente sem consciência e que as avaliações dos estímulos podem ocorrer após a resposta emocional ter sido ativada. Lazarus, em contrapartida, argumentou que as avaliações de uma situação resultam em respostas emocionais e que a cognição tem primazia temporal sobre a emoção (Lazarus, 1982; Lazarus e Folkman, 1984). Assim como em muitos debates dicotomizados, há alguma validade em ambas as posições. Em favor da primazia da emoção sobre a cognição, há um volume considerável de pesquisas que demonstram que alguns estímulos (como aqueles desconhecidos e ameaçadores) inicialmente se desviam das seções corticais do cérebro e são quase instantaneamente processados pela amígdala de forma inconsciente. Esse processamento inconsciente do medo afeta o aprendizado, a memória, a atenção, a percepção, a inibição e a regulação das emoções (LeDoux, 1996, 2003; Phelps e LeDoux, 2005). Fazendo a conexão entre o rápido "processamento" fora da consciência com as adaptações evolutivas, a neurociência tentou colocar o condicionamento ao medo no contexto das reações adaptativas a uma ameaça que não podem ser retardadas pelo processamento consciente. Por exemplo, o indivíduo está caminhando e, de repente, sente medo, pula assustado e *em seguida* diz: "Aquilo parece uma cobra". A consciência da natureza do estímulo ocorre *após* a resposta emocional. Para complicar ainda mais o papel da consciência, há consideráveis evidências de que ela não seja confiável como relatora dos eventos interiores. Por exemplo, se pensarmos na consciência como um processo de contabilidade dos eventos interiores, há amplo conjunto de evidências empíricas de sua imprecisão. Frequentemente, deixamos de ter consciência dos eventos estimulantes que tiveram impacto em nossos processos emocionais ou mesmo cognitivos (Gray, 2004).

Lazarus (1991) argumentou que Zajonc confundiu processamento *cognitivo* com processamento *consciente* e que é possível fazer uma avaliação cognitiva sem estar consciente disso. Assim, nesse modelo, as avaliações podem ocorrer imediatamente e fora da consciência. Se essa visão for adotada, pode-se argumentar que a amígdala "avalia" estímulos em termos de intensidade, novidade, mudança, iminência ou outras dimensões "relevantes". Ademais, os modelos de primazia das emoções não diferenciam adequadamente aquelas que podem ser caracterizadas por processos fisiológicos similares. Por exemplo, emoções como medo, ciúme, raiva e outras podem ser "reduzidas" a processos fisiológicos similares de excitação, mas a experiência dessas emoções depende da avaliação da ameaça e do contexto no qual a excitação ocorre. Eu posso ter medo da cobra, ter ciúmes da atenção que meu parceiro dá a outra pessoa, sentir raiva ao ficar preso em um engarrafamento ou ficar excitado à medida que corro mais rápido na esteira ergométrica. As sensações fisiológicas subjacentes podem ser bem parecidas, mas a avaliação e o contexto ajudam a definir a emoção.

A teoria da rede entre emoção e cognição de Bower compartilha alguma ênfase comum com a posição de Zajonc. De acordo com esse modelo, emoções, pensamentos, sensações e tendências comportamentais são conectadas associativamente nas redes neurais. Assim, ativar um processo ativa os outros. O modelo da rede com frequência utiliza a indução emocional para ativar os processos fisiológicos e o conteúdo cognitivo que podem estar ligados nessa rede (Bower, 1981; Bower e Forgas, 2000). Pesquisas de Forgas e colaboradores indicam que a indução da emoção afeta julgamento, tomadas de decisão, percepção pessoal, atenção e memória – todos processos cognitivos (Forgas e Bower, 1987). Além disso, o afeto induzido também afeta processos de atribuição ou explicação (Forgas e Locke, 2005). Forgas elaborou um modelo de infusão dos afetos, o qual propõe que a excitação afetiva influencia o processamento cognitivo, especialmente quando a heurística (atalhos) ou um processamento mais extenso é ativado (Forgas, 1995, 2000). De fato, as pessoas com frequência avaliam quão arriscada uma alternativa pode ser com base em seu estado afetivo atual (Kunreuther, Slovic, Gowda e Fox, 2002). Arntz, Rauner e van den Hout (1995) sugerem que essa heurística das emoções é usada como "informação" na avaliação do perigo pelos indivíduos fóbicos, de modo que eles pensam: "Se eu me sinto ansioso, deve haver algum perigo". Tanto o modelo da infusão do afeto quanto a teoria da rede propostos por Bower sugerem que a excitação emocional pode ativar vieses cognitivos específicos, os quais provocam ainda mais desregulação. Consequentemente, a habilidade de apaziguar ou acalmar a excitação afetiva, caso ela ocorra, e a habilidade de modificar os vieses cognitivos negativos ativados pelos afetos devem ser úteis na facilitação da regulação emocional.

Isso não resolve a questão da primazia do debate emocional – e, realmente, sua resolução pode depender dos significados semânticos de "avaliação", "consciência" e "processamento cognitivo". Todavia, há evidências consideráveis de que emoção e cognição são interdependentes, e cada uma pode influenciar a outra no que pode ser visto como um ciclo de retroalimentação. No presente volume, reconhecemos que esses processos são interdependentes e que não há necessidade de tomar uma posição quanto à primazia a fim de desenvolver técnicas úteis para ajudar os pacientes.

TERAPIA DE ACEITAÇÃO E COMPROMISSO

A terapia de aceitação e compromisso (*acceptance and commitment therapy*, ACT, em inglês) é baseada na teoria comportamental de linguagem e cognição conhecida como teoria dos quadros relacionais (TQR), que oferece a perspectiva teórica dos processos centrais envolvidos na psicopatologia e na desregulação emocional (Hayes, Barnes-Holmes e Roche, 2001). De acordo com essa perspectiva, a causa central dos problemas relacionados às emoções envolve as formas como a natureza do processamento verbal humano contribuem para a "esquiva experiencial" (Luoma, Hayes e Walser, 2007). O termo "esquiva experiencial" representa esforços para controlar ou alterar a forma, frequência ou sensibilidade situacional dos pensamentos, sentimentos e sensações, precisamente quando isso causa danos comportamentais (Hayes et al., 1996).

De acordo com a TQR, os seres humanos aprendem a relacionar eventos e experiências entre si em uma rede relacional ao longo da vida e a reagir a eventos com base, em parte, na sua relação com outros eventos, em vez de se basearem meramente nas propriedades do estímulo representado pelo evento em questão (Hayes et al., 2001). Dessa forma, um evento pode vir a se associar a qualquer outro. Por exemplo, se eu tivesse de ir a um funeral à beira de um belo lago ao pôr do sol, minhas experiências futuras de relaxar perto de um lago no fim do dia poderiam evocar a sensação de tristeza. A TQR também sugere que, quando experimentamos pensamentos ou representações mentais de um evento, suas propriedades estimuladoras aparecem de forma literal. Por exemplo, quando uma pessoa com depressão vivencia o pensamento negativo "ninguém nunca vai me amar", ela reage emocionalmente a esse pensamento como se ele fosse real e literal, em vez de apenas um evento em sua mente. Esse processo é chamado de "fusão cognitiva" (Hayes, Strosahl e Wilson, 1999). Dados os processos de resposta relacional e fusão cognitiva, encontramo-nos em uma situação interessante, na qual podemos relacionar um evento a qualquer outro e, quando uma representação mental de um evento é ativada, podemos reagir às propriedades do estímulo daquela representação mental como se ela fosse literal.

Uma maneira natural e razoável pela qual os seres humanos reagem a situações angustiantes e difíceis consiste em tentar evitar ou fugir dessas situações. Tal estratégia é apropriada e eficiente em interações que envolvem nosso ambiente. Por exemplo, se receio que certa caverna seja perigosa e a evito, é muito menos provável que eu seja atacado pelo predador faminto que mora nela. Isso é semelhante à teoria bifatorial de aquisição e conservação do medo, de Mowrer (1939). A esquiva é reforçada pela redução do medo, conservando com isso o medo do estímulo. Infelizmente, a natureza da resposta relacional humana é tal que tentativas de evitar, suprimir ou eliminar eventos mentais como pensamentos e emoções podem, na verdade, servir para amplificar o sofrimento ou incômodo vivenciado (Hayes et al., 1999). Isso é fácil de compreender, pois tentar "não pensar no medo" consiste, por definição, pensar nele ou no estímulo temido, o que, por sua vez, pode evocar mais medo. Dessa forma, o modelo da TQR sugere que a resposta relacional humana e a fusão cognitiva contribuem para a esquiva experiencial, que, por seu turno, contribui para a desregulação emocional, a psicopatologia e vidas insatisfatórias e incompletas.

A ACT sugere que a meta da psicoterapia pode ser estabelecer e manter a "flexibilidade psicológica" (Hayes e Strosahl, 2004) ou

> a capacidade de estar em contato com o presente de maneira mais plena como ser humano consciente e, com base no que a situação permite, mudar ou persistir no comportamento para atingir os "fins almejados". (Luoma et al., 2007, p. 17; ver também Hayes e Strosahl, 2004)

As intervenções da ACT utilizam seis processos centrais, os quais buscam colocar os pacientes em contato experiencial direto com suas experiências presentes, interromper a fusão cognitiva, promover a aceitação experiencial, ajudá-los a se livrar da construção narrativa que têm de si mesmos, ajudá-los a alcançar um acordo com o que mais valorizam e facilitar o compromisso com as diretrizes que valorizam na vida. Desse modo, o objetivo geral da ACT é um processo de regulação emocional e tolerância dos afetos a serviço de trajetórias comportamentais profundas e intrinsecamente compensadoras. Os pacientes gradualmente aprendem a expandir seu repertório comportamental na presença de eventos internos que provocam sofrimento, o que talvez seja o elemento central de qualquer definição de regulação emocional.

REAVALIAÇÃO

Uma das estratégias mais amplamente utilizadas para lidar com as emoções é o uso da avaliação – ou reavaliação. Esses modelos "cognitivos" às vezes não são considerados como parte da regulação emocional, no sentido de que as avaliações (presumivelmente) precedem as emoções. Por exemplo, pode-se dividir as estratégias para lidar com emoções em *antecedentes* e *focadas na resposta*. Um exemplo de estratégia antecedente seria avaliar o fator estressante como menos ameaçador ou a si mesmo como plenamente capaz de lidar com ele. Outros exemplos de estratégias antecedentes incluem arranjos de controle do estímulo (como não manter lanches muito calóricos dentro de casa). A reestruturação cognitiva e a resolução de problemas também são exemplos de estratégias antecedentes. Exemplos de estratégias focadas na resposta incluem autoapaziguamento, supressão da emoção, distração e engajamento em atividades agradáveis; algumas dessas estratégias criam mais problemas. Em um estudo comparativo desses dois estilos, os reavaliadores comportaram-se de forma mais efetiva, experimentando mais emoções positivas, menos emoções negativas e melhor funcionamento interpessoal, e a tendência oposta foi mais evidente nos supressores (Gross e John, 2003). Talvez o modelo clínico de reavaliação mais amplamente utilizado seja a reestruturação cognitiva, usando-se as muitas técnicas da terapia cognitiva de Beck ou da terapia racional-emotiva comportamental de Ellis (Beck, Rush, Shaw e Emery, 1979; Clark e Beck, 2009; Ellis e MacLaren, 1998; Leahy, 2003a). Há evidências empíricas consideráveis da eficácia da terapia cognitiva em ampla variedade de transtornos (A. Butler, Chapman, Forman e Beck, 2006).

A reavaliação inclui o exame dos pensamentos acerca de uma situação que provoca excitação emocional. Por exemplo, o modelo de Beck propõe que os pensamentos automáticos ocorrem de modo espontâneo frequentemente sem ser examinados ou avaliados. Os pensamentos automáticos podem ser categorizados como distorções ou vieses, incluindo leitura mental, pensamento dicotômico, previsão do futuro, personalização e rotulação. Esses pensamentos são conectados às regras condicionais de pressupostos, como "se alguém não gosta de mim, isso é terrível" ou "eu devo me odiar se você não gostar de mim". Além disso, os pressupostos e os pensamentos automáticos estão ligados a crenças nucleares ou esquemas pessoais que o indivíduo tem sobre si mesmo ou sobre os outros, como considerar-se incompetente ou ver os outros como altamente críticos. Os modelos de reavaliação tentam identificar esses padrões de pensamento e alterá-los por meio de reestruturação cognitiva e experimentos comportamentais.

METAEMOÇÃO

Gottman e colaboradores (1996) propuseram que um componente importante da socialização envolve a visão "filosófica" que os pais têm das emoções, à qual eles se referem como "filosofia metaemocional". Especificamente, alguns pais enxergam a experiência e a expressão das emoções da criança (raiva, tristeza ou ansiedade) como um evento negativo a ser evitado. Essas visões negativas das emoções são comunicadas nas interações parentais, de forma que o genitor será desdenhoso, crítico ou sobrecarregado pelas emoções da criança. Contrastando com esses estilos problemáticos de socialização emocional, Gottman e colaboradores (1996) identificaram um *estilo de treinamento emocional* que envolve a capacidade de reconhecer até baixos níveis de intensidade emocional, vendo essas "emoções desagradáveis" como oportunidades para obter intimidade e apoio, auxiliando a criança a nomear e diferenciar emoções e praticando resolução de problemas com ela. Os pais que adotam o estilo de treinamento emocional têm maior probabilidade de ter filhos capazes de autoapaziguar suas próprias emoções; ou seja, o *treinamento emocional* ajuda na autorregulação emocional. Além do mais, os filhos de pais que utilizam o treinamento emocional são mais eficientes nas interações com seus colegas, mesmo quando um comportamento adequado entre eles envolve a inibição da expressão emocional. Assim, filhos de pais que usam treinamento emocional são mais avançados no quesito inteligência emocional, sabendo quando expressar e quando inibir a expressão e como processar e regular suas próprias emoções (veja Mayer e Salovey, 1997). O treinamento emocional não apenas "reforça" o estilo catártico nas crianças; permite também que elas identifiquem, diferenciem, validem e acalmem suas emoções e solucionem os problemas. O estilo de treinamento emocional descrito por Gottman e colaboradores é uma extensão da capacidade ativa de escuta e estratégias de resolução de problemas defendidas pelos modelos de interação nos relacionamentos baseados na comunicação (p. ex., Jacobson e Margolin, 1979; Stuart, 1980).

TERAPIA FOCADA NA EMOÇÃO

A terapia focada na emoção (TFE) é uma terapia experiencial e humanística cujas origens estão na teoria do apego, na neurociência emocional e nos conceitos de inteligência emocional (Greenberg, 2002).

A TFE é uma terapia baseada em evidências e empiricamente fundamentada. De forma semelhante à descrição de Gottman de como os pais devem lidar efetivamente com as emoções, na TFE o terapeuta também pode atuar como um treinador (*coach*) emocional que ajuda os pacientes a serem mais efetivos e adaptativos no processamento de suas reações emocionais.

Na TFE, considera-se que a relação entre o terapeuta e o paciente desempenha a função de regulação dos afetos por meio de processos de apego (Greenberg, 2007). Vários processos encontrados na TFE também estão presentes nas modalidades de terapia cognitivo-comportamental de terceira geração, como aceitação, contato com o presente, consciência atenta (*mindful awareness*), cultivo da empatia e ativação de processos autoapaziguadores baseados no apego. Especificamente, diz-se que a aliança terapêutica na TFE funciona como um duo (díade) apaziguador. Nessa interação em díade, com as dinâmicas do apego humano em ação, os pacientes podem ser capazes de internalizar habilidades autoapaziguadoras por meio de treinamento emocional e aprendizado experiencial repetidos nas sessões de terapia. Além disso, a aliança terapêutica pode criar um ambiente no qual os pacientes se deparam direta e profundamente com emoções desafiadoras, enquanto aprendem as habilidades de que precisam para tolerar o sofrimento e regular de modo efetivo suas respostas emocionais (Greenberg, 2002).

Apesar de a TFE reconhecer que a cognição é um componente essencial do processamento emocional, o controle (ou reavaliação) cognitivo da emoção não é o processo central desse modelo (Greenberg, 2002). A TFE sugere que as emoções influenciam a cognição, bem como a cognição influencia as emoções. As cognições podem ser usadas para afetar as emoções, entretanto, estas podem ser usadas para mudar ou transformar outras emoções. A TFE sugere que processos de avaliação, processos de sensações físicas e sistemas afetivos ativam-se de forma integrada para evocar a experiência emocional (Greenberg, 2007). A TFE, o conceito de inteligência emocional e a TEE sustentam que as experiências emocionais envolvem alto nível de atividade sintetizada e sincronizada entre os sistemas biológicos e comportamentais humanos.

SOCIALIZAÇÃO EMOCIONAL

Apesar de as emoções terem sido relacionadas à teoria da evolução e parecerem ser universalmente experimentadas, a socialização parental tem impacto na consciência, expressão e regulação emocional. Desde a publicação do influente trabalho de Bowlby (1968, 1973) sobre apego, houve considerável interesse na importância do apego seguro ou inseguro no desenvolvimento da infância à vida adulta. Bowlby propôs que o componente essencial do apego seguro era a previsibilidade e reatividade dos pais. Bowlby e outros sugeriram que rupturas envolvendo apego entre pais e filhos podiam afetar o desenvolvimento de "modelos de funcionamento interno" – isto é, esquemas ou conceitos – acerca da previsibilidade e da capacidade de criação (*nurturance*). Os bebês e crianças privados de apego seguro têm maior risco de desenvolver ansiedade, tristeza, raiva e outros problemas emocionais. Há alguma evidência de que os padrões de apego são moderadamente estáveis nos primeiros 19 anos de vida (Fraley, 2002). Em um estudo com adultos expostos a um evento traumático (o ataque de 11/09 ao World Trade Center), aqueles que tinham laços seguros tiveram menor propensão a desenvolver TEPT (Fraley,

Fazzari, Bonanno e Dekel, 2006). Apesar de problemas precoces relativos ao apego terem sido foco da teoria das relações objetais (Clarkin, Yeomans e Kernberg, 2006; Fonagy, 2000), os processos de apego também têm sido foco dos terapeutas cognitivos (Guidano e Liotti, 1983; Young, Klosko e Weishaar, 2003).

A compreensão que as crianças têm das emoções dos outros, competência social, emocionalidade positiva e ajustamento geral estão relacionadas a maior zelo parental, maior expressividade emocional positiva e menor desaprovação e hostilidade (Isley, O'Neil, Clatfelter e Parke, 1999; Matthews, Woodall, Kenyon e Jacob, 1996; Rothbaum e Weisz, 1994). A expressão emocional negativa e um menor zelo por parte dos pais estão associados à maior incidência de comportamento antissocial (Caspi et al., 2004). Eisenberg e colaboradores sugeriram que a expressividade negativa por parte dos pais está associada a uma menor capacidade de regulação emocional, que, por sua vez, associa-se a mais problemas externalizados e menor competência social (Eisenberg, Gershoff et al., 2001; Eisenberg, Liew e Pidada, 2001). Assim, a regulação emocional medeia a relação entre expressão parental e outras capacidades sociais.

Há uma ênfase considerável na importância da invalidação na teoria da TCD como fator precoce de contribuição para o desenvolvimento de desregulação emocional. Em um estudo recente, a automutilação intencional esteve associada a relatos retrospectivos de punição e negligência por parte dos pais quando a criança estava triste (Buckholdt, Parra e Jobe-Shields, 2009). Crianças com transtornos de ansiedade tiveram mais provavelmente pais que expressavam menos afetos positivos e mais afetos negativos e tinham poucas discussões explanatórias sobre as emoções (Suveg et al., 2008). Todos esses processos de apego e interpessoais sugerem que problemas e processos de relacionamento são um componente central da regulação emocional. Isso condiz com o modelo interpessoal de depressão e suicídio, que propõe que as necessidades universais de pertencimento e um senso de que não somos um fardo para os outros são fatores de vulnerabilidade (Joiner, Brown e Kistner, 2006).

MODELOS METAEXPERIENCIAIS

As emoções constituem em si conteúdos cognitivos sociais; ou seja, as pessoas têm suas próprias teorias acerca da natureza de suas emoções e das emoções alheias. Em anos recentes, propôs-se a teoria da mente como capacidade cognitivo-social geral por trás da capacidade de entender as próprias emoções e as dos outros e como uma habilidade cujo desenvolvimento começa na primeira infância e continua subsequentemente. Uma dimensão na conceituação das emoções é o grau em que se acredita que elas sejam fixas (entidade) ou mutáveis (maleáveis). Essas dimensões mostraram-se preditivas do ajustamento durante a universidade. Os teóricos da entidade tiveram maiores taxas de depressão, mais dificuldade de ajustamento social, menos bem-estar e menor propensão a usar estratégias de reavaliação (Tamir, John, Srivastava e Gross, 2007).

A metacognição é similar ao pensamento não egocêntrico, que foi enfatizado por Flavell e outros na psicologia do desenvolvimento há várias décadas (Flavell, 2004; Selman, Jaquette e Lavin, 1977). Inspirando-se no conceito de descentralização de Piaget, o pensamento não egocêntrico envolve a capacidade de distanciar-se e observar o pensamento e a perspectiva dos outros e coordenar a interação entre as próprias perspectivas e as alheias. Pensar sobre o pensamento foi um conceito crucial na psicologia do desenvolvimento que refletiu a natureza potencialmente recorrente e autorreflexiva da cognição social. Quando aplicado ao pensamento acerca das emoções – em si mesmo ou nos outros –, o conceito "evoluiu", transformando-se na teoria da mente (Baron-Cohen, 1991), importante tanto nos modelos cognitivos quanto nos psicodinâmicos, bem como na neurociência (Arntz, Bernstein, Oorschot e Schobre, 2009; Corcoran et al., 2008; Fonagy e Target, 1996; Stone, Lin, Rosengarten, Kramer e Quartermain, 2003; Völlm et al., 2006). O modelo metacognitivo proposto por Adrian Wells é a mais detalhada teoria clínica para a teoria da mente e de como os processos metacognitivos estão por trás de vários transtornos (Wells, 2004, 2009). Por exemplo, pessoas cronicamente preocupadas acreditam que devem lidar, controlar e neutralizar pensamentos intrusivos e que os pensamentos conferem responsabilidade pessoal. O modelo metacognitivo busca esclarecer as crenças acerca de como a mente funciona, em vez de modificar o conteúdo dos pensamentos, e auxiliar o paciente a abandonar estratégias improdutivas, como tentativas de suprimir, controlar, ter certeza e usar reasseguramento e outros métodos de "controle mental". Leahy foi além e desenvolveu o *modelo metaexperiencial* – chamado *terapia do esquema emocional* –, sugerindo que as pessoas diferenciam-se em suas crenças sobre a natureza das emoções (p. ex., controláveis, perigosas, vergonhosas, exclusivas) e a necessidade de invocar estratégias de controle emocional, como preocupação, ruminação, culpa, esquiva ou abuso de substâncias (Leahy, 2002). O modelo do esquema emocional também compartilha com a TCD o reconhecimento de mitos emocionais comuns, por exemplo: "algumas emoções são realmente estúpidas", "emoções dolorosas resultam de mau comportamento" ou "se os outros não aprovam meus sentimentos, eu não deveria me sentir como me sinto" (Linehan, 1993a). Examinamos as crenças disfuncionais comuns sobre as emoções, crenças estas que podem perturbar a forma como se lida com elas, e ilustramos o uso da TEE e da TCD como estratégias mais efetivas de manejo das emoções. No próximo capítulo, oferecemos um panorama da TEE que incorpora os diferentes componentes do processamento e da regulação emocional discutidos ao longo deste livro, e propomos técnicas específicas para identificar e modificar interpretações, avaliações e estratégias problemáticas para lidar com as emoções difíceis.

CONCLUSÕES

A emoção não é um fenômeno simples. Ela compreende avaliação, sensação física, comportamento motor, metas ou intencionalidade, expressão interpessoal e outros processos. Consequentemente, uma abordagem abrangente da regulação emocional deve reconhecer a natureza multifacetada das emoções e oferecer técnicas que possam ser aplicadas em cada um desses processos. Esse é o propósito deste livro. Ademais, as estratégias de manejo variam consideravelmente, e os indivíduos podem preferir algumas delas a outras. Para alguns, a reestruturação cognitiva pode anular as outras estratégias de regulação das emoções, ao modificar a resposta emocional por meio da reavaliação. Já, outros, em que emoções intensas já foram ativadas, podem ser beneficiados por ampla variedade de técnicas de redução de estresse, atenção plena (*mindfulness*), aceitação ou técnicas da terapia do esquema emocional. Alguns pacientes podem ter dificuldade com a natureza interpessoal da sua experiência emocional e obter benefícios com as técnicas voltadas à validação ou ao funcionamento interpessoal (p. ex., aprender habilidades para manter amizades e apoio social). Apesar de haver muitos *Zeitgeist* no campo da psicologia, os pacientes estão menos interessados nas tendências teóricas do terapeuta e mais na relevância e efetividade das técnicas disponíveis. Consequentemente, cada um de nós – representando interesses e áreas de conhecimento um tanto diferentes – tentou oferecer ao leitor uma ampla gama de técnicas que possam ser adaptadas a cada paciente. Conforme indicamos anteriormente neste capítulo, o clínico pode ajudar os pacientes a examinarem:

1. se o problema permite modificação da situação pela resolução de problemas, pelo controle do estímulo ou pela reestruturação cognitiva;
2. se o problema é o aumento da excitação e das sensações (nas quais as técnicas de redução de estresse, como relaxamento progressivo, exercícios respiratórios e outros de autorrelaxamento, podem ser úteis); ou
3. se o problema é como lidar com a intensidade emocional uma vez que ela surja, sugerindo a utilidade da aceitação, atenção plena, autoapaziguamento focado na compaixão e outras técnicas.

Em cada um dos capítulos a seguir, sugerimos diretrizes para a "escolha das técnicas" e também relacionamos cada técnica com alternativas relevantes.

2

TERAPIA DO ESQUEMA EMOCIONAL

Considere a seguinte situação. Philip está enfrentando o término de um relacionamento. Ele se sente triste, com raiva, confuso, ansioso e um pouco aliviado. Ele considera normais todas essas emoções: "Rompimentos são difíceis e confusos, e outras pessoas podem ter todos esses sentimentos se passarem pela mesma situação". Ele é capaz de expressar tais emoções a um amigo, que apoia seus sentimentos e o encoraja a se sentir confortável com quaisquer sentimentos que venha a ter. Philip pensa que suas emoções fazem sentido; ele não pensa que deve se sentir apenas de um jeito (p. ex., com raiva) e vê suas emoções como difíceis, mas toleráveis e temporárias. Ao contrário, Edward tem uma visão muito diferente de suas próprias emoções após passar por um término de relacionamento. Ele fica confuso por ter "sentimentos contraditórios" e pensa que deveria sentir-se apenas de um jeito (p. ex., com raiva). Suas emoções não fazem sentido, e ele acredita que outros teriam uma reação diferente: poderiam sentir-se tristes ou aliviados, mas não com raiva. Ele crê que seus sentimentos de tristeza e ansiedade denunciam fraqueza, falha de caráter da qual sente vergonha. Teme compartilhar essas emoções, pois acredita que os outros não compreenderiam; pensa que isso é humilhante e acredita que expressar emoções seria como "mexer em uma casa de abelhas". As interpretações negativas que Edward tem de suas emoções deixam-no temeroso de seus sentimentos, e ele passa a beber, isolar-se e ruminar. Suas crenças e estratégias perpetuam a depressão.

Todos nós experimentamos sentimentos de tristeza, ansiedade, medo e até falta de esperança. Todavia, um importante "próximo passo" ao responder às emoções de um paciente é: "O que você faz, pensa ou sente *após* ter a emoção? Por exemplo, quando se sente ansioso, você recorre a esquiva, fuga, ingestão compulsiva de alimentos, responsabilização, ruminação, preocupação ou uso de bebidas? Você busca apoio, validação e expressão de suas emoções e de fato sente-se validado? Você considera as emoções como normais, aceita-as, ou sente-se culpado, sobrecarregado e confuso?". A consequência do uso de estratégias comportamentais como esquiva e fuga é que o paciente reforça a crença de que não pode tolerar emoções, de forma similar ao argumento levantado na terapia de aceitação e compromisso (ACT) sobre esquiva experiencial (Hayes et al., 1999). Se o paciente tem interpretações problemáticas ou negativas de sua ansiedade – e acredita que ela seja difícil de tolerar e incontrolável –, ele continuará a se sentir ansioso. Essas estratégias e reações cognitivas, comportamentais e interpessoais são os componentes dos esquemas emocionais.

Beck e colaboradores sugerem que os indivíduos possuem uma variedade de esquemas – emocionais, decisionais, físicos e relacionais –, cada qual incluindo um conjunto de regras que conduzem o indivíduo em situações específicas (Beck, Freeman, Davis et al., 2004; Clark, Beck e Alford, 1999). Os prejuízos no funcionamento podem se manifestar em qualquer desses processos esquemáticos. Beck sugeriu que uma estrutura superior, ou organizadora, situa-se sobre e acima dos esquemas (Beck, 1996; Clark et al., 1999). Essa estrutura, denominada "modo", engloba os modos de raiva, depressão e ansiedade. O modelo do esquema emocional propõe que as interpretações das emoções e as estratégias ativadas para lidar com elas incorporam os modos de adaptação avaliativo, interpretativo e ativo, como sugere o modelo de Beck e colaboradores (2004).

Beck e colaboradores expandiram o modelo cognitivo para focar especificamente vários transtornos da personalidade caracterizados por diferentes questões e adaptações esquemáticas. De acordo com esse modelo, cada transtorno da personalidade caracteriza-se pelo conteúdo específico do esquema dominante; por exemplo, na personalidade compulsiva, os esquemas dominantes são aqueles de controle e racionalidade. Essas áreas "superdesenvolvidas" contrastam com as áreas "subdesenvolvidas" de expressão e flexibilidade emocional. Beck e Freeman propõem que os indivíduos podem tanto evitar as situações que ameaçam o esquema quanto compensar os temores da polaridade "subdesenvolvida". Por exemplo, os indivíduos compulsivos, temendo perder o controle, podem tentar exercitar o controle extremo do ambiente, acumulando e organizando miudezas. Essas tentativas extremas de compensação ocasionam depressão ou ansiedade quando eles não conseguem controlar adequadamente a polaridade temida.

Em virtude de os transtornos da personalidade serem duradouros, Beck e colaboradores propõem que os indivíduos afetados empregam consistentemente essas adaptações evitativas e compensatórias, presumivelmente afastando a ameaça da exposição plena ao esquema. Assim, os indivíduos com personalidade compulsiva evitam o confronto com a experiência de estar "totalmente sem controle" ou "completamente irracional e louco", por meio da fuga de situações que não possam controlar ou de tentativas mágicas de controle do ambiente.

O modelo de esquema de Beck e associados tenta modificar o risco de depressão e ansiedade nos transtornos da personalidade conduzindo primeiramente uma avaliação cognitiva com o paciente (veja também J. S. Beck, 2011, para uma discussão da avaliação cognitiva). Os pensamentos automáticos do paciente relacionam-se com os pressupostos subjacentes e crenças condicionais. Por exemplo, o pensamento automático "estou perdendo o controle" está ligado à crença condicional "se não exerço controle completo, não tenho controle nenhum". Isso, por sua vez, está associado ao pressuposto subjacente "devo ter sempre controle absoluto". O esquema central subjacente é identificado como "sou sem controle".

Young (1990) também propôs um modelo de esquema que enfatiza esquemas individuais, independentemente dos transtornos da personalidade. Ele sugeriu que há várias dimensões de conteúdo esquemático. Além disso, ele tentou integrar uma variedade de perspectivas teóricas, como a teoria das relações objetais e a teoria da

Gestalt com o modelo cognitivo. De acordo com esse modelo, os indivíduos adotam três adaptações aos "esquemas mal-adaptativos precoces" – esquiva, compensação ou manutenção, sendo que a última delas consiste simplesmente no fato de eles buscarem experiências que reforçam o esquema. Por exemplo, o indivíduo narcisista pode procurar relações que reforcem sua crença de que é especial e único. No modelo proposto neste capítulo, inspiramo-nos tanto no modelo de Beck-Freeman quanto no de Young e tentamos relacionar essas abordagens à questão da regulação emocional.

Referimo-nos aos "esquemas" da maneira proposta por Beck e colaboradores (2004). Segundo esse modelo cognitivo, pode-se ter conceitos e estratégias sobre os outros, sobre si mesmo, sobre o próprio corpo, sentimentos e outros "objetos de experiência" específicos. Os esquemas no modelo cognitivo implicam crenças acerca de como se lida com as coisas. Nos modelos de Beck (2004) e de Young (1990), isso pode envolver estratégias superdesenvolvidas e subdesenvolvidas, esquiva, compensação ou manutenção do esquema. No modelo do esquema emocional, os indivíduos diferem em suas interpretações da experiência emocional e podem tentar lidar com elas por meio da esquiva experiencial (p. ex., supressão, entorpecimento, evitação e fuga), "estratégias cognitivas" inúteis (p. ex., preocupação e ruminação excessivas), busca de apoio social (tentativas tanto adaptadas quanto inadaptadas de validação) ou outras.

Neste capítulo, apresentamos um modelo clínico focado em como as pessoas conceituam sua experiência emocional, suas expectativas, como julgam as emoções e quais são as estratégias comportamentais e interpessoais que empregam em resposta à experiência emocional. Este modelo – terapia do esquema emocional (TEE) – é metacognitivo ou, como preferimos, "metaexperiencial" da emoção, no qual as emoções são *objeto* da cognição social (Leahy, 2002, 2005a, 2007a, 2007b; Wells, 2009). Os esquemas emocionais constituem "filosofias" individuais sobre as emoções, refletindo a influência do modelo metaemocional de Gottman (Gottman et al., 1996; Gottman, 1997). Aqui, focamos as crenças do indivíduo sobre a legitimidade das emoções; sua necessidade de controlar, suprimir ou expressá-las; ou sua tolerância à complexidade e à autocontradição. Além disso, os indivíduos diferem quanto às estratégias que acreditam ser necessárias para "lidar" com as emoções, sendo que alguns as aceitam, ligando emoções a valores maiores e buscando validação, enquanto outros as suprimem, fogem delas ou tentam anestesiar a experiência emocional.

No exemplo que se segue, considere como poderíamos ver a emoção de outra pessoa. Ela está com raiva e frustrada e sente-se magoada por coisas desagradáveis que outras pessoas lhe disseram. Em um caso, reagimos a essa pessoa normalizando sua emoção ("muitas pessoas ficariam incomodadas com isso"), validando seus sentimentos de mágoa. Nós a convidamos a expressar essas emoções: "Conte-me o que está sentindo a respeito disso. Eu quero ajudar". Conectamos suas emoções aos seus valores mais elevados: "Você se sente assim porque é sensível e as coisas têm valor para você". Nesse exemplo, parecemos oferecer a "validação ideal", estimulando a expressão da emoção, ajudando a pessoa a dar nomes àqueles sentimentos e oferecendo uma relação segura de respeito e cuidado para que ela se expresse. Empregamos nossos próprios "esquemas" ou conceitos e estratégias emocionais – de que as emoções da outra pessoa fazem sentido, precisam ser validadas e estão conectadas a valores mais elevados.

Uma reação alternativa às emoções da outra pessoa poderia ser bem diferente – e muito destrutiva. Poderíamos ridicularizá-la: "Você parece um bebê. Cresça!" – ou dizer-lhe o quanto é irracional e neurótica. Poderíamos dizer-lhe que não há tempo ou energia para ouvir todas aquelas queixas. Ou poderíamos dizer: "Tome uma bebida" e esperar que os sentimentos fossem dissipados à medida que ela se embriagasse. A mensagem expressa por essa abordagem alternativa é de que as emoções do indivíduo são um fardo, incômodas ou desprezíveis.

Assim como temos conceituações e estratégias para compreender e reagir às emoções dos outros (que chamamos de "esquemas"), também temos esquemas em resposta a nossas próprias emoções. Por exemplo, a parceira de Bill o deixou. Ele agora se sente triste ("sinto falta dela"), ansioso ("vou encontrar outra pessoa para amar?"), temeroso ("vai ser difícil ficar sozinho") e até sem esperança ("posso ficar sozinho para sempre"). O problema dele não é a experiência do rompimento, e sim o fato de lidar com as emoções de forma problemática. Ele crê que seus sentimentos não fazem sentido ("por que devo ficar tão angustiado após somente alguns meses de relacionamento?"); pensa que essas emoções durarão para sempre e vão sobrecarregá-lo ("meu Deus, como vou conseguir trabalhar estando tão ansioso e deprimido?"); e acredita que "um homem de verdade" não deve ficar tão abalado. Ele sente vergonha de seus sentimentos e por isso não os compartilha com Roger, seu melhor amigo, e assim não tem chance de receber validação porque está sozinho com seus sentimentos. Assim como agiu muitas vezes na vida ao se deparar com problemas, Bill passa a beber como forma de lidar com eles.

O modelo do esquema emocional é retratado na Figura 2.1, refletindo estilos normalizadores e patológicos de lidar com as emoções. Por exemplo, o processo normalizador no modelo é o de que emoções dolorosas e conflitantes podem ser aceitas, expressas e consideradas normais, bem como refletir valores mais elevados do compromisso que são rompidos ao término de um relacionamento. Bill poderia ter normalizado seus sentimentos e reconhecido que emoções dolorosas frequentemente se seguem a um rompimento, que as emoções são temporárias e que, em alguns casos, podem sinalizar os valores mais elevados de uma pessoa ("valorizar uma relação amorosa"). Por sua vez, uma reação problemática às emoções de tristeza e raiva pode torná-las patológicas, considerando-as como exclusivas e de duração indefinida, esmagadoras e prejudiciais, constrangedoras ou um sinal de fraqueza, como se precisassem ser suprimidas ou controladas. As formas problemáticas de manejo retratadas na Figura 2.1 incluem dependência de bebida, compulsão alimentar, abuso de substâncias, culpa, ruminação e preocupação. O modelo do esquema emocional propõe que, em vez de utilizar esquiva e ruminação como estratégias, pode-se usar aceitação, ativação comportamental e desenvolvimento de relacionamentos solidários mais significativos para lidar com as emoções. Os esquemas são avaliados por meio da aplicação do Formulário 2.1, que apresenta a Escala dos Esquemas Emocionais de Leahy (LESS, em inglês), a qual define 14 dimensões esquemáticas.

A TEE é uma forma de terapia cognitivo-comportamental (TCC) fundamentada em alguns princípios-chave (Leahy, 2002, 2009):

- As emoções dolorosas e difíceis são universais.
- As emoções emergiram por meio da evolução, pois ofereciam vantagens

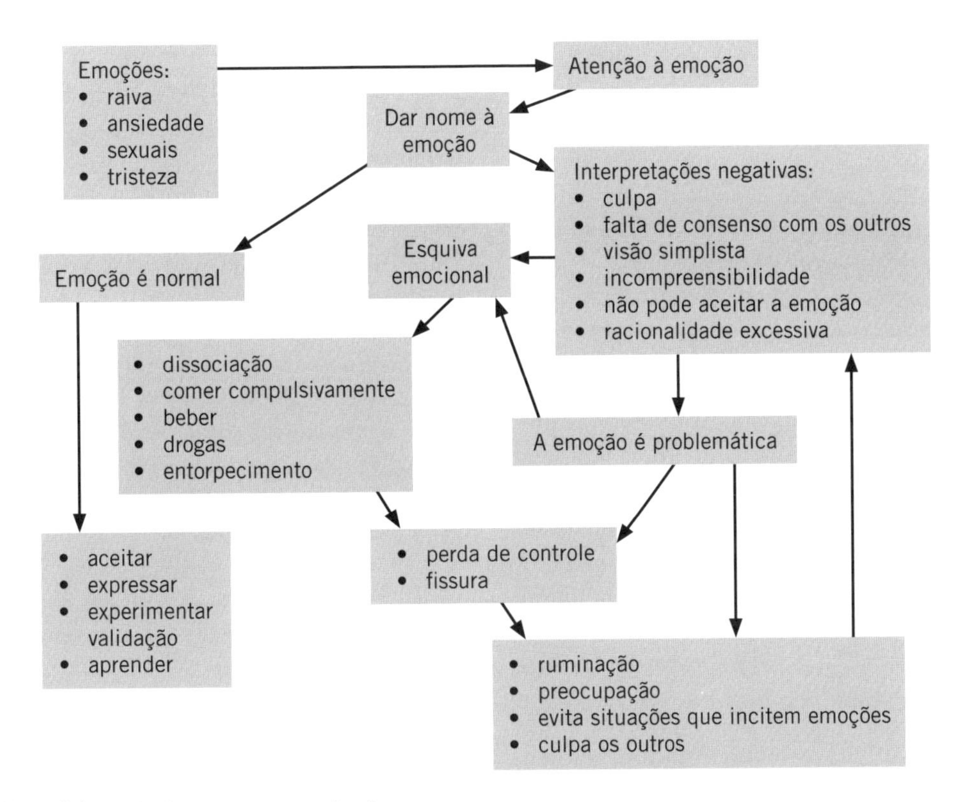

Figura 2.1 Modelo dos esquemas emocionais.

adaptativas ao alertar-nos dos perigos e revelar nossas necessidades.

- Crenças e estratégias subjacentes (esquemas) acerca das emoções determinam o impacto de uma emoção sobre seu aumento ou manutenção. Assim, crenças catastróficas sobre a ansiedade levam a uma escalada desta, de forma semelhante ao modelo do pânico proposto por Barlow, Clark e colaboradores (Barlow, 2002; Barlow e Craske, 2006; Clark, 1986).
- Esquemas problemáticos incluem tornar as emoções catastróficas, pensar que as próprias emoções não fazem sentido e percebê-las como permanentes e fora de controle, vergonhosas, exclusivas e que precisam ser escondidas.
- Estratégias de controle emocional como tentativas de suprimir, ignorar, neutralizar ou eliminar as emoções pelo abuso de substâncias e compulsão alimentar ajudam a confirmar as crenças negativas a respeito das emoções como experiências intoleráveis.
- Expressão e validação são úteis na medida em que normalizam, universalizam, melhoram a compreensão, diferenciam várias emoções, reduzem a culpa e a vergonha e ajudam a aumentar a crença na tolerabilidade da experiência emocional.

A TEE ajuda o paciente a identificar as diferentes emoções e a nomeá-las; normalizar a experiência emocional, inclusive emoções dolorosas e difíceis; conectá-las às necessidades pessoais e à comunicação interpessoal; identificar as suas crenças e estratégias problemáticas (esquemas) para que possa interpretar, julgar, controlar e influenciar as emoções; coletar informações, usar técnicas experienciais e estabelecer "experimentos" comportamentais, interpessoais e emocionais para desenvolver respostas mais úteis às emoções; e desenvolver novas crenças e estratégias mais flexíveis e adaptativas acerca da experiência emocional.

A TEE tenta encontrar sentido na emoção, colocá-la no contexto de uma vida significativa e de valores com os quais valha a pena viver, normalizar as emoções e ajudar os indivíduos a explorarem as possibilidades emocionais. Assim, o terapeuta dos esquemas emocionais pode ajudar os pacientes a diferenciarem a variedade de emoções disponíveis e até explorá-las como possíveis metas. O propósito não é eliminar ou suprimir emoções, e sim oferecer formas construtivas e significativas de usar a experiência emocional.

Alguns terapeutas reconhecem que expressão e experiência emocionais intensas podem ser uma oportunidade de aprofundar a terapia – acessando as "cognições quentes", as crenças centrais, as imagens e as lembranças associadas a emoções intensas e a eventos significativos da vida. Esses terapeutas certamente endossariam as seguintes crenças (Leahy, 2005a, 2009): "sentimentos dolorosos são uma chance de construir um relacionamento mais íntimo", "posso ser mais importante quando o paciente se sentir assim", "sentimentos dolorosos são parte da vida", "consigo me imaginar também nessa situação", "sentimentos dolorosos não são permanentes" e "devo respeitar o sofrimento e a dor do paciente".

SUPORTE EMPÍRICO DO MODELO DO ESQUEMA EMOCIONAL

Há suporte empírico para o modelo do esquema emocional com referência a ansiedade, depressão e outras formas de psicopatologia. A LESS (veja Formulários 2.1 e 2.2)[1] possui consistência interna adequada: o alfa de Cronbach de 1.286 participantes foi 0,808. Várias das 14 dimensões dos esquemas estão significantemente correlacionadas com o Inventário de Beck para Depressão (BDI) e com o Inventário de Beck para Ansiedade (BAI) (Leahy, 2002). Em outro estudo (N = 1.363), uma análise de regressão múltipla por passos indicou a seguinte ordem de preditores de depressão no BDI: ruminação, culpa, invalidação, ausência de valores mais elevados, controle, incompreensibilidade, expressão (mais alta) e baixo consenso. A análise de regressão múltipla por passos (N = 1.245) das dimensões da LESS em relação ao BAI indicou a seguinte ordem de preditores: perda de controle, incompreensibilidade, ruminação e expressão (mais alta). Assim, em ambas as regressões múltiplas, expressão mais alta estava associada a maiores níveis de depressão e ansiedade, ao contrário do modelo de catarse. No estudo da relação entre uma medida derivada das crenças negativas sobre as emoções (soma das dimensões da LESS), cada um dos fatores metacognitivos do modelo de Wells (Wells, 2004, 2009) correlacionou-se significantemente com as crenças negativas acerca das emoções, aumentando a validade de construto da escala (N = 1.293). A exploração do valor preditivo independente das dimensões ou dos fatores metacognitivos da LESS indicou que ambos os modelos teóricos se sustentam. A regressão múltipla por passos produziu a seguinte ordem de preditores no BDI: ruminação, culpa, invalidação, perda de controle, competência/confiança cognitiva (Questionário de Metacognições [MCQ]), preocupação positiva (MCQ; negativa), in-

[1] Todos os formulários estão no Apêndice ao final do livro.

controlabilidade e perigo da preocupação (MCQ) e expressão (negativa). Esses achados sobre a relação entre LESS, MCQ e depressão sugerem que os fatores metacognitivos da preocupação podem ser parcialmente ativados em função das crenças negativas sobre as emoções. O padrão preditivo na regressão múltipla por passos sobre a ansiedade (BAI) também reflete esse modelo integrativo metaemoção/metacognição: controle, incontrolabilidade e perigo da preocupação (MCQ), preocupação positiva (MCQ; negativa), autoconsciência cognitiva (MCQ), inteligibilidade, expressão (negativa) e invalidação. Um achado inesperado foi o de que as percepções positivas da preocupação estavam associadas a menores níveis de depressão e ansiedade. Em um estudo sobre a satisfação nos relacionamentos íntimos, cada um dos 14 indicadores da LESS estava significantemente relacionado à satisfação conjugal (Escala de Ajustamento em Díade) (N = 662). Novamente, a análise de regressão múltipla refletiu achados intrigantes, especialmente sobre a importância da invalidação. A ordem gradual dos preditores foi a seguinte: invalidação, responsabilização, ausência de valores mais elevados, visão simplista da emoção, incompreensibilidade (mais alta) e baixa aceitação dos sentimentos. Dada a importância da validação nos achados anteriores, é interessante que a regressão múltipla por passos dos preditores da validação tenha revelado a seguinte ordem: culpa, baixa expressão, ruminação, baixa aceitação dos sentimentos, responsabilização, falta de consenso e entorpecimento. Esses dados sugerem que a validação pode modificar outros esquemas, auxiliando assim a regulação emocional. Essa pode ser a razão pela qual os pacientes emocionalmente abalados buscam validação.

Maior embasamento da importância da invalidação está refletido nos dados dos preditores por passos da LESS na subescala de Dependência ao Álcool do Inventário Clínico Multiaxial de Millon (MCMI): invalidação, ausência de valores mais elevados, visão simplista, responsabilização, baixo consenso e entorpecimento. Talvez os indivíduos dependentes de álcool obtenham validação, relação com valores mais elevados, diferenciação das emoções complexas, redução da culpa e consenso por meio dos encontros grupais dos Alcoólicos Anônimos. O exame dos preditores de escores mais altos na dimensão MCMI do transtorno da personalidade *borderline* revelou os seguintes preditores: incompreensibilidade, ruminação, invalidação, entorpecimento, responsabilização, visão simplista da emoção, perda de controle, ausência de valores mais elevados e necessidade de ser racional (mais baixo). Esses dados sugerem fortemente a importância dos esquemas na psicopatologia.

Relações significantes entre flexibilidade psicológica, atenção plena (*mindfulness*) dispositiva e esquemas emocionais também foram encontrados em pesquisas recentes (Tirch, Silberstein e Leahy, 2009). Em um estudo observacional transversal, 202 participantes que se apresentaram para tratamento ambulatorial com a TCC completaram as medidas de flexibilidade psicológica (Questionário de Aceitação e Ação-II; Bond e Bunce, 2000), atenção plena dispositiva (Mindful Attention Awareness Scale [MAAS]; Brown e Ryan, 2003) e esquemas emocionais (LESS; Leahy, 2002). Nesse grupo, a atenção plena dispositiva estava significantemente relacionada à flexibilidade psicológica. Todas as 14 dimensões do esquema emocional também estavam muito relacionadas à flexibilidade psicológica e à atenção plena dispositiva. Uma interpretação aceitável das correlações altamente significantes entre os esquemas emocionais mais adaptativos, atenção plena e flexibilidade psicológica é que uma função possível do processamento cognitivo esquemático mais adaptativo das reações às emoções é o maior grau de flexibilidade psicológica e a maior atenção receptiva, assim como a consciência dos eventos e experiências presentes. Como essas correlações não estabelecem causalidade ou direção nas relações discutidas, também é possível que uma pessoa que apresente maior grau de consciência plena (*mindful awareness*) e flexibilidade psicológica relate esquemas também mais adaptativos. De fato, é provável que esses esquemas sejam processos interativos envolvidos no estabelecimento e na manutenção da flexibilidade psicológica e no funcionamento emocional adaptativo.

Para examinar as diferentes relações entre esquemas emocionais, atenção plena e flexibilidade psicológica, foi conduzida uma análise de regressão múltipla por passos. A flexibilidade psicológica, como medida do funcionamento comportamental envolvendo aceitação e adaptação, foi usada como variável dependente nessa análise, enquanto os esquemas emocionais relacionados às estratégias de regulação emocional (ruminação, expressão, necessidade de ser racional e aceitação de sentimentos) e a atenção plena dispositiva foram usados como variáveis independentes. Os resultados indicaram que os fatores expressão e necessidade de ser racional da LESS não foram preditores suficientemente significativos nessa análise de regressão para que fossem incluídos no modelo da regressão. Um modelo incluindo os fatores ruminação e baixa aceitação dos sentimentos da LESS, bem como a atenção plena dispositiva, medidos pela MAAS, responderam por proporção significativa da variância na flexibilidade psicológica, em comparação com os outros fatores da LESS hipoteticamente envolvidos nas estratégias de regulação emocional. A ruminação foi incluída no primeiro passo desse modelo, seguida pela baixa aceitação de sentimentos e em seguida pela atenção plena dispositiva. O acréscimo de cada uma das variáveis subsequentes resultou em mudanças estatisticamente significantes. Uma interpretação possível desses resultados sugere que as estratégias de regulação emocional que envolvam abdicar de um estilo cognitivo de ruminação, a adoção de uma aceitação aberta do ato de sentir as emoções à medida que aparecem e acompanhar ativamente o que acontece no presente formam de fato a base da flexibilidade psicológica. O grau em que a pessoa é ou não excessivamente racional ou verbalmente expressiva pareceu ser menos importante na manutenção da flexibilidade psicológica nessa pesquisa. De acordo com tais resultados, o grau em que a postura metaexperiencial é menos ruminativa, mais aberta às emoções e mais fundamentada na consciência receptiva das experiências presentes parece contribuir mais para a flexibilidade psicológica do que o grau de racionalidade ou expressividade envolvido nessa postura. A interpretação desses resultados estaria de acordo com a hipótese inerente ao modelo do hexágono da ACT, segundo o qual aceitação, desfusão (*defusion*) e contato com o presente são componentes importantes da flexibilidade psicológica. A pesquisa também deu sustentação à relação entre o funcionamento dos esquemas emocionais mais adaptativos e a capacidade de reagir com flexibilidade em vez de esquiva experiencial. A TEE tem metas e diretrizes conceituais em comum com várias teorias cognitivas e comportamentais de terceira geração, incluindo o reconhecimento de que a esquiva experiencial pode estar relacionada às crenças sobre as emoções e o sofrimento, que mantêm o funcionamento problemático.

PANORAMA DA TERAPIA DO ESQUEMA EMOCIONAL E DA REGULAÇÃO EMOCIONAL

Neste livro, oferecemos ampla variedade de técnicas e estratégias para auxiliar os pacientes a lidar com as emoções. Pode-se abordar cada capítulo e escolher as técnicas conforme a necessidade. Entretanto, acreditamos que um modelo integrativo de regulação emocional pode ser oferecido pela TEE, que pode auxiliar o clínico a selecionar as técnicas mais relevantes e incorporá-las em uma conceituação mais significativa que ajude a compreender a teoria geral do paciente sobre as emoções, incluindo avaliações, previsões e estratégias utilizadas para lidar com os problemas. Assim, as técnicas da terapia comportamental dialética (TCD) que melhoram o momento ou permitem que alguém "se deixe levar pela onda" da emoção estão dirigidas à crença de que as emoções precisam ser controladas ou eliminadas ou que são perigosas. As técnicas de aceitação que permitem uma ação comprometida com metas envolvendo valores abordam a crença de que é necessário fugir da emoção para conseguir fazer as coisas. A reestruturação cognitiva permite ao paciente aprender que mudar as interpretações dos eventos pode modificar as respostas emocionais, conferindo assim maior senso de eficácia ao sentir uma emoção "indesejada". As técnicas de redução de estresse que diminuem a excitação autonômica (p. ex., exercícios de relaxamento progressivo ou de respiração) ajudam no aprendizado de que é possível lidar com uma emoção e reduzir gradualmente sua intensidade. A distinção entre as estratégias de validação que podem não ser úteis e aquelas que o são auxilia o paciente a usar o apoio social de modo mais efetivo. Em cada caso, tentamos apresentar técnicas à luz das questões do esquema emocional que elas podem ajudar a resolver.

Sugerimos a visão global da regulação emocional incluída no modelo do esquema emocional, conforme apresentado na Figura 2.2. Esse modelo não é completo, mas sugere que uma variedade de estratégias ou

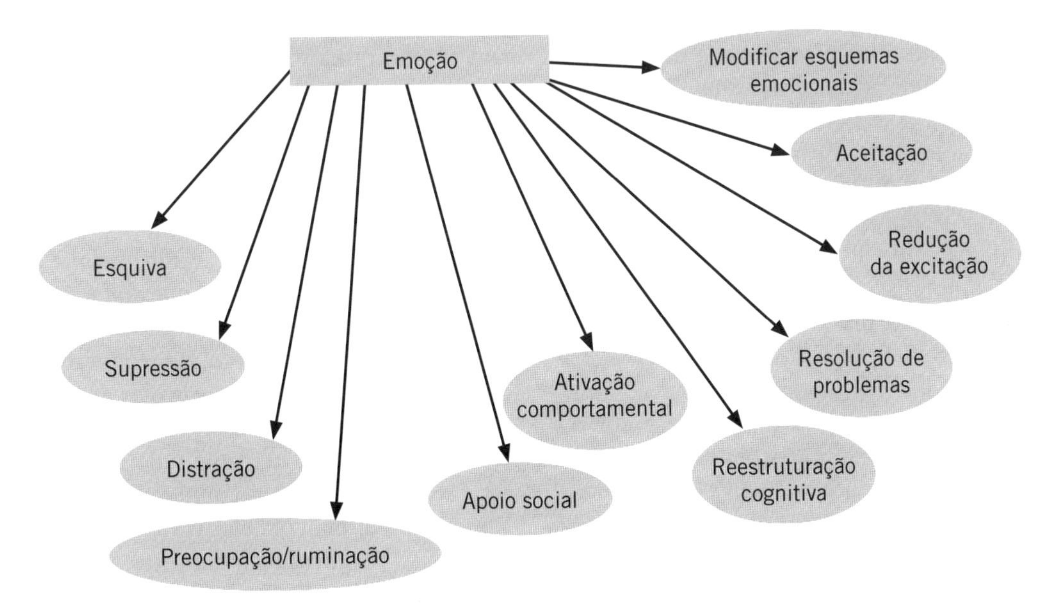

Figura 2.2 Estratégias de regulação emocional.

técnicas pode ser utilizada. As estratégias problemáticas incluem esquiva, supressão e ruminação/preocupação. (Obviamente, poderíamos acrescentar muitas outras estratégias problemáticas, como responsabilização, entorpecimento, dissociação e abuso de substâncias.) As estratégias mais úteis (discutidas nos capítulos seguintes) incluem modificação dos esquemas emocionais (neste capítulo), aceitação e atenção plena, redução da excitação, resolução de problemas, ativação comportamental, reestruturação cognitiva e comportamentos adaptativos voltados à busca de apoio social.

Como o clínico pode escolher? Não há regra rígida e rápida. Contudo, a questão é se o evento antecedente – o desencadeador da resposta emocional – é passível de reavaliação cognitiva ou resolução de problemas. Caso afirmativo, essas estratégias podem ser a primeira linha de intervenção. De fato, até a esquiva pode ser útil, como a decisão de evitar um relacionamento abusivo. A ativação comportamental pode ser também uma estratégia valiosa se a modificação da passividade e do isolamento puder conduzir a experiências mais compensadoras passíveis de mudar as emoções. Nesse caso, o clínico pode avaliar se o isolamento, a passividade ou a resposta à disforia com comportamentos geradores de depressão são o problema. No caso do paciente sentir-se sobrecarregado pelas emoções, várias técnicas podem ser úteis, incluindo as descritas no Capítulo 4, que abordam a TCD e as técnicas descritas nas seções voltadas a aceitação, atenção plena e redução de estresse. As interpretações problemáticas das emoções podem ser tratadas com o modelo do esquema emocional, assim como com a discussão pela TCD dos mitos emocionais, incluindo informações sobre o significado das emoções. Os pacientes que desprezam a si mesmos em razão da forma como se sentem podem obter benefício com o treinamento da mente compassiva, a reestruturação cognitiva ou a TEE. Finalmente, um dos preditores mais fortes de depressão (e suicídio) é a presença de um estilo problemático de relacionamento interpessoal, que identificamos no Capítulo 3, sobre a resistência à validação. Com alguma frequência, os pacientes que se sentem sobrecarregados pelas emoções podem ter teorias idiossincráticas sobre validação ou estilos problemáticos de busca de validação. Nossa experiência mostra que explorar essas interpretações mantendo uma postura de compaixão, aceitação e não julgamento é um componente essencial para a maioria dos pacientes que experimentam desregulação emocional. Assim, o clínico pode determinar qual "apresentação" específica de desregulação emocional precisa ser tratada e implementar as técnicas relevantes da forma aqui descrita. Esperamos que essas técnicas possam modificar a teoria problemática do paciente sobre as emoções e auxiliar no desenvolvimento de um conjunto mais adaptativo de interpretações, avaliações e estratégias que incrementem a resistência emocional.

A TEE se fundamenta nos princípios centrais que discutimos e lança mão de um leque de técnicas de intervenção. No restante deste capítulo, descrevemos técnicas específicas relacionadas a interpretações, avaliações, atribuições e estratégias relativas às emoções. Para cada técnica, oferecemos sua descrição, questões específicas para serem propostas aos pacientes, intervenções a serem tentadas, o exemplo ilustrativo de uma sessão de terapia, sugestões de tarefas, ideias para lidar com prováveis desafios e problemas que frequentemente surgem com o uso das técnicas, bem como referências cruzadas com outras técnicas.

TÉCNICA: IDENTIFICAÇÃO DE ESQUEMAS EMOCIONAIS

Descrição

Conforme discutimos, as pessoas diferem na consciência, no reconhecimento, na diferenciação, na interpretação e na avaliação da experiência emocional, bem como nas estratégias para lidar com esta. O primeiro passo para ajudar o paciente a entender os esquemas emocionais é apresentar o modelo – e o esquema, que é a base do modelo. As interpretações negativas das emoções contribuem para o medo ou intolerância às emoções, levando assim a um senso de desregulação, a deixar-se sobrecarregar pelas emoções e ao emprego de estratégias problemáticas, como preocupação, ruminação, compulsão alimentar, abuso de álcool e ações que visam suprimir ou pôr fim às experiências emocionais. A LESS (Formulário 2.1), conforme mencionamos anteriormente, é uma escala de autorrelato com 50 perguntas que permite a avaliação dos esquemas em 14 dimensões: invalidação, ininteligibilidade, culpa, visão simplista da emoção, ausência de valores mais elevados, perda de controle, entorpecimento, necessidade de ser racional, duração, baixo consenso, aceitação de sentimentos, ruminação, expressão e responsabilização. Os itens individuais são mostrados no Formulário 2.2; os itens com pontuações invertidas estão entre parênteses. A escala pode ser invertida em itens específicos, de forma que todas as pontuações positivas reflitam uma visão negativa da emoção. Cada dimensão é avaliada pelo número de itens da subescala ou da dimensão específicas. Atualmente, não há normas para a LESS.

Questão a ser proposta/intervenção

"Todos nós temos emoções de vários tipos em ocasiões diferentes. Todos podemos ter sentimentos de tristeza, ansiedade, medo, raiva, desesperança, felicidade, desamparo, alegria, confusão ou outras emoções. Vou pedir que você preencha um questionário que avalia a forma como pensa e reage às próprias emoções." O paciente recebe uma cópia da LESS, que avalia 14 dimensões dos esquemas emocionais (veja Formulário 2.1). Após o paciente ter preenchido a LESS, o terapeuta continua. "Vamos ver como você pensa e reage às emoções. Você pode ter alguma dificuldade, por exemplo, para dar nome às emoções – ou mesmo percebê-las –, e reconhecer que pode ter ampla variedade delas. Além disso, você pode ter algumas interpretações negativas dessas emoções – de que elas são vergonhosas, anormais, que está sozinho com esses sentimentos, ou pode tentar suprimir as emoções, tomando certas atitudes que podem tornar as coisas ainda piores em longo prazo, mas podem ajudar a suprimi-las por um curto período. Tais interpretações e os comportamentos e estratégias que você utiliza serão denominados 'esquemas emocionais'. Eles são a teoria que você sustenta sobre suas próprias emoções e suas crenças sobre como lidar com elas."

Exemplo

Terapeuta: Vi no questionário que você achou que suas emoções não fazem sentido e que ninguém entende de fato a maneira como você se sente. Pode me dizer que emoções são essas?

Paciente: Não sei por que me sinto às vezes tão triste e depois anestesiada. É difícil de explicar e, de qualquer forma, não acho que alguém esteja interessado nisso.

Terapeuta: Sim, deve ser difícil ter todos esses sentimentos e sentir que não pode compartilhá-los com alguém. Quando é que você se sente triste?

Paciente: Quando volto a meu apartamento, entro, e o sentimento de tristeza e temor toma conta de mim.

Terapeuta: O que teria feito você se sentir melhor ao voltar para casa?

Paciente: Eu me sentiria melhor se tivesse alguém que se importasse comigo e com quem eu me importasse.

Terapeuta: Então sua tristeza tem relação com o sentimento de estar sozinha, não conectada a ninguém, e isso importa muito para você?

Paciente: Sim, fui casada com alguém que eu amava, mas ele morreu e agora me sinto muito sozinha.

Terapeuta: Então, quando se sente sozinha e triste, você pensa também que esse sentimento vai continuar para sempre?

Paciente: Sim, às vezes parece que minha vida será sempre assim.

Terapeuta: E o que você faz para lidar com a tristeza?

Paciente: Tomo um drinque e depois outro até me sentir anestesiada.

Tarefa

Se o paciente não preencheu a LESS, pode preenchê-la como parte da tarefa de casa. Ademais, ele pode examinar a figura que retrata o modelo do esquema emocional (Fig. 2.1), assim como suas respostas na LESS, e listar alguns exemplos específicos de pensamentos e comportamentos que representam seus esquemas. Por exemplo, o terapeuta pode sugerir que ele avalie como os esquemas emocionais de vergonha ou culpa relativos à emoção tiveram impacto em sua vida ou como as crenças acerca da duração e incapacidade de controle da emoção o levaram a estratégias problemáticas, tais como beber, compulsão alimentar ou ruminação.

Possíveis problemas

Apesar de muitos pacientes considerarem o modelo bastante esclarecedor e informativo, alguns podem argumentar que suas emoções são reais e baseadas em avaliação realista. O terapeuta pode indicar que todas as emoções são reais porque são sentidas pelo paciente e que a questão não é se elas são válidas, e sim a forma como ele as interpreta e reage a elas. Por exemplo, alguém pode se ferir fisicamente e sentir uma dor forte, mas pode também enxergar a dor como normal, temporária e tratável.

Referência cruzada com outras técnicas

Nomear e diferenciar emoções, manter um diário de emoções e fazer um planejamento de atividades podem ser benéficos. Identificar mitos emocionais típicos também pode ser útil. De forma semelhante, Linehan (1993b) identificou alguns mitos comuns acerca das emoções, revisados no Capítulo 4, referente aos mitos emocionais.

Formulários

Formulário 2.1: Escala de Esquemas Emocionais de Leahy.
Formulário 2.2: Quatorze Dimensões da Escala de Esquemas Emocionais de Leahy.

TÉCNICA: NOMEAÇÃO E DIFERENCIAÇÃO DE OUTRAS EMOÇÕES POSSÍVEIS

Descrição

Conforme mencionamos na seção Terapia focada na emoção, no Capítulo 1, dar nomes às emoções é parte crucial do processamento da experiência. Ao fazê-lo, o indivíduo é capaz de se lembrar delas e reconhecer o contexto no qual surgem. As pessoas com alexitimia, que possuem dificuldade em nomear as emoções, também têm dificuldade em conectá-las às experiências, recordar-se delas e processá-las. A alexitimia tem sido considerada como um déficit "metaemocional" que reflete dificuldades em se lembrar das emoções ou identificar situações que as incitam (Taylor, Bagby e Parker, 1997). Em termos globais, os níveis de ansiedade estão positivamente correlacionados à alexitimia (Culhane e Watson, 2003; Eizaguirre, Saenz de Cabezon, Alda, Olariaga e Juaniz, 2004). Em um estudo feito com 85 veteranos de guerra, a alexitimia foi preditora de TEPT (Monson, Price, Rodriguez, Ripley e Warner, 2004), enquanto em outro estudo verificou-se que ela é essencialmente um *sintoma* (ou seja, anestesia emocional) característico do TEPT (Bandura, 2003). A alexitimia está relacionada à forma mal-adaptativa de lidar com a ansiedade, a exemplo do alcoolismo e do perfeccionismo (Lundh, Johnsson, Sundqvist e Olsson, 2002; S. H. Stewart, Zvolensky e Eifert, 2002).

Há duas partes no processo de diferenciação das emoções. Uma é a clássica técnica focada nas emoções, pela qual distinguimos emoções primárias e secundárias, por exemplo: "Se você não estivesse sentindo raiva, seria possível sentir-se ansioso com isso?" (Greenberg e Watson, 2005). Contudo, uma segunda técnica é também possível: imaginar outras emoções que alguém *poderia ter*, mas não tem, no momento presente. Isso cria a possibilidade de flexibilidade da resposta emocional.

Questão a ser proposta/intervenção

"Parece que você está com raiva, mas há um grande leque de emoções que você também poderia ter sobre isso – porém pode ser que não as sinta agora. Por exemplo, é possível que, em uma situação como esta, alguém se sentisse indiferente, entretido, curioso, desafiado ou até aliviado?" O terapeuta pode direcionar o paciente a uma lista de emoções possíveis. "Há emoções aqui que alguém poderia ter nessa situação? Alguma delas seria preferível à que você está sentindo agora?"

Exemplo

Karen ficou incomodada por não ter sido convidada para jantar com alguns de seus amigos. O terapeuta validou seus sentimentos, mas pediu que ela examinasse outras emoções que alguém poderia sentir a respeito da situação.

Terapeuta: Você disse que se sente chateada, mas eu me pergunto se você poderia ser mais específica em relação a seu sentimento.

Paciente: Não sei. Senti meu coração acelerar e fiquei tensa. Simplesmente chateada.

Terapeuta: Parece que isso a incomodou. Qual poderia ser a emoção que você sentiu?

Paciente: Acho que me senti magoada.

Terapeuta: Ok. Isso deve ter sido bem ruim também. E houve algum outro sentimento a respeito disso? Tente imaginar a sensação, a aceleração cardíaca, a tensão, o aborrecimento. Pense no fato de não ter sido convidada para a festa.

Paciente: Acho que também me senti triste.

Terapeuta: Ok. E por que você acha que ficou triste?

Paciente: Senti que não se importavam comigo. Ninguém me queria por perto.

Terapeuta: E ao pensar que ninguém a queria por perto naquela ocasião, há algum outro sentimento que também poderia ter experimentado?

Paciente: Senti raiva. Fiquei realmente com raiva por terem me tratado daquela forma.

Terapeuta: Ok. Então podemos ver que você teve muitos sentimentos diferentes a respeito disso. Você começou dizendo que estava chateada, o que pareceu um tanto vago, e então disse que estava magoada, e podemos ver que também sentiu raiva. E seu coração acelerou e sentiu-se tensa.

Paciente: Sim. Foram esses os sentimentos que tive.

Terapeuta: Será que alguém poderia olhar para esta situação e imaginar que pudesse ter outros sentimentos além de mágoa, tristeza e raiva?

Paciente: Mas eu não tenho direito de ter esses sentimentos?

Terapeuta: Sim, mas você pode considerar outras formas de sentir e pensar, não para invalidar o direito de ter seus sentimentos, mas para expandir o leque de experiências que pode ter.

Paciente: Acho que também poderia me sentir ansiosa porque me preocupo com a possibilidade de não gostarem de mim e não me incluírem em outras coisas.

Terapeuta: Sim, também vejo como esse sentimento poderia fazer sentido. Há outros sentimentos que alguém poderia ter em relação a isso – talvez não da forma como você está se sentindo?

Paciente: Acho que algumas pessoas podem simplesmente não ligar.

Terapeuta: Como essas pessoas pensariam a respeito disso de forma que não se importassem?

Paciente: Elas poderiam pensar que tinham coisas melhores para fazer com seu tempo.

Tarefa

Pode-se dar ao paciente a lista de emoções do manual de terapia focada na emoção, de Greenberg (Diário de Emoções, veja Formulário 2.3). Além disso, o paciente pode monitorar e dar nomes às emoções em situações específicas e identificar a variedade de pensamentos associados a elas. É importante identificar tanto os pensamentos ("sou um fracasso") quanto as emoções evocadas por eles ("tristeza, falta de esperança"). Isso permite que o terapeuta faça a importante distinção entre um pensamento passível de reestruturação e uma emoção que pode ser regulada utilizando-se outras técnicas. Ademais, o terapeuta pode pedir que o paciente liste emoções "alternativas" que outras pessoas podem ter naquela situação, a fim de criar um leque de emoções que possam se tornar "alvos" ou "metas" da terapia (veja Formulário 2.4). Por exemplo, emoções desagradáveis, como indiferença, poderiam ser identificadas, bem como os pensamentos que desencadeariam essas novas emoções. Esse exercício amplia a flexibilidade da resposta às emoções e situações e sugere maneiras diferentes de pensar e lidar com elas.

Possíveis problemas

Alguns pacientes confundem pensamento ("não há nada que eu possa fazer") com emoção ("tristeza" ou "desamparo"). Em alguns aspectos, isso pode ser inevitável, pois muitas emoções envolvem avaliações cognitivas. Todavia, o terapeuta pode ajudar o paciente a distinguir pensamentos e emoções, indicando que emoção é um sentimento (p. ex., tristeza, ansiedade, raiva), enquanto pensamento é uma crença sobre a realidade (p. ex., "não posso fazer nada para evitar"). Os pensamentos podem ser examinados quanto às evidências, enquanto os sentimentos são, por sua própria natureza, afirmações verdadeiras sobre a experiência subjetiva do indivíduo.

Referência cruzada com outras técnicas

O terapeuta pode sugerir programações de atividades para ajudar o paciente a identificar como as emoções variam de acordo com a situação.

Formulários

Formulário 2.3: Diário de Emoções.
Formulário 2.4: Emoções que Alguém Poderia Ter Nesta Situação.

TÉCNICA: NORMALIZAÇÃO DA EMOÇÃO

Descrição

Na terapia cognitiva do transtorno obsessivo-compulsivo, um fator-chave é ajudar os pacientes a perceberem que os pensamentos intrusivos (com frequência de natureza indesejada ou bizarra) são razoavelmente comuns entre a população geral. A terapia metacognitiva foi muito útil para auxiliar os pacientes a reavaliarem a natureza dos pensamentos intrusivos, ajudando-os a perceberem que ninguém é responsável pelos pensamentos, que eles não conduzem necessariamente a uma ação (fusão pensamento-ação) e que não é necessário controlá-los ou suprimi-los (Clark, 2002; Wells, 2009). Na TEE, normalizar uma variedade de emoções – frequentemente indesejáveis – pode ajudar os pacientes a processar esses sentimentos e a reduzirem o medo e a culpa relativos à forma como se sentem. Os pacientes se sentem menos solitários, mais compreendidos e menos "patológicos" se souberem que muitas outras pessoas podem ter emoções semelhantes em determinada situação, especialmente quando há crenças específicas a respeito dela. Normalizar a emoção ajuda a validar os pacientes.

Questão a ser proposta/intervenção

"Parece que você acha que seus sentimentos são incomuns, talvez até estranhos, e que outras pessoas podem não ter esses sentimentos. Tomemos o sentimento [ciúme, raiva, ansiedade]. Você conheceu outras pessoas com esses sentimentos? Existem músicas, poemas, romances ou histórias nos quais as pessoas têm esses sentimentos? Você poderia perguntar a seus amigos se eles já tiveram esses sentimentos? Você acha que seus amigos são esquisitos, incomuns ou anormais porque têm tais sentimentos? Por que não?"

Exemplo

Sandra estava com ciúme porque seu parceiro jantou com a ex-namorada. O terapeuta tentou normalizar os sentimentos de ciúme.

Terapeuta: Parece que você está com ciúmes, mas se sente mal com isso. Por quê?

Paciente: Não quero ser uma daquelas namoradas ciumentas neuróticas.

Terapeuta: Então parece que você está equiparando o fato de sentir ciúmes com ser neurótica. Você já conversou com alguma amiga sobre Victor ter jantado com sua ex-namorada?

Paciente: Bem, algumas delas dizem que compreendem. Na verdade, uma delas me disse que ficaria ainda mais furiosa do que eu. E outra disse: "Não se preocupe. Ele escolheu você".

Terapeuta: Bem, parece que sentir ciúmes pode ser normal. É um sentimento doloroso, eu sei, mas você parece pensar que há algo errado com você pelo fato de ter esse sentimento.

Paciente: Fico preocupada que Victor pense que sou insegura.

Terapeuta: É possível sentir ciúmes porque você é humana. Quase todos sentem ciúmes de vez em quando. Mas isso também pode dizer que as coisas têm importância.

Paciente: O que você quer dizer?

Terapeuta: Bem, imagine se seu namorado lhe dissesse: "Decidi que por mim está tudo bem se você sair para jantar com um dos seus ex-namorados. Não vou nem perguntar a respeito".

Paciente: Eu pensaria que ele está me traindo.

Terapeuta: Então, o ciúme pode ser simplesmente um sentimento que temos quando as pessoas têm importância para nós.

Tarefa

O paciente pode listar as emoções que considera "anormais" e as vantagens e desvantagens de pensar que esses são sentimentos "normais". Ele pode fazer um levantamento e perguntar aos amigos se eles ou alguém que conhecem tiveram determinada emoção que ele considera anormal (p. ex., inveja, ciúme, raiva). O paciente pode listar músicas, poemas, histórias ou romances que retratem essas emoções. Por exemplo, se o paciente sente ciúme, pode identificar músicas sobre este sentimento ou livros que o retratem (como *Otelo*, de Shakespeare). Podem fazer uma busca no Google relacionando a emoção específica com o gênero para determinar quem mais sentiu essa emoção. O paciente pode preencher o Formulário 2.5 (Custos e Benefícios de Pensar que Minhas Emoções São Anormais) para avaliar as vantagens e desvantagens de crer que suas emoções são anormais. Alguns pacientes acreditam que considerar a si próprios como patológicos vai ajudá-los a mudar. Isso pode ser examinado com reestruturação cognitiva, descrita no Capítulo 9. Além disso, a normalização das emoções pode ser conseguida por meio de perguntas a outras pessoas sobre suas experiências emocionais, usando o Formulário 2.6 (Levantamento de Outras Pessoas que Têm Essas Emoções). Muitos pacientes descobrem que os outros não apenas apresentam muitas das mesmas emoções que eles possuem, mas que essas pessoas também podem sugerir diferentes emoções, pensamentos e estratégias comportamentais que se mostraram úteis.

Possíveis problemas

Alguns pacientes podem concluir que, pelo fato de outras pessoas terem tido a mesma emoção, eles também precisam ficar presos a ela. O terapeuta pode ajudá-los a reconhecer que as emoções são temporárias, dependem das circunstâncias, estão sempre mudando e dependem do mecanismo utilizado para lidar com elas.

Referências cruzadas com outras técnicas

Os exercícios de autovalidação podem ajudar a normalizar as emoções. Identificar mitos emocionais também é relevante.

Formulários

Formulário 2.5: Custos e Benefícios de Pensar que Minhas Emoções São Anormais.
Formulário 2.6: Levantamento de Outras Pessoas que Têm Essas Emoções.

TÉCNICA: PERCEPÇÃO DE QUE AS EMOÇÕES SÃO TEMPORÁRIAS

Descrição

Um dos medos que as pessoas nutrem é o de que suas emoções dolorosas sejam intermináveis e acabem permeando todo o dia. Isso colabora para que queiram se livrar delas, o que normalmente resulta em mais frustração, ansiedade e intolerância. Usando a técnica que mostra que as emoções são temporárias, os pacientes são instruídos a adotar a postura de observação atenta diante de suas emoções e registrar as diferentes emoções, bem como sua intensidade, durante o dia. Isso permite que percebam o amplo leque de emoções positivas, negativas e neutras e que, como as preocupações, elas mudam e desaparecem.

Questão a ser proposta/intervenção

"Às vezes, temos medo de nossos sentimentos porque pensamos que eles continuarão para sempre ou durarão indefinidamente. Mas pode ser que as emoções sejam temporárias – elas podem mudar de um momento a outro. Você já se deu conta dos sentimentos que teve no passado e que não tem agora? Você notou seus sentimentos mudando durante esta conversa? A intensidade do sentimento aumenta ou diminui? Há coisas específicas que você faz ou pensa que estejam relacionadas à flutuação dos seus sentimentos? Que coisas são essas?" O terapeuta pode perguntar ao paciente qual seria a consequência de ele realmente acreditar que os sentimentos são temporários. Será que o paciente sentiria menos medo desses sentimentos, teria menor propensão a usar estratégias problemáticas para lidar com eles?

Exemplo

Terapeuta: Seus sentimentos de solidão parecem realmente incomodá-la. Você disse que estava pensando: "Estou sempre sozinha". Esse é um sentimento forte em relação a um sentimento.

Paciente: Sim. Quando chego em casa, tenho essa sensação de que vou ser esmagada pela solidão, e penso que vou ficar sozinha para sempre.

Terapeuta: É assustador pensar que ficará sozinha para sempre. Mas vamos ver o que os fatos dizem. Por exemplo, esta noite, houve outros sentimentos que você teve, além de solidão?

Paciente: Decidi assistir à televisão e fiquei curiosa com o programa.

Terapeuta: Então você teve o sentimento de ficar curiosa. Algum outro sentimento ao assistir ao programa?

Paciente: Foi empolgante perto do final – era uma reapresentação de *Law and order*.*

Terapeuta: Esse é também um de meus programas favoritos. Além do programa, você teve algum outro sentimento?

Paciente: Bem, senti-me relaxada quando tomei um banho e coloquei uma música para tocar. Senti-me meio que em um sonho.

Terapeuta: Ok. Então podemos ver que seus sentimentos de solidão cederam durante esses outros momentos e você teve outros sentimentos. Isso sugere que os sentimentos podem ser temporários? Talvez eles mudem de um momento para outro.

* N. de R.: *Lei e ordem*. Série policial norte-americana.

Tarefa

As tarefas desta técnica incluem preencher uma programação de atividades, na qual ações, pensamentos e sentimentos – e a intensidade dos sentimentos – são tabelados. Isso ajuda o paciente a perceber que os sentimentos variam com as atividades, a hora do dia, os pensamentos e outros fatores ligados às situações. O paciente pode também completar uma análise de custo-benefício relativa a acreditar que os sentimentos são temporários e desenvolver uma lista de planos para focar em outros sentimentos (e não ficar preso a um só). O paciente pode usar o Formulário 2.7 (Cronograma de Atividades, Emoções e Pensamentos) e o Formulário 2.8 (Custos e Benefícios de Acreditar que as Emoções São Temporárias) para avaliar como as emoções mudam e as consequências de reconhecê-lo. Por exemplo, o Cronograma de Atividades, Emoções e Pensamentos pode mostrar que determinada emoção e sua intensidade aumentam e diminuem com atividades, pensamentos, relacionamentos e até a hora do dia ou da noite, revelando com isso que as emoções não são fixas ou permanentes. Ademais, o paciente pode examinar os custos e benefícios de perceber a natureza transitória da emoção, libertando-se da crença de que as emoções duram "para sempre".

Possíveis problemas

Alguns pacientes acreditam que admitir que as emoções são temporárias minimiza sua dor e invalida o sofrimento emocional. O terapeuta pode indicar que parte da terapia é a dialética entre mudança e validação, e prosseguir ativamente avançando enquanto valida o que aconteceu no passado.

Referências cruzadas com outras técnicas

Exercícios de validação e autovalidação, bem como exercícios da mente compassiva, podem ser úteis.

Formulários

Formulário 2.7: Cronograma de Atividades, Emoções e Pensamentos.
Formulário 2.8: Custos e Benefícios de Acreditar que as Emoções São Temporárias.

TÉCNICA: COMO AUMENTAR A ACEITAÇÃO DA EMOÇÃO

Descrição

Muitos pacientes com dificuldades de regulação emocional acreditam que precisam "livrar-se" das emoções, de modo semelhante aos pacientes obsessivos ou preocupados que acreditam que precisam eliminar pensamentos intrusivos. Eles com frequência temem que a emoção irá esmagá-los, incapacitá-los ou perdurar indefinidamente; portanto, há um senso de urgência em eliminá-la. Assim como a supressão dos pensamentos ou as estratégias de controle dos pensamentos são malsucedidas e aumentam a sensação de estar sobrecarregado e controlado por pensamentos indesejados e intrusivos, as estratégias de supressão emocional e o senso de urgência intensificam a luta interna que aumenta a desregulação emocional.

A aceitação da emoção não implica acreditar que ela seja uma experiência boa ou ruim, mas simplesmente reconhece que é uma experiência sendo vivenciada naquele momento. A aceitação da emoção pode ajudar a desviar o paciente do senso de urgência e das tentativas fúteis de se livrar dela.

Questão a ser proposta/intervenção

"Vejo que você tem dificuldades em aceitar que está ansioso [triste, com raiva, com ciúme]. Quais são as vantagens e desvantagens de aceitar esses sentimentos? O que acha que aconteceria se o fizesse? De que pensamentos, comportamentos, formas de interagir com os outros ou outras estratégias você abdicaria? Se aceitasse que tem um sentimento agora, você poderia também focalizar outros comportamentos, experiências e relacionamentos possivelmente úteis? Por exemplo, se aceitasse que ficou ansioso e dissesse: 'sei que estou me sentindo ansioso neste momento', você poderia também – ao mesmo tempo – dizer: 'Também vou fazer coisas que possam ser compensadoras'?"

Exemplo

A paciente sentiu-se solitária ao retornar ao apartamento, teve a sensação de pânico e pensou que deveria se livrar do sentimento de solidão.

Terapeuta: Eu entendo que esse sentimento de solidão pareça muito doloroso para você e percebo que isso aparenta preceder seu impulso de beber. Você sente que não pode aceitar esse sentimento de solidão?

Paciente: Quero me livrar daquele sentimento. Quero me anestesiar.

Terapeuta: Sim, e essa é uma estratégia que muitos de nós tentam – livrar-se de um sentimento, anestesiar-se, não sentir nada. É como se disséssemos: "Não consigo aceitar e tolerar esse sentimento". Mas qual foi a consequência de você se livrar do sentimento, em vez de aceitá-lo?

Paciente: Estou bebendo demais e tenho medo de ficar sozinha.

Terapeuta: E se você imaginar a emoção – seu sentimento – de solidão como um visitante que chega e simplesmente está lá. Mais ou menos como um convidado em um grande jantar, e há muitos outros convidados. "Sentimento de solidão" é o personagem que aparece.

Paciente: Essa é uma imagem interessante. É como um dos meus parentes.

Terapeuta: Sim. Esta é uma forma de pensar. Você já aceita seu parente e talvez até seja educada e respeitosa. Mas você não o torna o foco da festa. Há outros convidados e outras coisas a fazer.

Paciente: Isso soa um pouco estranho – pensar em um sentimento como um convidado. Mas eu posso tentar pensar desse jeito.

Terapeuta: Outra técnica que pode ser útil é imaginar que a emoção entra em seu corpo e você a sente. Como aquele sentimento de solidão – onde você o sente em seu corpo?

Paciente: É um peso no peito e outra sensação descendo até o estômago; sinto-me cansada e um pouco nervosa, como se tivesse de sair.

Terapeuta: Soa como um sentimento de ser derrotada e querer fugir daquele sentimento, então você se sente nervosa, talvez um pouco agitada.

Paciente: Parece que é isso.

Terapeuta: Ok. Então imaginemos que o sentimento chegue a seu peito, você o sente e agora simplesmente se rende e deixa que ele venha, como água fluindo sobre as pedras em um riacho. Você é como as pedras e o sentimento flui por cima de você rio abaixo. E então outra onda suave de sentimentos vem e vai, e ela se foi.

Paciente: É como se eu fosse as pedras no riacho? Hum. Sempre quero me livrar dos sentimentos e agora imagino eles fluindo sobre mim.

Terapeuta: Mas você é como a pedra, impassível, forte, assistindo ao sentimento, vendo-o passar pela água, e o rio continua.

Paciente: Isso parece muito relaxante.

Terapeuta: Então, quando estiver em seu apartamento e o sentimento de solidão vier, você pode dizer a si mesma: "Não tenho de me livrar dele. Posso aceitá-lo, tolerá-lo e saudá-lo – como o convidado que chega".

Paciente: É uma forma muito diferente de vivenciar isso para mim.

Terapeuta: Sim, não aceitar o que acontece a leva a lutar contra si mesma. E então você pode dizer também a essa emoção: "Você está aqui de novo. Bem-vinda novamente. Fique à vontade enquanto eu me ocupo com as outras coisas que preciso fazer". Então, você faz apenas coisas compensadoras e prazerosas.

Paciente: Mas o que acontecerá com o sentimento de solidão?

Terapeuta: Ele pode ainda estar presente, mas talvez esteja em segundo plano. Você não se concentra nele todo o tempo porque agora está focando coisas que importam e que são prazerosas.

Tarefa

O capítulo sobre ruminação no livro *Beat the blues before they beat you* (2010), de

Leahy, oferece muitas ideias de como lidar com pensamentos e sentimentos recorrentes e intrusivos. O paciente pode praticar maneiras de como render-se às sensações, imaginando o sentimento como água que flui por cima de uma pedra e o observando à medida que ele vem e vai. O Formulário 2.9 (Como Aceitar Sentimentos Difíceis) pode ser sugerido. Exemplos de como aceitar os sentimentos incluem: "Não lute contra o sentimento, permita que ele aconteça. Afaste-se e observe-o. Imagine que o sentimento esteja fluindo e você esteja fluindo junto com ele. Veja-o subir e descer, ir e vir, momento a momento".

Possíveis problemas

Alguns pacientes acreditam que aceitar uma emoção é equivalente a se render ao sofrimento. Em certo sentido, há rendição na luta contra a emoção, mas aceitação não significa que a pessoa não está fazendo nada para se sentir melhor. Aceitar que está chovendo não significa deixar o guarda-chuva de lado. Reconhecer, admitir e construir espaço para uma variedade de emoções ajuda a colocá-las na perspectiva de um significado e potencial maiores na vida. Os exercícios envolvendo atenção podem ajudar o paciente a reconhecer que é possível estar ciente de alguma coisa sem se prender a ela. Por exemplo, um paciente relatou sentir-se ansioso, e o terapeuta pediu que descrevesse as cores dos livros no escritório. Ao fazê-lo, sua ansiedade diminuiu. Isso indicou que ele poderia estar momentaneamente ciente da ansiedade, mas tinha condições de redirecionar a atenção para outra coisa. A aceitação não implica inflexibilidade ou ficar preso à emoção do momento. O terapeuta pode indicar que é possível aceitar o sentimento de ansiedade no momento, ao mesmo tempo em que se adota um comportamento que leva a uma mudança daquela emoção. Além do mais, aceitação não sugere ruminação; na verdade, esta é uma forma de esquiva experiencial. Por exemplo, aceitar que estou triste pode implicar que não preciso ruminar sobre isso com perguntas impossíveis de responder, como "Por que isso está acontecendo comigo?". A aceitação pode seguir essa sequência: "Aceito que estou triste. Sei que é como eu me sinto, mas posso adotar outros comportamentos que levem às metas que valorizo".

Referência cruzada com outras técnicas

Quaisquer dos exercícios de atenção plena podem ser incorporados a esta técnica. Os exercícios de aceitação e disposição também são úteis.

Formulário

Formulário 2.9: Como Aceitar Sentimentos Difíceis.

TÉCNICA: COMO TOLERAR SENTIMENTOS MISTOS

Descrição

Pessoas ansiosas frequentemente têm dificuldade em tolerar a incerteza. De fato, Dugas, Ladouceur e colaboradores elaboraram um tratamento da ansiedade generalizada com base no aumento da tolerância à incerteza entre pacientes preocupados (Dugas e Robichaud, 2007; veja também Wells, 2009). Na verdade, a intolerância à incerteza também sustenta a avaliação mal-adaptativa das intrusões obsessivas e aciona processos de pensamento ruminativos. Os indivíduos ativam uma estratégia de preocupação ou ruminação para reduzir a incerteza, equiparando-a a resultados negativos e a um senso de irresponsabilidade. Ter sentimentos mistos – ou ambivalência – é uma manifestação emocional de incerteza, pois os indivíduos experimentam sentimentos potencialmente conflitantes acerca das pessoas, das experiências ou de si próprios. Essa ambivalência pode gerar ansiedade e sensação de "confusão" à medida que os indivíduos procuram "o que de fato sentem". Porém, sentimentos "univalentes" – ou seja, sentimentos "de mão única" ("eu realmente gosto dele" ou "eu realmente não gosto dele") – podem não ser realistas, pois as pessoas (e as experiências) costumam oferecer considerável complexidade, as situações mudam, as pessoas mudam dentro dessas situações e a consistência de traços pode ser menos provável que o impacto das situações. De fato, a rejeição de Mischel a respeito da "psicologia dos traços" em favor das conceituações "pessoa-situação" pode ter maior validade empírica (Dugas, Buhr e Ladouceur, 2004; Mischel, 2001; Mischel e Shoda, 2010).

Há vantagens em tolerar ambivalência, ambiguidade e incerteza. Primeiro, as inferências dispositivas podem ser menos precisas na previsão do comportamento do que as descrições contextuais ou situacionais. Assim, se as disposições ou traços forem na verdade "mitos", a ambivalência e a ambiguidade podem ser mais realistas. O comportamento de um indivíduo pode depender mais da situação ou do contexto do que de traços fixos. Segundo, focalizando a variabilidade e o contexto, há mais "graus de liberdade" no que diz respeito à flexibilidade comportamental. Por exemplo, se eu sei que você pode reagir mais favoravelmente mediante uma percepção diferente das contingências situacionais, posso considerar reorganizar a estrutura de recompensa para beneficiá-lo (e obter o que quero de você). Nossas pesquisas mostram que um dos principais preditores de insatisfação conjugal é a incapacidade de tolerar sentimentos mistos (Leahy e Kaplan, 2004).

A técnica de aceitação dos sentimentos mistos auxilia o paciente a diferenciá-los, vendo-os de forma dialética (equilibrada e conflitante) e aumentando o reconhecimento de que os "sentimentos mistos" podem simplesmente refletir maior consciência da complexidade, da veracidade e das realidades da natureza humana. De fato, pode-se argumentar que vermelho e azul se complementam ou que certas notas em uma partitura podem completar a melodia. Eles não se contradizem; os sentimentos não são como afirmações lógicas. Ver as emoções como experiências lineares e lógicas na fenomenologia da mente pode obscurecer o fato de que elas toquem percepções, necessidades e nuances diferentes.

Questão a ser proposta/intervenção

"Há vantagens em aceitar os sentimentos mistos? Há desvantagens? Quais são? É possível pensar nos sentimentos mistos como se refletissem simplesmente o ato de *saber mais*? As pessoas não seriam mais complicadas e, portanto, os sentimentos mistos poderiam ser simplesmente o reflexo da complexidade da natureza humana? Outras pessoas possuem sentimentos mistos? Você tem sentimentos mistos em relação a seus amigos ou membros da família? Eles poderiam ter sentimentos mistos em relação a você? A dificuldade com os sentimentos mistos é reflexo de seu perfeccionismo? Se aceitasse ou tolerasse sentimentos mistos, você se preocuparia ou ruminaria menos?"

Exemplo

Uma jovem vinha experimentando sentimentos mistos em relação ao noivo, reconhecendo que ele tinha qualidades que ela considerava incômodas e outras que valorizava bastante. Ela reclamava que não sabia como "realmente se sentia".

Terapeuta: Você parece achar difícil reconhecer que está tendo sentimentos mistos em relação a Dave, e eu me pergunto por que eles são difíceis de tolerar.

Paciente: Talvez haja algo que eu esteja deixando escapar. Se estou tendo sentimentos mistos, então talvez esteja cometendo um erro.

Terapeuta: Bem, é importante sentir que você está tomando a decisão certa para si mesma. Mas parece que você está equiparando ter sentimentos mistos a "cometer um erro". [O terapeuta e a paciente examinam então os pontos positivos e negativos de Dave como parceiro, e ela acaba avaliando estes como 80% positivos e 20% negativos.] Parece que está 80 a 20 em favor de Dave. Como você se sente em relação a isso?

Paciente: Eu sei que ele tem muitas qualidades. Ele é um homem maravilhoso, o melhor com quem já estive. Mas eu devo tomar uma decisão com sentimentos mistos?

Terapeuta: Você está equiparando sentimentos mistos com má alternativa. Consegue imaginar alguma decisão importante na vida que não tenha prós e contras? Você tem algum amigo de longa data por quem você não tenha sentimentos mistos?

Paciente: Acho que tem razão quanto a isso. Mas eles são amigos, não alguém com quem eu vá me casar.

Terapeuta: Você acha que pessoas casadas não possuem sentimentos mistos?

Paciente: Sei que meus pais têm, e eles estão casados há 35 anos.

Terapeuta: Você também poderia pensar que os sentimentos mistos refletem o fato de que conhece bem a pessoa. Ser capaz de aceitar, tolerar e não julgar pode ser uma forma diferente de ver as coisas.

Paciente: Mas se eu aceitar isso, não significa que estaria me acomodando?

Terapeuta: Quando tomamos decisões importantes não estamos também nos conformando com o equilíbrio entre prós e contras? Não estamos dizendo: "Em geral, parece razoavelmente bom, apesar de não ser perfeito"?

Paciente: Acho que Dave também tem sentimentos mistos a meu respeito.

Terapeuta: Talvez seja porque vocês se conhecem e simplesmente enxergam que as pessoas são complicadas e que isso também não é um problema.

Tarefa

O paciente pode preencher o Formulário 2.10 (Exemplos de Sentimentos Mistos) e o Formulário 2.11 (Vantagens e Desvantagens de Aceitar Sentimentos Mistos).

Possíveis problemas

Alguns pacientes acreditam que tolerar sentimentos mistos os tornam confusos e, no fim das contas, desamparados. Supõe-se que haja apenas uma forma de se sentir em relação às coisas e que esta maneira deve ser descoberta. Uma analogia útil para desafiar essa suposição é a pintura. Há alguma cor que deva sozinha compreender toda a pintura, ou ela seria mais rica, significativa e comovente com muitas cores?

Referência cruzada com outras técnicas

O Formulário 2.3 (Diário de Emoções) ajuda a identificar uma variedade de sentimentos na mesma situação ou em situações distintas. Além disso, monitorar a variação dos pensamentos e sentimentos de acordo com os pensamentos automáticos pode ser uma forma útil de ilustrar que pensamentos e sentimentos mudam e podem se misturar.

Formulários

Formulário 2.10: Exemplos de Sentimentos Mistos.
Formulário 2.11: Vantagens e Desvantagens de Aceitar Sentimentos Mistos.

TÉCNICA: EXPLORAÇÃO DAS EMOÇÕES COMO METAS

Descrição

Greenberg e Safran descreveram como algumas experiências emocionais são primárias, e outras, secundárias (Greenberg e Safran, 1987, 1990). Por exemplo, os pacientes podem chegar com sentimentos de raiva, mas subjacentes à raiva pode haver sentimentos de ansiedade, passíveis de serem vistos como menos toleráveis ou mais ameaçadores. No modelo do esquema emocional, as emoções podem tornar-se metas em si, libertando os indivíduos da noção de "ficar preso a um sentimento". Frequentemente, percebemos que os sentimentos "acontecem conosco" como se fossem ondas que chegam e nos envolvem. A noção de ser vítima dos próprios sentimentos pode tornar os pacientes temerosos de permitir que o sentimento ocorra e levá-los a lutar contra uma emoção da qual acreditam ter de se livrar. Em princípio, não há motivo para que a emoção vivenciada em dado momento tenha de ser a única a ocupar o seu campo de experiências. Os pacientes que sentem raiva de um evento podem considerar a possibilidade de explorar sentimentos de apreciação sobre outros eventos. A frustração pode dar lugar à curiosidade.

Assim como podemos fazer escolhas quanto ao que comemos em um bufê, também podemos escolher as emoções que almejamos hoje. De forma similar à técnica da TCD de melhorar o momento (Linehan, 1993a, 1993b), com a TEE também podemos decidir quais emoções vamos "perseguir" (Greenberg e Safran, 1987; Leahy, 2010). A TEE reconhece a importância da psicologia positiva, especialmente o papel das emoções positivas na proteção contra o estresse. No Formulário 2.12, incluímos as 10 emoções positivas mais importantes identificadas por Fredrickson (Fredrickson e Branigan, 2005; Fredrickson e Losada, 2005).

As seguintes estratégias podem ser úteis para que o paciente identifique as emoções como metas:

1. reconhecimento da escolha ("Você pode decidir se quer experimentar e focar a emoção atual ou ver se há uma forma de ter outra emoção", "Quais são as vantagens de ter uma emoção diferente – sobre algo totalmente diferente na vida – em lugar da emoção atual?";
2. estabelecer uma emoção como meta ("Que emoção você gostaria de criar para si? Felicidade, curiosidade, apreço, medo, confusão, desafio, gratidão?");

3. ativar lembranças e imagens ("Tomemos a emoção 'orgulho': feche os olhos e tente lembrar-se de um momento em sua vida no qual se sentiu orgulhoso por ter feito algo" – o terapeuta usa a indução de imagens mentais para guiar o paciente por lembranças, imagens, pensamentos, sensações e sentimentos); alternativamente, podem-se usar álbuns de fotos de família para trazer à tona outras lembranças;
4. usar atividade para tornar a emoção real ("Imaginemos que, ao longo da próxima semana, você tentasse notar a si mesmo ou outras pessoas sentindo-se orgulhosas. Que exemplos você traria disso? Que coisas você poderia fazer – mesmo muito pequenas – para obter exemplos de você mesmo se sentindo orgulhoso?").

Ademais, a programação tradicional de atividades pode auxiliar o paciente a reconhecer que outras emoções ocorrem, a depender das atividades com as quais ele esteja envolvido.

Questão a ser proposta/intervenção

"Percebo que você sente [emoção] agora e que isso o perturba. Faz sentido que você se sinta mal com isso exatamente agora. Mas será que não poderíamos colocar esse sentimento de lado por alguns minutos e considerar outras emoções que você possa desejar?" Por exemplo, o terapeuta pode dizer: "Você está se sentindo frustrado com o fato de estar bloqueado. E se você tentasse se sentir indiferente? O que você teria de pensar para se sentir indiferente?". Ou "Esse [evento] específico foi incômodo para você. Vamos colocá-lo de lado por alguns minutos e pensar sobre outras coisas em sua vida. Por exemplo, imagine que estivesse tentando pensar em algo que pudesse apreciar [sentir gratidão]. Que tipo de pensamentos e imagens combinam com isso?".

Exemplo

Bill estava com raiva e frustrado com os colegas, a quem descreveu como mesquinhos e injustos. Eles o estavam "impedindo" de alcançar seus objetivos.

Terapeuta: Você parece preso a esse sentimento de raiva e ressentimento, e quem poderia culpá-lo por isso? Eles não o trataram de forma justa. Mas o sentimento de estar preso faz você se sentir em uma armadilha.

Paciente: Sim, continuo remoendo isso. Estou com raiva, frustrado. Não consigo superar isso.

Terapeuta: Reconheçamos por agora que você vai continuar com raiva em relação a isso. Mas eu gostaria de tentar um exercício diferente hoje – vamos buscar um conjunto diferente de sentimentos. Você pode colocar a raiva de lado por alguns minutos e ver se há outras formas de sentir que também façam sentido.

Paciente: Não sei bem o que você quer dizer.

Terapeuta: Bem, outros dois sentimentos me vêm à mente em relação a essas pessoas. Um é indiferença, e o outro é curiosidade. E se um deles ou mesmo os dois fossem sua maneira de sentir?

Paciente: Eu estaria com muito menos raiva.

Terapeuta: Sim, menos bloqueado. Ok. Então imaginemos que você quisesse estar total e verdadeiramente indiferente, que tivesse a seguinte atitude: "Não ligo para o que eles pensam". Que pensamentos poderiam levá-lo à paz e liberdade da verdadeira indiferença?

Paciente: Acho que perceberia que eles são o que são, que não vão mudar, e eu ainda consigo fazer quase tudo. Não precisei deles antes e não preciso deles agora. Quer dizer, por que eu deveria me importar com a visão deles em relação a isso? Eu na verdade não os admiro.

Terapeuta: Certo, parece que você está chegando à indiferença. E o que faria para ficar curioso a respeito disso? Por exemplo, e se você tentasse descobrir estratégias que pudesse usar para lidar com isso? Desenvolver curiosidade quanto às suas alternativas?

Paciente: Acho que poderia descobrir como evitá-los. Tentar descobrir alguma forma alternativa de resolver o problema. Poderia pensar como isso condiz com tudo o que ouvi sobre a empresa e essas pessoas. Refletindo bem, poderia pensar: "Por que eu ficaria surpreso?".

Terapeuta: Como a curiosidade funciona para você?

Paciente: Funciona bem. Mas acho que prefiro a indiferença.

Terapeuta: Certo, então sua meta emocional é a indiferença.

Tarefa

A tarefa de casa pode consistir em identificar emoções alternativas mais agradáveis ou compensadoras e compilar uma lista usando o Formulário 2.12 (Busca de Emoções Positivas). O Diário de Emoções de Greenberg pode ser empregado como exemplo. O paciente pode então listar atividades ou pensamentos que produzam essas emoções e preencher o Formulário 2.13 (Inventário de Metas Emocionais), que lhe pede para desenvolver uma "narrativa" que leve a uma nova emoção. Novamente, esse exercício aumenta a extensão da flexibilidade das experiências emocionais e ajuda os pacientes a perceberem que não estão presos a uma emoção e que não precisam ruminar sobre aquilo em que estão presos.

Possíveis problemas

Muitas pessoas acreditam que as emoções acontecem só a elas: "Como posso transformar a emoção em meta, se ela é simplesmente algo que sinto (ou algo que passa por mim)? Não tenho controle sobre meus sentimentos". Essa noção de desamparo quanto às emoções pode ser examinada pelo monitoramento da forma como elas mudam com os comportamentos e pensamentos, usando a programação de atividades ou o registro diário de pensamentos disfuncionais. Exercícios durante a sessão que guiem o paciente pela indução imaginária ou exercícios meditativos, de respiração com consciência plena ou de mente compassiva podem demonstrar como novas emoções podem se tornar mais evidentes.

Referência cruzada com outras técnicas

Programação de atividades, exercícios de mente compassiva e respiração consciente podem ser utilizados.

Formulários

Formulário 2.12: Busca de Emoções Positivas.
Formulário 2.13: Inventário de Metas Emocionais.

TÉCNICA: ABERTURA DE ESPAÇO PARA A EMOÇÃO

Descrição

Os pacientes frequentemente creem que podem ter apenas uma emoção e precisam escolher quando há mais de uma – que não podem ter ambas. Isso os leva a lutar contra a própria experiência emocional e a tentar suprimir emoções ou anestesiá-las por meio de ingestão compulsiva de alimentos, purgação, uso de bebidas ou drogas. Utilizando a técnica conhecida como "abertura de espaço para a emoção", o terapeuta pode apresentar a ideia de mais "espaço para a experiência na vida". O mundo emocional de alguém pode tornar-se maior e proporcionar um contexto no qual as emoções sejam contidas e balanceadas.

Questão a ser proposta/intervenção

"Frequentemente, focamos em excesso uma emoção dolorosa e pensamos que não podemos suportá-la porque a dor é muito intensa. Mas as emoções existem no contexto de outras coisas na vida. Quais seriam as vantagens e desvantagens de aceitar esta emoção agora, sem tentar eliminá-la? Que outras emoções e significados em sua vida podem ser maiores e mais significativos para você do que o sentimento que está tendo?"

Exemplo

O paciente era um homem com mais de 60 anos cuja esposa havia morrido após longa enfermidade. Meses mais tarde, ele sentia que não conseguia superar e se perguntava como conseguiria lidar com aquilo.

Terapeuta: Então parece que perder Tricia depois de todos esses anos ainda o afeta.

Paciente: Sim. Parece que não consigo superar. Percebo que foi um longo período durante o qual o câncer a destruía gradualmente e, em certo sentido, sua morte foi uma bênção. Mas não consigo deixar isso para trás. Faz seis meses agora.

Terapeuta: Tricia foi sua esposa por quase 40 anos e há muito significado, amor e lembranças contidos em sua experiência com ela. Será que é realmente necessário *superar isso*?

Paciente: Mas como eu posso continuar com minha vida?

Terapeuta: Uma forma de pensar nisso – e pode ser doloroso sentir essas coisas – é dizer: "Nunca precisarei superar isso". De fato, eu poderia até dizer-lhe: "Espero que continue sendo capaz de se sentir triste ao pensar na perda. Espero que continue aberto a ela". Mas eu acrescentaria que espero que possa construir uma vida significativa o suficiente para conter a perda e que possa lembrar-se dela com os momentos maravilhosos e felizes, bem como continuar aberto a estar triste pelo fato de ela ter partido. E, dessa forma, jamais perdê-la em sua mente.

Paciente: (*chorando*) Isso é muito útil para mim. Sim, eu tenho tentado superar.

Terapeuta: A questão não é sempre eliminar o sofrimento. É viver uma vida pela qual valha a pena sofrer. E, neste momento, você está sofrendo porque valeu a pena.
Paciente: Obrigado.
Terapeuta: E perguntar a si mesmo, com a lembrança dela dentro de você, o que ela gostaria que fizesse com sua vida.
Paciente: Ela gostaria que eu continuasse a viver.
Terapeuta: E talvez continuando com sua vida e mantendo a lembrança dela em você, a perda continue presente, mas menos dolorosa, pois há muitas outras emoções que vêm com ela. Há a alegria de se lembrar dela e do significado de sua vida. Sua vida pode conter essa perda.

Tarefa

O paciente pode preencher o Formulário 2.14 (Significados Adicionais na Vida) e o Formulário 2.15 (Emoções que Também Posso Ter).

Possíveis problemas

Muitos pacientes acreditam que emoções tristes devem ser eliminadas para não se sobrecarregarem e tornarem a vida insuportável. Essa estratégia autoprotetora, de suprimir ou eliminar emoções, torna-as apenas mais temíveis. Os pacientes podem identificar experiências tristes ou ansiosas que não mais os incomodam, como a perda de uma amizade ou de um animal de estimação ou o fracasso em atingir uma meta. O terapeuta pode perguntar se o tempo, enquanto se construíam outros significados na vida, permitiu que essas experiências anteriormente difíceis fossem incorporadas.

Referência cruzada com outras técnicas

Outras técnicas úteis incluem o Diário de Emoções de Greenberg (Formulário 2.3), identificar emoções desejáveis (Formulário 2.13), exercícios de mente compassiva e programação de atividades.

Formulários

Formulário 2.14: Significados Adicionais na Vida.
Formulário 2.15: Emoções que Também Posso Ter.

TÉCNICA: ESCADA DE SIGNIFICADOS ELEVADOS

Descrição

As emoções dão significado às experiências. Sem elas, ficaríamos paralisados na indecisão, incapazes de fazer uma escolha entre as alternativas. As emoções dolorosas podem refletir os eventos que importam para nós e evidenciar o sentido e os valores que sustentam nossa existência. A técnica da "escada" é derivada da teoria do construto pessoal e permite que os pacientes tornem claros os valores mais elevados que as emoções e experiências trazem à tona (Cohn e Fredrickson, 2009). O conceito da escada permite que os pacientes encontrem o significado mais elevado que querem preservar ou respeitar na emoção dolorosa que experimentou no momento. A técnica da escada também possibilita ajudar a esclarecer conceitos ou valores superiores, que confiram importância emocional às experiências cotidianas, algumas vezes encaradas de forma destrutiva. Por exemplo, pode levar ao perfeccionismo, que, por sua vez, pode sabotar a experiência. Contudo, neste contexto, a técnica da escada é usada como maneira de acessar valores mais elevados que façam valer a pena suportar as dificuldades. Apesar de os teóricos do construto pessoal usarem a técnica da escada ou pirâmide de formas específicas, focalizamos neste contexto a "escada da significação" e nos concentramos nas implicações positivas ao obter a satisfação de uma necessidade.

Questão a ser proposta/intervenção

"Frequentemente ficamos incomodados ou frustrados porque sentimos que nossas necessidades e nossos valores não estão sendo concretizados. Tomemos sua situação atual. Você está irritado [outra emoção] por causa de [situação atual]. Mas imaginemos que você pudesse satisfazer essa necessidade. Deixe-me pedir que complete cada sentença com o que lhe vier primeiro à cabeça. 'Se eu conseguisse [satisfazer essa necessidade], seria bom porque significaria que [sobre mim, sobre a vida, sobre o futuro]? E se isso acontecesse, seria bom porque significaria que...'. Digamos que se sinta triste por causa do término de uma relação. Isso não significa que possui um valor mais elevado que é importante para você, por exemplo, um valor de proximidade e intimidade? Esse valor não diz algo de bom a seu respeito? Se você aspira a valores maiores, isso não significa que terá que se desapontar algumas vezes? Você gostaria de ser um cético que não valoriza nada? Há outras pessoas que compartilham de seus valores maiores? Que conselho você lhes daria se estivessem passando pelo mesmo que você?"

Exemplo

A paciente, uma viúva com história de abuso de álcool, alegava que tinha de ficar embriagada antes de chegar a sua casa porque, caso contrário, se sentiria insuportavelmente triste ao entrar em seu apartamento.

Terapeuta: Se você não estivesse sob efeito do álcool ao abrir a porta de seu apartamento, o que sentiria?

Paciente: Iria me sentir realmente triste. E vazia.

Terapeuta: E o que você pensa ao entrar e sentir-se triste e vazia?

Paciente: Estou totalmente sozinha. Não tenho ninguém.

Terapeuta: Sim, é difícil para você sentir-se sozinha, sem ninguém. Eu me pergunto: se você entrasse em casa e tivesse alguém, o que pensaria para que isso fizesse você se sentir melhor?

Paciente: Eu pensaria: "Tenho alguém com quem me importar".

Terapeuta: Ok. E se sentiria bem por ter alguém com quem se importar porque isso significaria o que, para você?

Paciente: Que não estou sozinha – que posso compartilhar minha vida com alguém.

Terapeuta: E se você tivesse alguém com quem compartilhar sua vida, isso faria você se sentir melhor porque significaria o que, para você?

Paciente: Que posso dar meu amor a alguém.

Terapeuta: E a razão de querer dar seu amor a alguém é...

Paciente: Sou uma pessoa afetuosa.

Terapeuta: Então você subiu uma escada de significação a partir da solidão e do vazio até passar a ser uma pessoa afetuosa. E essa é uma fonte importante de significado em sua vida. Eis o dilema em nossas vidas: às vezes, é doloroso que as coisas importem para nós, mas não ter significado, não ser uma pessoa afetuosa, seria o verdadeiro vazio. E você é uma pessoa afetuosa.

Paciente: Sim, sou.

Terapeuta: E isso é algo a se valorizar. Pode ser doloroso; mas você não tem que se sentir mal por se sentir mal, pois sua dor tem uma boa causa. Ela provém do carinho e do amor, e essa é a pessoa que você é.

Paciente: Mas isso é frustrante.

Terapeuta: Sim, é. Mas há outras formas de ser uma pessoa afetuosa. Há pessoas em sua vida para amar, e você pode também ser amada. Talvez possa também pensar em ser uma pessoa afetuosa consigo mesma.

Paciente: Nunca pensei nisso dessa forma.

Tarefa

Os pacientes podem listar os valores mais elevados aos quais aspiram. Podem então identificar tristeza, ansiedade, estresse, raiva ou outras dificuldades emocionais e examinar como estas poderiam estar relacionadas – ou não – a esses valores. Se não houver nenhuma relação, então os pacientes podem verificar quais comportamentos ajudam a alcançar a experiência desses valores. Os pacientes podem identificar e esclarecer seus valores preenchendo o Formulário 2.16 (Relação com Valores Mais Elevados) e o Formulário 2.17 (Levantamento VIA das Forças de Caráter). O VIA identifica e avalia 24 forças de caráter que podem ser classificadas como valores, características pessoais ou metas a serem usadas para estruturar as escolhas na vida. Exemplos incluem criatividade, curiosidade, amor pelo aprendizado, mente aberta, coragem, persistência, integridade, vitalidade, gentileza, inteligência social, cidadania, justiça, liderança, perdão/misericórdia, modéstia/humildade, prudência, autorregulação, apreciação da excelência e da beleza, gratidão, esperança, humor e espiritualidade.

Possíveis problemas

Listar os valores mais elevados e emoções aos quais o paciente aspira pode criar a noção de perda ou fracasso momentâneo pelo menos para alguns deles. O terapeuta pode ajudá-los a perceber que o desapontamento e a frustração podem ser motivações positivas para que se alcancem valores e metas mais importantes. Usar o sentimento negativo como lembrete de metas autênticas e significativas pode reforçar os indivíduos para que superem os obstáculos que eles antecipam. Os pacientes que focam a ruminação e o arrependimento quando seus valores e metas importantes não são concretizados podem ser lembrados de que esta é uma forma de evitar as escolhas reais no mundo real. Ademais, objetivos e valores como afetividade não necessitam de parceiro íntimo. Pode-se direcionar tais valores e emoções a estranhos e amigos, animais de estimação e, obviamente, a si mesmo.

Referência cruzada com outras técnicas

Muitas das técnicas de mente compassiva podem ser úteis para gerar uma abertura para valores mais positivos e fortalecedores. Além disso, programação e planejamento de atividades positivas podem auxiliar na concretização de valores e metas importantes.

Formulários

Formulário 2.16: Relação com Valores Mais Elevados.
Formulário 2.17: Levantamento VIA das Forças de Caráter.

CONCLUSÕES

O modelo do esquema emocional lança mão de um modelo cognitivo social da teoria implícita sobre as emoções – isto é, as crenças do paciente sobre significado, causas, necessidade de controle e implicações da experiência emocional. As crenças negativas sobre as emoções complicam ainda mais a experiência de "sentir-se mal", levando os pacientes a uma desregulação recursiva e crescente de mal-estar por estar se sentindo mal. Modificar tais esquemas emocionais pode auxiliá-los a normalizar, temporizar, aceitar e abrir mão de estratégias inúteis de esquiva ou supressão emocional ou outros comportamentos mal-adaptativos, como compulsão alimentar, automutilação ou abuso de substâncias. De modo semelhante ao reconhecimento dos mitos emocionais no trabalho de Linehan, o modelo do esquema emocional ajuda os pacientes a elaborarem sua teoria implícita da emoção (e sua regulação) e desenvolverem um modelo mais realista e adaptado da experiência emocional.

3

VALIDAÇÃO

Várias teorias ressaltam a importância da validação, da empatia e da conexão emocional no processo terapêutico. Rogers (1965) enfatizou o olhar positivo incondicional; Kohut (1977) propôs que falhas no espelhamento e na empatia são frequentemente componentes inevitáveis na relação terapêutica, e várias outras abordagens experienciais e cognitivo-comportamentais contemporâneas enfatizam o papel da empatia e da compaixão (Gilbert, 2007; Greenberg e Safran, 1987; Leahy, 2005a; Linehan, 1993a; Safran, Muran, Samstag e Stevens, 2002). Empatia refere-se tanto à identificação quanto à experiência compartilhada (espelhamento) da emoção de outra pessoa ("vejo que você está chateado" ou "sinto sua tristeza"); validação consiste em encontrar verdade no sentimento ("vejo que você está aborrecido porque estava esperando conseguir aquilo, mas não conseguiu"); e compaixão, por sua vez, é a tentativa de acalmar e confortar o outro ("vejo que está chateado e espero conseguir fazer você se sentir amparado e amado").

Validação, empatia e compaixão (responder, espelhar, acalmar e estar conectado às emoções de outra pessoa) são processos que se originam na interação entre pais e filhos, estando os pais (frequentemente as mães) sintonizados com o choro e o desconforto dos filhos. Na tentativa de desafiar a teoria psicanalítica do modelo de redução do impulso (*drive-reduction model*), Bowlby propôs que os bebês têm predisposição inata a formar e manter apego a uma única figura e as interrupções desse laço ativam sistemas comportamentais que buscam completude até que o apego esteja assegurado. O modelo etológico de apego de Bowlby ressaltou as implicações evolucionárias do apego no estabelecimento da proximidade com adultos que possam proteger, alimentar e socializar o bebê em relação aos comportamentos adequados (Ainsworth, Blehar, Waters e Wall, 1978; Bowlby, 1968, 1973). Os teóricos do apego expandiram esse modelo dando ênfase à importância para o bebê ou para a criança de estabelecer um senso de *segurança* no apego, e não simplesmente proximidade (Sroufe e Waters, 1977). Essa segurança envolve a previsibilidade da resposta do cuidador à criança. Apesar de alguns terem argumentado que há alguma continuidade entre os estilos de apego na infância precoce e na fase adulta, outros têm negado a validade dessas alegações (Fox, 1995; van IJzendoorn, 1995).

Ainsworth e outros diferenciaram várias formas de estilos de apego: os seguros, os ansiosos, os evitativos e os desorganizados. Outros sistemas de classificação também utilizados dividem os estilos em três tipos: seguro, evitativo e ambivalente (Troy e Sroufe, 1987; Urban, Carlson, Egeland e Sroufe, 1991). As pesquisas sobre os estilos de apego sugerem que aquele que ocorre na primeira infância prediz o funcionamento social nas fases intermediárias da infância e no início da vida adulta, especificamente no que diz respeito às relações com os colegas, à depressão, à agressividade, à dependência e à competência social (Cassidy, 1995; Urban et al., 1991).

Bowlby propôs que a segurança encontrada no apego é incrementada por meio do desenvolvimento de *modelos de funcionamento interno* ou representações cognitivas da figura de apego. Especificamente, um modelo de funcionamento interno no bebê com apego seguro implica que o adulto reaja ao choro indicativo de sofrimento, seja responsável por tranquilizá-lo nas interações recíprocas e se mostre previsível quanto a oferecer interações positivas, em vez de punitivas (Main, Kaplan e Cassidy, 1985). O pressuposto que guia a teoria do apego é o de que os modelos de funcionamento interno estabelecidos na primeira infância afetam as experiências subsequentes de apego com outros indivíduos ao longo da vida. É esta reatividade descrita por Bowlby e outros que marca a fundação precoce dos esquemas de validação. Extensões do modelo de funcionamento interno estão refletidas em vários modelos cognitivos dos esquemas precoces mal-adaptativos (Guidano e Liotti, 1983; Smucker e Dancu, 1999; Young et al., 2003).

A validação reflete questões relativas ao apego. Primeiro, durante o processo de formação e manutenção do apego na primeira infância, os rudimentos da empatia, o espelhamento e a validação incluem a sensibilidade dos adultos ao sofrimento da criança, o que reforça a representação mental dela – "meus sentimentos fazem sentido para os outros". Segundo, a resposta tranquilizadora dos adultos cuidadores aos sentimentos da criança a encoraja a acreditar que "meus sentimentos desconfortáveis podem ser acalmados". Inicialmente, propõe-se que essa "tranquilização" ocorra por meio da atenção e do reasseguramento por parte daqueles que cuidam da criança, mas que posteriormente seja "interiorizada" por ela na forma de autoafirmações tranquilizadoras e otimistas, de modo semelhante à ideia de Bowlby dos modelos de funcionamento interno – neste caso, a representação interna de que os próprios sentimentos fazem sentido e podem ser acalmados. Terceiro, a comunicação dos sentimentos da criança ao adulto que a cuida é uma oportunidade não apenas para expressar sentimentos, mas também para que o cuidador crie a relação dos estados emocionais com os eventos externos que "causam" o sentimento – "você está chateado porque seu irmão bateu em você". A tentativa de compreender a causa dos sentimentos e de compartilhá-los com o adulto pode também ajudar a diferenciar os sentimentos – "parece que você está com raiva e magoado" – e a construir uma teoria da mente que possa ser aplicada tanto a si mesmo quanto aos outros. De fato, na ausência de uma teoria adequada da mente, a criança terá dificuldades de demonstrar empatia, validação e compaixão pelos outros e será incapaz de tranquilizar seus próprios sentimentos e os de outras pessoas (Eisenberg e Fabes, 1994; Gilbert, 2007, 2009; Leahy, 2001, 2005a; Twemlow, Fonagy, Sacco, O'Toole e Vernberg, 2002).

Os pacientes podem apresentar vários estilos de apego na terapia: seguro, ansioso, evitativo ou desorganizado. O estilo ansioso de apego é caracterizado por comportamentos pegajosos, assim como pela necessidade de reasseguramento, e reflete o medo de não conseguir validação. Ademais, os indivíduos com estilos ansiosos de apego podem ter crenças idiossincráticas acerca da necessidade de validação (p. ex., "você precisa sentir o que sinto para ser capaz de me entender") e também temer que o terapeuta se torne crítico ou distante. Apesar disso, os indivíduos ansiosos ainda assim acabam buscando validação e apego no terapeuta. Já o estilo evitativo de apego se reflete em desconfiança e distanciamento, evitando contato mais próximo e abertura na relação terapêutica. Os indivíduos com estilo desorganizado de apego podem ter dificuldades de identificar necessidades ou exagerar a expressão destas por medo de não serem ouvidos e, portanto, não serem atendidos. Os estilos de apego, portanto, podem ser ativados quando as emoções se exacerbam, levando a tentativas de regulá-las por meio de estilos interpessoais problemáticos de busca de validação. A regulação emocional é afetada pela percepção do paciente de ser ou não validado, pelas crenças relativas à necessidade de validação (p. ex., "você precisa concordar totalmente comigo") ou por tentativas autodestrutivas potencialmente problemáticas de buscar validação (p. ex., queixas exageradas, gritos, exibições dramáticas, retraimento) que têm a possibilidade de exacerbar ou prolongar a desregulação emocional. Conforme foi indicado no Capítulo 2 sobre a terapia do esquema emocional (TEE), a percepção da validação é um dos preditores-chave de depressão, abuso de substâncias, conflitos conjugais e transtorno da personalidade *borderline*. Neste capítulo, revisamos alguns problemas comuns na desregulação emocional que se encontram refletidos nas estratégias autodestrutivas ou problemáticas de necessidade de validação e que podem inadvertidamente levar a uma escalada da intensidade emocional.

TÉCNICA: RESISTÊNCIA À VALIDAÇÃO

Descrição

Experimentar e receber validação, empatia e um olhar positivo incondicional são elementos-chave em várias teorias. Rogers enfatizou a aceitação positiva incondicional, não crítica e não diretiva do paciente; Bowlby descreveu como os sistemas de apego e uma base segura podem ajudar na integração da emoção com a autoidentidade; Kohut descreveu o papel do espelhamento (*mirroring*) e da empatia na terapia; Greenberg enfatizou o processamento emocional e a empatia; Safran descreveu a aliança terapêutica e as rupturas curativas; e Linehan sugeriu que ambientes invalidantes são fatores-chave no surgimento do transtorno da personalidade *borderline* e na desregulação emocional em geral. De fato, pode-se argumentar que a validação é um processo transteórico e transdiagnóstico que pode ser relevante em vários transtornos. Dada a importância da validação, não é surpreendente que os pacientes emocionalmente desregulados com frequência se sintam invalidados na terapia e fora dela.

Leahy propôs que a ausência de adesão ou a resistência à terapia pode com frequência resultar da crença de não obtenção de validação e da ativação de padrões e estratégias problemáticos de busca de validação (Leahy, 2001). Por exemplo, pacientes perturbados pelas emoções podem ter critérios problemáticos em relação à validação, como a crença de que a outra pessoa precisa concordar com tudo o que eles dizem, que precisa sentir a mesma dor e sofrimento para poder entendê-los ou ser útil ou que precisa ouvir cada detalhe sobre cada emoção e cada pensamento para poder "realmente entender" (Leahy, 2001, 2009). Esta técnica introduz a questão da invalidação na terapia e pode servir como fonte de informação para o exame das dificuldades dos pacientes em encontrar validação.

Questão a ser proposta/intervenção

"Sentir-se validado – que alguém o entende e se preocupa com você – é parte importante da terapia e da vida em geral. Há ocasiões em que você não se sente validado por mim? Você poderia me dar exemplos? Há momentos nos quais você se sente validado? Que exemplos você pode me dar? Às vezes, acreditamos que alguém não nos valida ou não se importa conosco a menos que diga ou faça algo. Você tem padrões quanto a se sentir validado? O que você faz quando não se sente validado?" O terapeuta pode explorar exemplos de excessos, queixas, repetições, ataques, provocações, comportamentos autodestrutivos e outras estratégias problemáticas.

Exemplo

A paciente passava pelo rompimento com o namorado. Ela se sentia triste e com raiva e ficou frustrada com o terapeuta, que sugeria algumas formas de lidar com seus sentimentos.

Terapeuta: Este é realmente um momento difícil para você e vejo que está frustrada com nossa conversa. Você pode me dizer o que está sentindo e pensando sobre nossa discussão de hoje?

Paciente: Parece que você está tentando me fazer mudar minha maneira de pensar sobre isso. Mas está doendo agora e não sei se você realmente entende.

Terapeuta: Faz sentido que você fique incomodada ao pensar que eu não a compreendo. Sinto muito por não estar acompanhando. Podemos falar sobre isso?

Paciente: Sim.

Terapeuta: O que eu disse que a fez sentir que não entendo o quão difícil é isso?

Paciente: Você tentou me convencer a fazer coisas para me ajudar, como ver outras pessoas, engajar-me em atividades e tudo o mais.

Terapeuta: Então você achou que, enquanto eu falava sobre mudança de algumas dessas coisas, de alguma forma seus sentimentos foram deixados de lado?

Paciente: Sim. Tenho o direito de me sentir chateada – de ficar triste.

Terapeuta: Concordo com você. Esse é um dos grandes dilemas da terapia – tentar mudar, mas ainda assim ser capaz de manter o sentimento, respeitar a forma como se sente e validar a dificuldade da situação. Às vezes, não sou o melhor neste sentido, então pode parecer que não entendo ou que não me importo.

Paciente: Sim. Sinto-me tão mal agora que é difícil conseguir fazer as coisas. É difícil pra mim.

Terapeuta: Eis o nosso dilema – ao menos para mim. Espero poder ajudá-la a se sentir melhor, mas você pode ficar paralisada por esse sentimento ruim e pensar que não me importo ao falarmos de mudança. Como podemos fazer isso – falar sobre mudanças e ao mesmo tempo respeitar seus sentimentos? Talvez haja algo que eu possa fazer melhor, algo diferente.

Paciente: Bem, na verdade, o que você está fazendo agora já está me ajudando.

Terapeuta: Poderíamos dizer que você se sente melhor quando conta com minha validação? Ok. É bom que eu me lembre disso com mais frequência. Diga-me quando achar que isso não está acontecendo. Mas e quanto à mudança?

Paciente: Eu quero mudar. Bem, talvez possamos falar sobre mudança.

Terapeuta: Que tal fazermos isso? Falamos sobre mudança, eu tento de fato me conectar com seus sentimentos, oferecer validação, talvez perguntar se você se sente compreendida, validada e amparada, e falamos mais sobre mudança. Assim está bem para você?

Paciente: Está.

Terapeuta: Estamos de acordo?

Paciente: Sim.

Tarefa

Há muitas tarefas possíveis para trabalhar as questões relativas à necessidade de validação. Primeiro, monitorar exemplos de quando o paciente se sente ou não validado. Segundo, listar exemplos de "o que eu faço" quando alguém não oferece validação. O terapeuta pode identificar na sessão alguns estilos problemáticos de reagir à invalidação, como queixas, excessos, ataques, provocações ou distanciamento. Os pacientes podem listar exemplos específicos de quando eles reagem "com sucesso" ao não obterem validação, por exemplo, dizendo "não estou me fazendo compreender claramente", "não sinto que estou sendo compreendido aqui" ou "será que você poderia me ajudar a entender melhor isso?". O terapeuta pode indicar o Formulário 3.1 (Exemplos de Quando me Sinto Validado ou Não) para listar os exemplos mencionados previamente.

Possíveis problemas

Os pacientes que têm resistência à validação podem ser particularmente sensíveis à impressão de que o terapeuta considera seus sentimentos neuróticos ou sem importância. Para alguns, até mesmo o fato de falar em validação pode "parecer" invalidante: "Você está querendo dizer que sou muito sensível. Eu não sou. Isso realmente me magoa!". De forma sensível, o terapeuta pode validar o sentimento de invalidação, dizer que é difícil perceber que os próprios sentimentos não são importantes para o terapeuta (ou para qualquer pessoa) e pedir informações: "Parece que não estou me conectando bem com a forma como você se sente. Sinto muito por isso. Preciso aprender como fazer essa conexão com você. Você pode me ajudar? Se estivesse no meu lugar – falando com você, neste momento –, o que me diria para se sentir realmente validado, amparado e apoiado?". O terapeuta pode ensaiar um jogo de papéis por meio da cadeira vazia, invertendo os personagens (o terapeuta torna-se paciente e vice-versa).

Referência cruzada com outras técnicas

O terapeuta pode trabalhar com os pacientes a fim de identificar estratégias mais adaptativas para lidar com a invalidação.

Formulário

Formulário 3.1: Exemplos de Quando me Sinto Validado ou Não.

TÉCNICA: IDENTIFICAÇÃO DE REAÇÕES PROBLEMÁTICAS À INVALIDAÇÃO

Descrição

Alguns pacientes podem empregar estilos basicamente autodestrutivos de busca de validação, como ruminação (repetir os mesmos pensamentos e sentimentos negativos, na esperança de que os outros o validem), catastrofização (exagerar o problema de forma que os outros "captem a mensagem e compreendam o quão difícil é o problema"), tentativas de produzir sentimentos no terapeuta ("se você se sentir mal, então vai entender como me sinto"), distanciamento ("não confio em você até que me prove que merece confiança" ou "você precisa me mostrar que se importa") ou dividir a transferência ("a outra médica me entende melhor que você. Prove que se importa mais comigo do que ela") (Leahy; 2001; Leahy, Beck e Beck, 2005).

Algumas dessas estratégias são remanescentes dos estilos problemáticos de apego discutidos por Bowlby e outros. O problema com queixas, ruminação, excessos, punição e provocação é que, inevitavelmente, produzem mais distanciamento por parte dos outros – mais invalidação – e, consequentemente, mais queixas. Ajudar os pacientes a identificarem as estratégias problemáticas pode reduzir os eventos negativos autoinduzidos e ajudar a melhorar a colaboração terapêutica.

Questão a ser proposta/intervenção

"Em muitas ocasiões, nas quais sentimos que as pessoas não nos entendem, podemos acreditar que não estamos sendo ouvidos, que não somos validados. Isso pode, às vezes, incomodar-nos e levar-nos a sentir raiva, tristeza, ansiedade e solidão. E quando não nos sentimos validados, podemos reagir de várias maneiras. Por exemplo, podemos afastar-nos, tornar-nos hostis – talvez haja ocasiões em que venhamos a criticar a outra pessoa. Ou podemos tentar outras coisas. Pode ser que valha a pena examinarmos o que você faz ou diz quando se sente invalidado e ver se essas reações funcionam para você."

Exemplo

Terapeuta: Notei que você disse que sua amiga não a entendeu, então você ficou com raiva dela e disse que ela era egoísta. Você deve ter ficado chateada. O que achou que ia conseguir ao lhe dizer que era egoísta?

Paciente: Queria que ela entendesse como eu me sentia mal. Queria que ela se sentisse tão mal quanto eu.

Terapeuta: Então parece que você pensou: "Se ela se sentir tão mal quanto eu, talvez possa validar meu sentimento".

Paciente: Sim. Sei que parece loucura. Mas fico realmente incomodada quando as pessoas não me entendem.

Terapeuta: Acho que podemos ver isso em duas partes: na primeira, por que isso a deixa tão incomodada e, na segunda, o que você faz quando fica incomodada. Podemos tomar a segunda parte e analisar o que você faz?

Paciente: Claro.

Terapeuta: Você sabe que todos nós ficamos frustrados quando não somos compreendidos, porque sentir-se amparado e validado é realmente importante. É parte do ser humano, não é? (*A paciente concorda.*) E há coisas que fazemos quando não somos validados que podem piorar ainda mais as coisas. Mesmo que você esteja buscando validação, gritar com sua amiga pode piorar as coisas.

Paciente: Eu sei. Mas não sei o que mais posso fazer.

Terapeuta: É por isso que estamos conversando sobre isso. Acho que muitas pessoas usam formas problemáticas de reagir ao fato de não serem validadas. Por exemplo, alguns reclamam repetidamente – ou levantam a voz – porque sentem que não estão sendo ouvidos. Outros se afastam e se aborrecem, esperando que alguém perceba e venha tranquilizá-las. Podem também ameaçar as pessoas, se ficarem realmente incomodadas, podem ir embora ou mesmo ameaçar se ferir. Essas são formas de pedir ajuda, porque a pessoa se sente muito mal naquele momento.

Paciente: Isso me parece familiar.

Terapeuta: O primeiro passo para conseguir ajuda é ver o que você pode fazer ou dizer ao sentir que não está sendo ajudada. Isso pode auxiliá-la a usar outros comportamentos – que podemos ver juntos – para lidar com esses sentimentos.

Tarefa

Os pacientes podem preencher o Formulário 3.2 (Formas Problemáticas de Fazer as Pessoas Reagirem a Mim) e monitorar suas reações verbais e físicas, durante a semana seguinte, quando acharem que não foram validados. Podem também avaliar como os outros reagem: eles geralmente oferecem validação, tornam-se questionadores ou se distanciam? Os pacientes podem listar prós e contras de cada uma dessas estratégias e verificar se elas realmente os levam à meta de serem compreendidos.

Possíveis problemas

Alguns pacientes consideram esta técnica crítica e invalidante – culpando-se por se sentirem mal e por não obterem validação dos outros. Novamente, o terapeuta pode reconhecer que qualquer exame das questões relativas à validação parece invalidante, pois a terapia envolve tanto validação dos sentimentos quanto busca de mudanças. O terapeuta pode auxiliar os pacientes a reconhecerem que desenvolver melhores estratégias para lidar com as emoções difíceis confirma o fato de que há emoções importantes envolvidas.

Referência cruzada com outras técnicas

Outras técnicas úteis incluem a seta descendente sobre invalidação e exemplos de resistência à validação.

Formulário

Formulário 3.2: Formas Problemáticas de Fazer as Pessoas Reagirem a Mim.

TÉCNICA: EXAME DO SIGNIFICADO DA INVALIDAÇÃO

Descrição

Leahy (2001, 2005a, 2009) descreveu muitas intervenções que podem ser usadas nos casos de resistência à validação. O terapeuta pode primeiramente aceitar a "resistência" do paciente, em vez de equipará-la a pensamentos disfuncionais ou falta de motivação. Além disso, o terapeuta pode passar do impasse momentâneo na terapia para um exame do histórico de ambientes invalidantes, eliciando pensamentos e sentimentos gerados por outras experiências invalidantes. As experiências atuais de invalidação também podem ser examinadas. A seta descendente pode ser usada para gerar os pensamentos e sentimentos subjacentes relativos a quando não se é validado. Por exemplo, uma paciente teve a seguinte sequência de pensamentos: "Se você não valida o modo como me sinto, é porque não se importa comigo. Se não se importa, você não pode me ajudar. Se não pode me ajudar, eu não tenho esperanças – e posso até me matar". Isso pode frequentemente conduzir aos esquemas gerais relativos a si mesmo ou aos outros, como: "Meus sentimentos não importam. As pessoas são críticas. Não se pode confiar nelas". Expandindo a discussão sobre invalidação, o paciente começará a se sentir mais aceito. Ou seja, perceberá que o terapeuta entende que ele não se sente compreendido e que estão explorando juntos o sentido e as consequências dessa percepção. Por fim, admitir que o terapeuta pode nunca vir a ser capaz de mensurar com exatidão toda a dor e o sofrimento – e nunca ser capaz de validá-lo totalmente – tem potencial para ajudar o paciente a reconhecer que "falhas de empatia" são compartilhados também pelo terapeuta e que, ao menos nesse sentido, ele pode se sentir aceito. Como disse um paciente: "Agora você me entende". A validação pode também ser paradoxal, por exemplo, admitindo dilemas ("é difícil conseguir um equilíbrio – buscar mudanças e validar seus sentimentos"), expandindo os critérios e a escala de validação ("talvez haja graus de validação – e talvez possamos examinar isso juntos –, mas pode ser que nunca haja a validação completa que esperamos. Juntos podemos tentar chegar tão perto quanto possível".)

Questão a ser proposta/intervenção

"Quando nos sentimos invalidados, isso pode ter algum significado especial para nós. Às vezes, podemos aceitar e pensar que os outros não são perfeitos, talvez tenham outras coisas em mente ou não possuam informação suficiente para nos compreender. Mas, em outras ocasiões, podemos pensar que eles não se importam, que estão nos rejeitando ou criticando. Podemos analisar o que significa para você não ser validado e como se sente com isso."

Exemplo

Terapeuta: Parece que você sente que não estou lhe ouvindo. Eu entendo que seu amigo não o convidou para o jantar e que você ficou realmente chateado.

Paciente: Você está tentando me dizer que eu não deveria me sentir assim. Esses são meus sentimentos.

Terapeuta: Seus sentimentos são muito importantes. Mas, algumas vezes, também percebi que você fica realmente chateado comigo e desapontado por achar que não o compreendo, e parece que podemos conversar sobre isso.

Paciente: Ok. Mas não me diga como devo me sentir.

Terapeuta: Certo. Deixe-me perguntar o que significa para você se eu o desaprovo. Você pode me ajudar a entendê-lo melhor? Por exemplo, quando pensa que não o compreendo e não o valido, que tipo de pensamentos isso desperta em você?

Paciente: Penso que você simplesmente não se importa. Está tentando me forçar a fazer o que você quer.

Terapeuta: Entendo como isso pode deixá-lo irritado. E ao pensar que estou tentando convencê-lo a fazer o que eu quero, o que isso o leva a pensar?

Paciente: Que você nunca vai me entender e nunca será capaz de me ajudar. E se você não pode me ajudar, eu não devo ter esperanças.

Terapeuta: Então, quando eu não o entendo, isso significa que não há esperanças para você e que estou simplesmente tentando controlá-lo.

Paciente: Agora você entende.

Tarefa

O terapeuta pode usar a técnica da seta descendente quando há a sensação de invalidação: "O que significa para você o fato de não ser aprovado?". Além disso, o paciente pode listar suas crenças sobre o significado da validação – quais os critérios para se sentir validado? Também é possível examinar os pensamentos automáticos relativos a não obter validação por meio do procedimento da seta descendente, listando as vantagens e desvantagens de se ter critérios para isso. Por exemplo, a regra (perfeccionista) "você deve entender todos os meus sentimentos" pode ser examinada à luz dos seus custos e benefícios. O custo pode ser o fato de continuar a se sentir invalidado e, por isso, desamparado. O benefício pode ser obter uma relação idealizada e que envolva suporte. O paciente tem condições de avaliar se a regra funcionou para ele ou se gerou mais conflitos e decepções. Tarefas de casa importantes incluem o preenchimento do Formulário 3.3 (Minhas Crenças sobre Validação) e o Formulário 3.4 (Seta Descendente para Quando Não me Sinto Validado). A seta descendente sobre o que significa não ser validado (p. ex., "se você não me valida, então nunca poderá me ajudar") pode ser examinada em termos da aceitação da imperfeição dos outros ou pelo desenvolvimento de formas mais adaptativas de expressão das próprias frustrações (p. ex., "acho que você não entendeu esse ponto").

Possíveis problemas

Alguns pacientes talvez tenham dificuldades para trabalhar com a seta descendente ou para identificar crenças relativas à validação. Eles podem estar abalados emocionalmente a ponto de terem dificuldades em distinguir um pensamento de um sentimento: "Sinto-me horrível. É isso o que penso". O uso de técnicas de reestruturação cognitiva pode ser útil para auxiliar a distinguir pensamentos de sentimentos. Em alguns casos, é preciso reduzir a intensidade das emoções dos pacientes por meio de exercícios de atenção plena ou relaxamento antes do uso da seta descendente. Muitos pacientes podem acreditar que usar a seta descendente é outra forma de invalidação, uma tentativa de provar que eles são irracionais. Isso pode ser examinado como parte das crenças dos pacientes ao serem questionados, avaliando-se os prós e contras. Ademais, perguntar sobre o significado da invalidação e sobre os sentimentos que surgem com ela pode ser interpretado como uma forma de o terapeuta expressar interesse e respeito pelas emoções do paciente vivenciadas naquele momento.

Referência cruzada com outras técnicas

Com a seta descendente, o terapeuta também tem condições de incluir técnicas de reestruturação cognitiva, como técnica semântica, vantagens e desvantagens e exame das evidências. Encenar (*role play*) ambos os lados da "crença" ou identificar o conselho que se daria a um amigo pode ajudar a colocar os pensamentos em perspectiva. Outras técnicas úteis incluem a visão dos eventos em termos de um contínuo, a aceitação e a observação consciente.

Formulários

Formulário 3.3: Minhas Crenças sobre Validação.
Formulário 3.4: Seta Descendente para Quando Não me Sinto Validado.

TÉCNICA: DESENVOLVIMENTO DE ESTRATÉGIAS MAIS ADAPTATIVAS PARA LIDAR COM A INVALIDAÇÃO

Descrição

Alguns pacientes que se sentem invalidados adotam várias estratégias mal-adaptativas para obter validação, incluindo ruminação, persistência de queixas, exagero da intensidade das emoções, punição de outras pessoas, tentativas de fazer o terapeuta sentir o que eles sentem, provocações, distanciamento e ameaças de automutilação. Por ser inevitável que todos nos sintamos invalidados em algum momento – e os pacientes com problemas de regulação emocional frequentemente passam por isso –, é essencial encontrar estratégias mais adaptativas para lidar com esse problema. A questão para o paciente é que, às vezes, há alguma intensidade de emoção que não é validada. Alternativas à busca de validação – ou validação total – podem incluir assertividade, resolução mútua de problemas, aceitação, colocação das coisas em perspectiva, distração, autorrelaxamento e outras técnicas de regulação emocional. Nesta seção, examinamos algumas alternativas que podem ser usadas.

Questão a ser proposta/intervenção

"Quando você sente que não obteve validação, isso desencadeia certos pensamentos e sentimentos, e sua reação pode assumir formas úteis e inúteis. Vamos dar uma olhada no que é possível fazer e que seja útil para você – para acalmar seus sentimentos e satisfazer suas necessidades – mesmo quando você não obtém validação. Assim, você pode confiar mais em si mesmo para lidar da forma desejada com suas emoções."

Exemplo

Terapeuta: Vejo que há ocasiões em que você se sente invalidado por seus amigos e por mim; será que podemos descobrir se há algo que eu possa fazer para ajudá-lo a lidar com essas experiências?

Paciente: Por que eu teria de lidar com elas? Por que as pessoas não veem as coisas da mesma forma que eu?

Terapeuta: Seria ótimo que isso fosse assim, mas será que dessa maneira você não vai apenas se sentir mais solitário, mais frustrado?

Paciente: Parece que eu me irrito demais. Talvez haja algo que ajude. Não sei.

Terapeuta: Bem, e se tivermos um conjunto de estratégias para você usar quando sentir que não está sendo validado? Seria um começo?

Paciente: Pode ser. O que você tem em mente?

Terapeuta: Estava pensando em várias coisas que você poderia considerar quando não se sentisse validado. Podemos falar sobre cada uma delas. Mas agora estava pensando em como aprender a pedir ajuda de forma mais efetiva. Podemos falar sobre isso. Ou podemos falar sobre como aceitar que algumas vezes os outros vão desapontá-lo. Ou, ainda, sobre como você poderia validar a si mesmo em vez de depender dos outros. Além disso, também podemos descobrir formas de você resolver os problemas que estiver enfrentando em vez de buscar reasseguramento.

Paciente: É bastante coisa para fazer.

Terapeuta: Quanto mais ferramentas você tiver para lidar com as emoções quando não for validado, melhor deverá se sentir. Não obter validação é algo difícil e, desse modo, pode ser útil ter alguma forma de lidar com a experiência quando ela acontecer com você.

Tarefa

O paciente pode listar as técnicas alternativas para usar quando não se sentir validado. Muitas dessas técnicas estão incluídas neste livro, e a lista pode ser razoavelmente extensa: inclui aceitação, observação consciente, análise de custos e benefícios, seta descendente e aprender a forma de validar as pessoas que oferecem validação. O paciente pode preencher o Formulário 3.5 (O Que Posso Fazer Quando Não Sou Validado).

Possíveis problemas

Para alguns pacientes, pedir que imaginem alternativas à necessidade de validação pode parecer uma forma de invalidação. Eles podem acreditar que isso negligencia suas emoções e ter a sensação de que estão sendo vitimizados e culpados por seus sentimentos. O terapeuta pode lidar com isso por meio do exame dos prós e contras de se buscar alternativas à necessidade de validação – para entender em que medida isso seria útil para alguém acalmar os próprios sentimentos. Se isso puder ajudar a tranquilizá-los, então os seus sentimentos são considerados importantes, e, portanto, a técnica não é considerada invalidante.

Referência cruzada com outras técnicas

Outras técnicas úteis incluem aprender a validar outras pessoas, aceitação, análise de custo-benefício e validação de si mesmo.

Formulário

Formulário 3.5: O Que Posso Fazer Quando Não Sou Validado.

TÉCNICA: COMO AJUDAR OS OUTROS A VALIDÁ-LO

Descrição

Os pacientes com problemas de validação frequentemente acreditam que os outros deveriam saber quais são as regras para validá-los. Eles podem adotar leitura mental ("você sabe que preciso de validação, por que não o faz?"), personalização ("você está envolvido com suas próprias questões, é por isso que não está escutando"), afirmações do tipo "deveria" ("você deveria concordar que isso é péssimo") ou catastrofização ("é terrível que você não veja as coisas da mesma forma que eu"). Como resultado, é possível que os pacientes não reconheçam que os outros podem precisar de alguma orientação sobre como se conectar, como obter validação. Pode-se ver isso como um exemplo de resolução mútua de problemas, técnica bastante útil na terapia de casais. Ao ajudar outras pessoas a ajudá-los, os pacientes têm condições de identificar comportamentos específicos que podem ser úteis para os outros. Todavia, eles também podem indicar como é a experiência de se sentirem mal compreendidos e como isso pode contribuir para conflitos desnecessários.

Questão a ser proposta/intervenção

"Parece que, muitas vezes, você espera que os outros saibam como se sente e como devem proceder para que se sinta compreendido e validado. Talvez isso não seja realista, pois as outras pessoas frequentemente não sabem como nos sentimos e do que precisamos. A boa notícia é que você pode ajudá-los a ajudarem você. Da mesma forma que pode me ajudar a ajudá-lo na terapia falando sobre o que precisa, você pode fazê-lo com outras pessoas. Gosto de pensar nisso como resolução mútua de problemas. Isso significa que nós dois podemos contribuir para resolver o problema – por conta do que pensamos, fazemos ou comunicamos. Você pode então abordar outras pessoas com ideias como: 'Parece que não estou me sentindo compreendido, e pode ser que você esteja tentando, mas isso não esteja funcionando para mim. Talvez parte disso esteja na maneira como me expresso ou como penso sobre validação. Talvez eu possa descobrir formas melhores de pensar a respeito do apoio de outras pessoas e de me expressar. Mas pode ser de grande ajuda que eu simplesmente diga, com calma, que não me sinto compreendido – por exemplo: não sinto que estou sendo compreendido aqui; será que você poderia repetir o que eu disse?'."

Exemplo

Terapeuta: Às vezes, os outros não sabem o que precisamos, e isso é uma ótima oportunidade de usar algumas habilidades de resolução de problemas. Por exemplo, há ocasiões em que as pessoas não o validam e você acaba ficando com raiva. Mas, em vez de ficar com raiva, você pode, cuidadosa e educadamente, dar-lhes algumas ideias a respeito de como podem ajudá-lo a se sentir compreendido.

Paciente: Parece que é isso. Sinto-me incompreendido grande parte do tempo.

Terapeuta: As outras pessoas não podem ler nossas mentes ou saber de que precisamos. Se você fosse a um restaurante, teria de dizer ao garçom o que deseja. Você não esperaria que ele adivinhasse. O mesmo vale para obter validação. Vamos pensar em algumas formas de como as pessoas poderiam validá-lo mais.

Paciente: Elas poderiam me escutar.

Terapeuta: Escutar é importante. Mas algumas pessoas fazem isso melhor do que outras. E se disséssemos: "Agora estou sentindo que não estou me fazendo entender, então será que você poderia repetir o que eu disse?". Assim, outras pessoas podem lhe dizer diretamente o que entenderam.

Paciente: Parece uma boa ideia.

Terapeuta: Mas isso talvez não seja suficiente. Você também pode perguntar se concordam com alguns dos seus pensamentos e sentimentos – simplesmente se eles entendem por que você sente o que sente.

Paciente: Ok. Concordo plenamente.

Terapeuta: Mas, se quiser que isso seja recíproco – e estamos falando da resolução mútua de problemas –, você pode acrescentar que talvez esteja contribuindo para o problema de não ser compreendido. Por exemplo, você pode dizer: "Sei que às vezes sinto que não me validam, e parte disso é que minhas emoções ficam tão intensas que tenho dificuldades em sentir que sou ouvido. Então penso que, se os outros não concordam completamente comigo, é porque eles não se importam. Então eu sei que também preciso mudar algumas coisas".

Paciente: É muita coisa para se ter em mente, mas acho que ajudaria.

Tarefa

O paciente pode preencher o Formulário 3.6 (Coisas Adaptativas que Devo Dizer ou Fazer Quando me Sinto Invalidado) e buscar oportunidades de aplicar a resolução mútua de problemas, pedir ajuda e reforçar os outros de forma respeitosa.

Possíveis problemas

Muitos pacientes com problemas de validação acreditam que os outros devem entender suas necessidades sem precisar dar explicação. Essa é uma variação da crença de que "meu parceiro deveria ler minha mente". O terapeuta pode ajudá-lo a compreender a dificuldade dessa situação perguntando se o paciente é capaz de ler a mente de outros. Se não, será que isso significa que ele não liga para seus amigos? Além disso, o terapeuta pode perguntar ao paciente sobre as vantagens de encontrar novas formas de reagir à invalidação. Isso ajuda na regulação emocional?

Referência cruzada com outras técnicas

Outras técnicas úteis incluem a construção de melhores amizades, seta descendente relativa à invalidação, desafio dos pensamentos de invalidação e monitoração de exemplos de invalidação e validação.

Formulário

Formulário 3.6: Coisas Adaptativas que Devo Dizer ou Fazer Quando me Sinto Invalidado.

TÉCNICA: SUPERAÇÃO DA INVALIDAÇÃO DE SI MESMO

Descrição

Alguns pacientes invalidam a si mesmos e sabotam o seu "direito de ter sentimentos". Isso perpetua o sentimento de culpa ou vergonha a respeito das emoções e intensifica a noção de que estas não fazem sentido, de que não há nada que se possa fazer para acalmá-las e que não se pode expressá-las ou obter validação. As reações típicas incluem não querer falar sobre as próprias necessidades, enxergá-las como fraqueza, usar a terapia cognitivo-comportamental (TCC) como defesa contra elas ("escolhi a TCC porque achava que nunca teria de lidar com todos esses problemas de família" ou "pensei que esta fosse uma terapia racional"), desculpar-se pelas próprias necessidades ("devo estar parecendo um bebê"), incapacidade de processar informações sobre as próprias necessidades ("não entendo o que você está dizendo" [ao falar sobre emoções, traumas ou dificuldades]), dissociação, tentativas de baixar as expectativas ("talvez eu esteja esperando demais do meu casamento") e somatização (o paciente foca queixas físicas e não fala sobre as emoções) (Leahy, 2001, 2005a). Por exemplo, os pacientes podem se distanciar, ao sentir que suas necessidades não são importantes ou são um sinal de fraqueza, ou, ainda, temer sofrer humilhação, caso descrevam suas emoções. Alguns pacientes têm dificuldades para lidar com suas próprias necessidades e emoções, às vezes "saindo de si" (dissociando) ou não conseguindo abordar a discussão sobre suas emoções. De forma semelhante aos "pontos quentes" do trabalho com imagens mentais, o terapeuta pode dar atenção à forma como os pacientes se referem ou vivenciam a discussão de suas necessidades (Holmes e Hackmann, 2004). Por exemplo, uma paciente, ao descrever seu histórico de depressão, tentativas de suicídio e abuso de substâncias, mantinha um sorriso no rosto, como se estivesse descrevendo algo trivial ou até divertido que aconteceu a outra pessoa.

Questão a ser proposta/intervenção

As perguntas podem focar a "desconexão" entre o sofrimento do paciente e a forma como ele apresenta o problema. Eis alguns exemplos: "Parece que houve muitas coisas que o deixaram infeliz, mas você não demonstra muito sentimento quando fala disso" ou "Você parece minimizar seu sentimento quando fala sobre isso. Por quê?". Outras perguntas específicas podem ser: "Parece que você, às vezes, nega ou minimiza o seu direito de ter um sentimento – dizendo [exemplo] 'talvez eu esteja esperando demais' ou 'devo estar parecendo um verdadeiro neurótico [queixoso, chorão, bebê, etc.]'". Outras perguntas incluem: "Por que você acha que se invalida (ou minimiza) dessa forma? Quais são as vantagens de minimizar seus sentimentos? Onde você aprendeu que seus sentimentos não têm importância?".

Minimizar as próprias necessidades e sentimentos pode também ser um componente importante nos relacionamentos do paciente. Isso pode ser explorado por meio de perguntas como: "Você já teve relações nas quais suas necessidades não foram atendidas? Nas quais você tenha ficado em segundo plano? Nas quais seus sentimentos não eram importantes? Você escolhe pessoas que não atendem suas necessidades? Você notou que as pessoas não reagem bem quando fala sobre seus sentimentos? Elas não estão mais centradas em si mesmas? É possível procurar pessoas mais compassivas?".

Exemplo

Terapeuta: Notei que, enquanto falava de algumas coisas terríveis que aconteceram com você, havia na verdade um sorriso em seu rosto, como se elas não a tivessem de fato incomodado.

Paciente: Sério? Não percebi.

Terapeuta: Acho que, ao escutar, pareceu-me que você estava expressando em algum nível que "essas coisas não importam". Eu me perguntei se você não se sente um pouco estranha quando fala de suas próprias necessidades e das coisas ruins que lhe aconteceram.

Paciente: Não quero parecer uma necessitada.

Terapeuta: O que significaria para você se de fato parecesse necessitada?

Paciente: É patético. Não quero que ninguém sinta pena de mim.

Terapeuta: Então falar dos sentimentos de mágoa, de experiências dolorosas, pode provocar que sintam pena de você, e isso a torna patética? Em sua família – sua mãe ou seu pai –, quando você tinha necessidades, de que forma eles respondiam a elas?

Paciente: Eles me diziam que as esquecesse. Eles tinham seus próprios problemas.

Terapeuta: Não havia espaço para sentimentos e necessidades. Será que em sua vida atual você não deixa de compartilhar seus sentimentos com outras pessoas por causa disso?

Paciente: As pessoas não querem ouvir sobre os problemas alheios.

Terapeuta: Esta parece ser a mensagem que você recebeu de sua família. Talvez uma das formas de lidar com isso tenha sido negar suas necessidades ou que estivesse sofrendo.

Paciente: Não sei o que você quer dizer.

Terapeuta: Talvez você negue que esteja de fato infeliz, mantenha isso para si mesma, não reconheça que tem necessidade de ser amparada, respeitada, aceita e amada. Você simplesmente tenta se convencer de que essas não são necessidades reais para você.

Paciente: Se eu tivesse essas necessidades, elas não seriam atendidas.

O restante da discussão revelou que a paciente temia admitir tais necessidades por acreditar que isso levaria apenas a mais desapontamento e tristeza. Ela enxergava suas necessidades e seu passado como "defeitos" e recorria ao uso de maconha, álcool e purgação para "se livrar dos sentimentos".

Tarefa

Os pacientes podem identificar exemplos de como minimizam suas necessidades e se invalidam. Por exemplo: "Liste algum exemplo do passado ou do presente no qual tenha tentado convencer a si mesmo ou os outros de que suas necessidades não eram importantes. Liste as vantagens e desvantagens de minimizar ou negar essas necessidades. Quais necessidades você acha que tem de minimizar? Por quê? Há coisas que você diga ou faça para minimizar os sentimentos? Por exemplo, você se desculpa por seus sentimentos, faz piada de si mesmo ou evita falar com as pessoas sobre o que sente? Você às vezes sai de si ou não consegue prestar atenção? Isso tem algo a ver com o fato de ter sentimentos desconfortáveis?". Os pacientes podem preencher o Formulário 3.7 (Exemplos de Minimização de Minhas Necessidades). O terapeuta pode perguntar: "Você minimizaria as necessidades ou o sofrimento de um amigo? Por que não? Isso soaria invalidante, cruel e desdenhoso? De modo alternativo, que coisas compassivas e validadoras você diria a um amigo? Há razão para você dizer essas coisas a si mesmo, em vez de minimizar suas necessidades?".

Possíveis problemas

Alguns pacientes acreditam que validar a si mesmos equivale a ter autopiedade. O terapeuta pode questionar se piedade implica que os sentimentos de alguém são patéticos, em oposição a ver os sentimentos como dotados de importância e valor. A validação confere reconhecimento ao direito de ter sentimentos e à veracidade do sentimento de alguém. Outros pacientes acreditam que não têm o direito de se autovalidar porque se veem como indignos de ser amados e defeituosos. Esses pensamentos podem ser examinados pelo uso de técnicas de reestruturação cognitiva; o terapeuta pode ainda usar as técnicas da mente compassiva para ajudar o paciente a construir a capacidade de cuidar de si mesmo. Ademais, aprender como aceitar sentimentos, conectá-los a valores mais elevados e reconhecer sua universalidade pode ajudar a estimular os pacientes a se autovalidarem.

Referência cruzada com outras técnicas

Mente compassiva e reestruturação cognitiva também podem ser úteis.

Formulário

Formulário 3.7: Exemplos de Minimização de Minhas Necessidades.

TÉCNICA: AUTOVALIDAÇÃO COMPASSIVA

Descrição

Um volume considerável de pesquisas mostra que a percepção de empatia e validação no ambiente terapêutico é um forte preditor de melhora. A técnica da autovalidação compassiva dá aos pacientes a oportunidade de direcionar validação amorosa e afetuosa a suas próprias emoções. Derivada da "terapia da mente compassiva", de Gilbert, a autovalidação amorosa pode dar aos pacientes a noção de apoio emocional e de cuidado consigo mesmos, a qual pode ser tranquilizadora e trazer suporte, assim como reduzir as tendências autoaversivas (Gilbert, 2009, 2010).

Questão a ser proposta/intervenção

"Frequentemente, sentimo-nos melhor quando alguém valida nossos sentimentos e quando mostram que nos compreendem e se preocupam conosco. Chamamos isso de 'validação compassiva' – o tipo de gentileza que um bom amigo ou alguém que realmente se preocupa conosco pode nos oferecer. Você já vivenciou esse tipo de proximidade e cuidado vindo de alguém? Como seria se você pudesse ser esse amigo compassivo e amoroso de si mesmo, de forma que, quando se sentisse para baixo, pudesse voltar-se a si mesmo com validação, dizer que entende e se preocupa e dar a si próprio esse tipo de apoio emocional caloroso e afetuoso?"

Exemplo

Terapeuta: Vejo que está se sentindo triste com o sentimento de solidão. Às vezes, em nossas vidas, temos a experiência de contar com alguém que realmente liga para nossos sentimentos, que seja de fato capaz de nos tocar com seu calor e sua compaixão. Você já teve alguém assim?

Paciente: Sim, minha avó. Ela era tão amorosa, tão terna e meiga.

Terapeuta: Seria ótimo ter alguém assim com quem conversar – com quem compartilhar sentimentos. Isso nem sempre é possível. Mas é possível ser compassivo consigo mesmo, direcionar ternura e amor a sua própria dor, à parte de você que dói.

Paciente: Mas como faço isso?

Terapeuta: Imagine agora que você seja sua avó e que esteja dirigindo esses sentimentos compassivos e amorosos a si mesmo. Como seria essa voz?

Paciente: Ela seria tranquilizadora, amorosa.

Terapeuta: E o que ela diria?

Paciente: Ela diria: "Não se preocupe com o fato de ficar sozinho. Estou sempre ao seu lado. Eu amo você. Pense em mim quando estiver se sentindo para baixo".

Terapeuta: Como você se sente com isso?

Paciente: Tenho sentimentos mistos – estou triste porque ela morreu, mas um pouco aliviado porque me lembro de sua afeição e consigo sentir um pouco dela.

Terapeuta: Talvez você possa tentar achar tempo para entrar em contato e trazer compaixão e validação para si mesmo, usando a imagem de sua avó. É uma forma de ser capaz de estar sozinho e cuidar de si mesmo.

Paciente: Seria bom se eu pudesse fazê-lo.

Terapeuta: Imagine sua avó com você quando estiver se sentindo para baixo ou sozinho e pense que ela esteja lhe direcionando esse calor amoroso. Você consegue formar em sua mente uma imagem do rosto dela, dos olhos, do cabelo e imaginar a suavidade e ternura de sua voz? Ela está lhe acalmando e fazendo com que se sinta amado e amparado. Será que você pode separar 15 minutos por dia para praticar a bondade compassiva consigo mesmo?

Paciente: Tenho uma sensação de paz enquanto conversamos.

Tarefa

O paciente pode preencher o Formulário 3.8 (Autovalidação Compassiva) e praticar a bondade compassiva consigo mesmo.

Possíveis problemas

As pessoas que se autodepreciam podem relutar em direcionar compaixão a si próprias. Elas frequentemente pensam que não merecem ser gentis consigo mesmas, já que se odeiam. Elas podem pensar: "Estou salvando minha pele" ou "devo ser patético para estar precisando disso". Outros são ambivalentes quanto às "figuras compassivas" porque podem ter sido punidas por pessoas que elas achavam que as amavam (Gilbert e Irons, 2005). Pode ser útil externar compaixão em relação a outra pessoa. Por exemplo, "Imagine que tenha um amigo com quem se importa, que ele seja autocrítico e você queira apoiá-lo. Que coisas compassivas você pode lhe dizer?". Frequentemente, ao externar compaixão em relação aos outros, os pacientes percebem que mesmo estranhos merecem compaixão, que oferecer compaixão é também tranquilizador e que, se eles podem ser gentis com os outros, não há mal algum em sê-lo consigo mesmos. No que diz respeito à ambivalência dirigida ao objeto de apego, o terapeuta pode ajudar os pacientes a explorarem experiências que possibilitem legitimar a ambivalência e ajudá-los a reconhecer que, ao se tornar a própria fonte de autocompaixão e validação, podem criar um "abrigo" seguro.

Referência cruzada com outras técnicas

As técnicas da mente compassiva podem ser usadas aqui.

Formulário

Formulário 3.8: Autovalidação Compassiva.

TÉCNICA: CONSTRUÇÃO DE MELHORES AMIZADES

Descrição

Os estilos problemáticos de interação são preditores de episódios depressivos recorrentes (Joiner et al., 2006; Joiner, Van Orden, Witte e Rudd, 2009). Os pacientes com problemas de validação ou de desregulação emocional com frequência têm dificuldades de relacionamentos interpessoais. Podem reclamar, exigir, se exceder, agir de modo superior, punir os outros e mostrar pouca gratidão ou apreciação pela ajuda que obtêm. Como consequência, seus estilos interpessoais podem gerar mais rejeição, seguida de raiva, depressão e desesperança. Assim, a desregulação emocional pode resultar parcialmente de estratégias interpessoais problemáticas na busca de apoio. Nesta seção, identificamos algumas questões comuns para ajudar a construir melhores relacionamentos – não apenas amizades, mas uma comunidade de apoio e significação na vida dos pacientes.

Questão a ser proposta/intervenção

"Muitas vezes, quando estamos incomodados, podemos não reconhecer o impacto que temos sobre as outras pessoas. É importante obter apoio – mas também é importante apoiar. Da mesma forma que precisamos de nossos amigos, eles precisam de nós. Examinamos algumas maneiras de obter validação, usando resolução mútua de problemas e mudando algumas regras quanto a se sentir validado. Agora podemos ver como você pode construir melhores amizades. Isso pode exigir que se faça uma análise honesta da possibilidade de ficar 'por baixo' por muito tempo, talvez compreendendo que também é importante revisar ou diminuir nossas queixas. Também é importante mostrar apreciação aos amigos, recompensá-los, reconhecer quando fazem um bom trabalho. Vamos dar uma olhada em alguns exemplos de como as coisas podem melhorar em relação aos amigos."

Exemplo

Wendy queixou-se de que se sentia invalidada e criticada por sua amiga, Maria. Ao examinar a natureza da relação delas, parecia que Maria era de fato crítica. Contudo, Wendy tinha outras amigas apoiadoras.

Terapeuta: Vejo por que se sentiu mal quando Maria foi crítica com você. Quando nos abrimos para nossos amigos, queremos sentir que eles nos apoiam, que não nos critiquem. Maria costuma ser desse jeito?

Paciente: Nem sempre. Mas é mais do que minhas outras amigas.

Terapeuta: Então há amigas que a apoiam mais. Quem são?

Paciente: Linda e Gail são ótimas. Posso contar tudo a elas.

Terapeuta: Eu me pergunto se você não poderia compartilhar mais seus sentimentos com elas do que com Maria.

Paciente: Essa é provavelmente uma boa ideia.

Terapeuta: Sabe, às vezes ficamos em pior estado quando nos abrimos para a pessoa errada no momento errado. Então você tem outras escolhas além de Maria. [O terapeuta também reconhece que Wendy não era sempre eficiente em seu estilo de comunicação e de busca de validação.] Às vezes, quando expressamos nossos sentimentos e buscamos validação, podemos fazê-lo de forma habilidosa ou nem tanto. Sei que houve ocasiões no passado em que simplesmente fiquei me queixando, sem reconhecer a forma como as outras pessoas estavam vivenciando aquilo. Não que elas não ligassem. Eu é que precisava "reformular" o que estava dizendo.

Paciente: Posso ficar um bom tempo me queixando. Acho que isso as aborrece.

Terapeuta: Eu agi assim com um de meus amigos alguns anos atrás. E ele tentava me dar apoio. Então, tentei aprender com a experiência. O que aprendi foi que podia limitar a quantidade de coisas que dizia e não ser tão repetitivo, continuando a agradecer à pessoa que estivesse me apoiando. Pensei em chamar isso de "validação do validador".

Paciente: Sim. Será que meus amigos acham que estou descarregando em cima deles? Simplesmente descarregando todos os meus sentimentos?

Terapeuta: Bem, os amigos existem, você sabe, para dar apoio. Mas eu percebi com minha experiência que meus amigos precisavam de meu apoio quando estavam me apoiando.

Paciente: Faz sentido.

Terapeuta: Notei que era útil quando lhes dizia: "Sei que estou me queixando e que você tem sido gentil em me ouvir. Só quero dizer que realmente aprecio isso. E também estou fazendo algumas coisas para me ajudar. Você foi um bom amigo em um período difícil".

Tarefa

O capítulo "Como tornar as amizades mais compensadoras", do livro *Beat the Blues Before They Beat You* (2010), de Leahy, descreve estilos disfuncionais de interação com amigos e oferece sugestões específicas para melhorar a obtenção de apoio. Ele pode ser indicado para os pacientes que apresentam dificuldades em obter e receber validação. O paciente pode preencher o Formulário 3.9, que lista algumas metas específicas de coisas a serem mudadas para que se receba validação. O terapeuta pode solicitar ao paciente que revise as mensagens dirigidas a outros, estabelecendo limites para as queixas, descrevendo pontos positivos para os amigos no contexto das queixas e "validando aquele que valida" (ou seja, "se alguém o valida, diga-lhe: 'aprecio todo o apoio que está me dando'").

Pode-se pedir que o paciente dê exemplos de quando se sentiu validado pelos outros: "Há pessoas que aceitam e compreendem seus sentimentos? Você possui regras arbitrárias de validação? As pessoas têm de concordar com tudo o que você diz? Você divide suas emoções com pessoas críticas? Você aceita e apoia outras pessoas que têm essas emoções? Você tem um padrão duplo? Por quê?".

Possíveis problemas

Conforme foi indicado anteriormente, alguns pacientes manifestam padrões não realistas de validação, esperando que todos os seus pensamentos e sentimentos sejam "espelhados" pelos outros. Esses padrões podem ser examinados e testados quanto aos custos e benefícios, e novos padrões mais realistas de busca de validação podem ser identificados.

Referência cruzada com outras técnicas

Podem ser incluídas técnicas como aprender a pedir ajuda e ajudar os outros a ajudá-lo.

Formulário

Formulário 3.9: Como Ser Mais Compensador e Obter Apoio de Seus Amigos.

CONCLUSÕES

Muitos pacientes com problemas de desregulação emocional podem resistir ao uso de técnicas de autoajuda porque as veem como invalidantes. Conforme discutimos no capítulo anterior sobre os esquemas emocionais, os pacientes precisam acreditar que os outros se preocupam com seus sentimentos e os entendem. O papel primordial da empatia, do espelhamento e da validação no apego e nos relacionamentos ao longo da vida é um elemento crucial em várias teorias. Entretanto, alguns pacientes podem ter regras idiossincráticas de validação e exigir e buscar validação por meio de estratégias e comportamentos problemáticos. Equilibrar validação e mudança é uma dialética essencial na terapia, mas colocar as questões relativas à validação diretamente pode ser muito difícil. Muitos pacientes exageram na afirmação de que são criticados por seus sentimentos ou de que são mal compreendidos. O terapeuta precisa estar ciente de que esses pacientes estão presos na armadilha da necessidade de validação, o que pode se tornar um foco importante da terapia.

4

IDENTIFICAÇÃO E REFUTAÇÃO DE MITOS EMOCIONAIS

"Mitos emocionais" é um termo usado na terapia comportamental dialética (TCD) para se referir a crenças equivocadas acerca das emoções (Linehan, 1993, 1993b). Linehan menciona a tendência dos indivíduos com transtorno da personalidade *borderline* (TPB) a avaliar negativamente suas reações emocionais. Além de acreditarem que as emoções são incontroláveis, os pacientes com TPB têm tendência a acreditar que elas são intermináveis. Essas crenças provavelmente contribuem para o medo das emoções e para a esquiva emocional difusa que caracteriza esse transtorno (Gratz, Rosenthal, Tull, Lejuez e Gunderson, 2006; Yen, Zlotnick e Costello, 2002). Além do mais, muitos dos problemas clínicos prevalentes no TPB, como abuso de substâncias (Grilo, Walker, Becker, Edell e McGlashan, 1997), transtorno dissociativo de identidade (Wagner e Linehan, 1998) e bulimia (Paxton e Diggins, 1997) envolvem a esquiva emocional como característica associada proeminente.

As pesquisas oferecem evidências preliminares de que os mitos emocionais promovem o uso de uma regulação emocional mal-adaptativa tanto nos transtornos do Eixo I quanto nos do Eixo II. Campbell-Sills, Barlow, Brown, Hofmann e colaboradores (2006) observaram que mitos emocionais como "ficar triste é errado" e "mostrar emoções negativas é um sinal de fraqueza" estão associados a um maior uso da supressão nos transtornos de ansiedade. De modo semelhante, Mennin, Heimberg, Turk e Fresco (2002) observaram que a avaliação das emoções negativas como inaceitáveis está associada ao aumento das preocupações, uma forma de esquiva emocional. Em um estudo dos esquemas emocionais entre os transtornos da personalidade, Leahy e Napolitano (2005) verificaram que os indivíduos com TPB endossavam a crença de que as emoções negativas são inaceitáveis e incompreensíveis. Em um estudo subsequente, eles descobriram que indivíduos com TPB e outros transtornos da personalidade caracterizados por crenças negativas quanto às emoções tinham maior propensão a ficar preocupados, uma forma de esquiva emocional (Leahy e Napolitano, 2006). Os mitos emocionais podem ser considerados como uma pequena parte do construto mais amplo dos esquemas, que se refere a conceitos, avaliações, tendências de ação e estratégias interpessoais e de manejo que são empregadas para lidar com as emoções (Leahy, 2002). Mais comportamental que cognitiva, a TCD não considera os mitos emocionais como focos primordiais do tratamento da desregulação emocional. Diferentemente da terapia do esquema emocional (TEE), a TCD não se baseia no modelo metacognitivo da emoção. Ainda assim, a TCD é uma rica fonte para a obtenção de técnicas que podem ser usadas para desafiar crenças equivocadas sobre as emoções, as quais são um foco primordial da TEE.

Algumas das técnicas de regulação emocional empregadas na TCD são comuns em outras terapias cognitivo-comportamentais (TCCs), principalmente a da mudança das interpretações a fim de mudar as emoções ou diminuir a intensidade emocional. Na perspectiva da TCD, o indivíduo com TPB tem alta propensão ao pensamento não dialético ou dicotômico. Pesquisas a respeito do pensamento dicotômico no TPB apoiam esse conceito (Napolitano e McKay, 2005; Veen e Arntz, 2000). Postula-se que avaliações extremas de si mesmo, dos outros e do ambiente contribuem para reações emocionais extremas, assim como para a instabilidade de emoções, comportamento, identidade e relacionamentos. Deste modo, ajudar o indivíduo com TPB a desenvolver um estilo de pensamento mais dialético e menos extremo é um importante objetivo do tratamento.

A TCD difere de outros tipos de TCC em sua apresentação de um modelo das emoções aos pacientes. Esse modelo, baseado no trabalho de Gross e outros, descreve as emoções como reações de padrão complexo a eventos que se desdobram com o tempo (Ekman e Davidson, 1994; Gross, 1998a, 1998b). O modelo é concebido para facilitar a compreensão das emoções, um aspecto crucial da regulação emocional. Isso também oferece as informações necessárias para desafiar as crenças equivocadas sobre emoções. As estratégias de regulação das emoções podem ser usadas em diferentes pontos da experiência emocional, incluindo antes e depois do evento que as desencadearam (Gross, 1998a, 1998b). É importante notar que o modelo diferencia a experiência emocional da expressão emocional. A combinação da expressão e da experiência emocional pode contribuir para o medo das emoções e a esquiva emocional. A TCD ressalta que a regulação emocional é um conjunto de habilidades com as quais o indivíduo não nasce, mas aprende no contexto ambiental. Essas habilidades incluem (mas não se limitam a) capacidade de dar nome à emoção, relacioná-la ao evento que a provocou, aumentar ou diminuir sua intensidade, inibir a ação em resposta a ela e limitar o contato com estímulos emocionais ou desencadeadores.

O componente de atenção plena (*mindfulness*) da TCD ensina os pacientes a adotarem uma postura de não julgamento em relação às emoções, o que promove a sua aceitação e a disposição para vivenciá-las. A postura de não julgamento em relação às emoções tem a função de contrabalançar a tendência a avaliá-las ou julgá-las negativamente. Tais julgamentos podem gerar mais emoções, agravando a experiência emocional (Greenberg e Safran, 1987; Linehan, 1993b). A avaliação negativa da emoção também pode contribuir para o hábito da esquiva emocional (Campbell-Sills et al., 2006; Hayes et al., 2004; Mennin et al., 2002). Tem-se defendido a hipótese de que os efeitos benéficos da atenção plena na regulação emocional podem ser creditados à exposição (e não reforço) às emoções previamente evitadas. Considera-se que a prática da atenção plena cria um contexto no qual os pacientes podem desenvolver novas associações, menos negativas, com a experiência das emoções, com extinção das antigas associações (Lynch, Chapman, Rosenthal, Kuo e Linehan, 2006).

Além de oferecer aos pacientes uma teoria das emoções, a TCD ensina-lhes a função destas. Ressaltando a utilidade das emoções, a TCD incentiva os pacientes "emocionalmente fóbicos" ou evitativos a experimentá-las. A abordagem esboçada neste capítulo envolve primeiramente ajudar os pacientes a identificarem mitos emocionais, bem como suas possíveis origens. Apresentamos a seguir técnicas psicoeducativas e de exposição para ajudá-los a desafiar essas crenças.

TÉCNICA: IDENTIFICAÇÃO DOS MITOS EMOCIONAIS

Descrição

A TCD ajuda os pacientes a identificarem os "mitos emocionais" que podem estar contribuindo para os problemas de regulação emocional, bem como as possíveis origens desses mitos. Há muitas formas de identificar os mitos emocionais. Os pacientes podem revisar a seção dos mitos emocionais em *Skills training manual for treating borderline personality disorder* (Linehan, 1993b) para ver quais dessas crenças eles endossam. Alternativamente, as crenças equivocadas dos pacientes relativas às emoções podem tornar-se evidentes por meio do Registro de Pensamentos Disfuncionais, de Beck e colaboradores (1979). Por exemplo, o paciente pode ter o pensamento automático "sou fraco" como resposta ao fato de se sentir triste. Ao ser questionado pelo terapeuta, ele pode explicar que "sentir-se triste é um sinal de fraqueza". Os mitos emocionais também podem ser expressos espontaneamente na sessão. Eles também podem ser evocados se o terapeuta questionar o paciente sobre o seu comportamento na sessão. Por exemplo, se o paciente se recusa a discutir algo incômodo porque acredita que o resto do seu dia será estragado, isso sugere a possibilidade de uma crença equivocada quanto à duração das emoções, ou, se o paciente se desculpa por expressar emoções, isso sugere crenças sobre a inaceitabilidade da expressão emocional.

Após ajudar os pacientes a identificarem os mitos emocionais, a TCD emprega psicoeducação, atenção plena e técnicas baseadas em exposição para auxiliá-los a desafiarem essas crenças. Além de oferecer uma teoria das emoções, a TCD educa os pacientes a respeito da função que elas desempenham. Com um maior entendimento da função desempenhada pelas emoções, os pacientes emocionalmente esquivos podem passar a aceitar melhor sua experiência emocional.

Questão a ser proposta/intervenção

"Aquilo que pensamos sobre as emoções afeta a forma como lidamos com elas. Por exemplo, se acredito que a ansiedade dura para sempre, faz sentido que eu tente evitá-la ou bloqueá-la. Infelizmente, uma certa dose de ansiedade é inevitável, e os esforços para bloqueá-la ou suprimi-la podem simplesmente prolongá-la ou intensificá-la. O fato é que as emoções não duram para sempre; elas são todas temporárias. É possível que você tenha algumas crenças imprecisas sobre as emoções que estejam contribuindo para suas dificuldades em lidar com elas."

Exemplo

Terapeuta: Como se sente em relação à traição de seu marido?

Paciente: Na verdade, tento não pensar nisso. Ele não é má pessoa. Essas coisas acontecem todo dia, não?

Terapeuta: Não sei se é verdade. Mas, supondo que seja o caso, pelo bem da discussão, o que isso significa para você?

Paciente: Significa que não tenho razão para estar chateada. Como você acha que eu deveria me sentir?

Terapeuta: Não creio que haja apenas uma forma de sentir. Qualquer reação emocional ao fato de saber de uma traição é possível. Como se sente neste momento, enquanto discutimos a questão?

Paciente: (*chorando*) Incrivelmente triste. Sinto muito. Não queria chorar.

Terapeuta: Por que está se desculpando?

Paciente: Não quero impor-lhe meus sentimentos.

Terapeuta: Por que acha que ao chorar está me impondo sentimentos?

Paciente: As pessoas não gostam de lidar com emoções negativas. Todos deveriam ser felizes.

Terapeuta: Não considero de forma alguma que sua tristeza seja uma imposição. Sinto-me privilegiado por você compartilhá-la comigo. Mas parece que você acredita ser inaceitável expressar tristeza para os outros e que deveria parecer sempre feliz.

Paciente: Sim. Não é verdade que todos pensam assim?

Terapeuta: Na verdade, nem todos acreditam nisso. A depender do contexto, como no trabalho, expressar tristeza pode não ser eficiente, mas, com um amigo ou com o terapeuta, é aceitável. Não acho que seja possível parecer feliz todo o tempo. Acho que devemos focar em aprender mais sobre suas crenças a respeito das emoções [O terapeuta passa ao paciente o Formulário 4.1: Mitos Emocionais.] Esta é a lista de algumas das crenças mais comuns sobre as emoções. Dê uma olhada nela e veja se você se encaixa em alguma.

Tarefa

Os pacientes podem revisar a lista de mitos emocionais (Formulário 4.1) como tarefa e endossar as crenças com as quais concordarem. Eles podem também registrar outras crenças sobre as emoções que lhes vierem à mente. As crenças podem ser desafiadas com a ajuda do terapeuta na sessão seguinte, sendo possível prescrever experimentos para testá-las.

Possíveis problemas

Os pacientes que endossam mitos emocionais enfaticamente podem resistir à ideia de que eles estejam equivocados. Tal resistência pode ser manejada por meio do fornecimento de informações científicas sobre as emoções ou por experimentos designados para testar os mitos emocionais. Entretanto, o terapeuta deve equilibrar o uso dessas estratégias de mudança com a validação, comunicando aos pacientes que sua crença faz sentido à luz da experiência. Por exemplo, o terapeuta pode dizer a uma paciente com transtorno de pânico que é compreensível que ela acredite que ficar ansiosa é estar fora de controle. Porém, o terapeuta deve também argumentar que a ansiedade pode ser experimentada em níveis menores de intensidade, que pareçam menos incontroláveis. Além disso, sentir-se fora de controle não é o mesmo que estar fora de controle.

Referência cruzada com outras técnicas

As técnicas correlatas incluem apresentar aos pacientes um modelo e uma teoria das emoções. Outras técnicas relacionadas são descritas no Capítulo 2, sobre a TEE, como a identificação das crenças sobre as emoções no que se refere a duração, controlabilidade, exclusividade e valores da conexão emocional. É também útil propor, sempre que possível, experimentos dentro da sessão, para testar as crenças do paciente quanto às emoções. A técnica de observar e descrever as emoções sem julgamento é um modo de exposição que também pode enfraquecer os mitos emocionais.

Formulário

Formulário 4.1: Mitos Emocionais.

TÉCNICA: IDENTIFICAÇÃO DA ORIGEM DOS MITOS EMOCIONAIS

Descrição

Antes de desafiar as crenças a respeito das emoções, é útil que os pacientes compreendam os contextos nos quais elas foram aprendidas e reforçadas. Ressaltando suas origens no desenvolvimento, o terapeuta enfatiza que os mitos emocionais são crenças, em vez de fatos. Na seção "O papel da regulação emocional em vários transtornos", no Capítulo 1, discutiu-se o papel desempenhado pelo ambiente invalidante no desenvolvimento da desregulação emocional. Além de não ensinar as habilidades necessárias de regulação emocional, o ambiente invalidante é um solo fértil para crenças equivocadas sobre as emoções. Viver em um ambiente onde as emoções são ignoradas de modo persistente pode ensinar aos pacientes que elas não têm importância. Do mesmo modo, se o ambiente pune as emoções, eles podem aprender que suas emoções são inaceitáveis.

Questão a ser proposta/intervenção

"Muitas das crenças que interferem na regulação emocional foram aprendidas em um ambiente invalidante. A forma como os pais reagiam às nossas emoções durante o desenvolvimento pode influenciar nossas crenças a respeito delas e como devemos lidar com elas. Se suas emoções foram tratadas com reprovação, você pode ter aprendido que elas são inaceitáveis. Se suas emoções foram ignoradas, você pode ter aprendido que não são importantes e tender a descartá-las."

Exemplo

Terapeuta: Você disse que ficar triste é egoísmo. Por que diz isso? De onde vem essa crença?

Paciente: Meu pai sempre dizia que eu tinha todas as vantagens e toda razão para ser feliz. Ele me dizia que sentir tristeza era egoísmo.

Terapeuta: Então, seu pai ensinou a você tal crença sobre a tristeza. Como acha que essa crença afeta sua reação à tristeza?

Paciente: Eu desligo a tristeza.

Terapeuta: Funciona?

Paciente: Na verdade, não. Ainda me sinto triste.

Terapeuta: Frequentemente, as tentativas de bloquear as emoções apenas as intensificam. Você sabia que a tristeza é uma emoção básica, que nascemos com a capacidade de senti-la?

Paciente: Você está dizendo que é normal ficar triste. Nunca pensei nisso desse jeito – que nascemos com ela.

Terapeuta: Se você achasse que a tristeza é apenas uma emoção qualquer, isso mudaria sua forma de lidar com ela?

Paciente: Provavelmente, eu me permitiria senti-la.

Tarefa

Como tarefa de casa, pode-se pedir que os pacientes escrevam sobre as experiências que contribuíram para o desenvolvimento de seus mitos emocionais. Além disso, eles podem revisar o Formulário 4.2: Fatos Básicos sobre as Emoções.

Possíveis problemas

Os pacientes podem relutar em identificar a contribuição dos pais para o desenvolvimento dos mitos emocionais por acreditarem que isso seria o mesmo que culpá-los por seus problemas. O terapeuta é capaz de lidar com isso enfatizando que a invalidação dos pais pode não ser intencional. Mesmo tendo a melhor das intenções, os pais às vezes não conseguem entender as necessidades emocionais do filho. Além disso, mesmo que os pacientes não tenham causado os seus problemas, eles são responsáveis por resolvê-los.

Referência cruzada com outras técnicas

As técnicas correlatas incluem explicar o papel do ambiente invalidante como contribuinte para a desregulação e a socialização emocionais.

Formulário

Formulário 4.2: Fatos Básicos sobre as Emoções.

TÉCNICA: APRESENTAÇÃO DE UMA TEORIA DAS EMOÇÕES AO PACIENTE

Descrição

Para ajudar os pacientes a desafiarem os mitos emocionais, o terapeuta precisa fornecer informações a respeito das emoções. Ao refutar a crença de que uma ou todas as emoções são inaceitáveis, é útil que os pacientes aprendam que os seres humanos nascem com a capacidade de ter emoções básicas. Estas incluem raiva, alegria/felicidade, interesse, tristeza, medo e repulsa (Izard, 2007). Apesar de os seres humanos nascerem com predisposição biológica para sentir culpa e vergonha, essas emoções demandam um maior desenvolvimento cognitivo e, como resultado, emergem após a primeira infância. A fim de desafiar crenças equivocadas sobre a duração das emoções, os pacientes precisam saber que elas são um fenômeno temporário. Assim como as ondas, elas atingem um pico de intensidade e decaem. Os pacientes também precisam aprender a distinção entre estados de humor e emoções. Diferentemente das emoções, os estados de humor carecem de um foco claro ou de um evento causador prontamente identificável. Eles são difusos e podem durar dias, meses ou anos (Batson, Shaw e Oleson, 1992). Na TCD, os pacientes aprendem que as emoções podem se autoperpetuar. Por exemplo, um evento que desencadeie tristeza pode ser seguido pela lembrança de outros eventos tristes, perpetuando a emoção. Se persistir por dias, ela se torna um estado de humor.

Questão a ser proposta/intervenção

"As emoções são parte do ser humano. Nascemos com a capacidade de ter várias emoções, incluindo tristeza, raiva, alegria, repulsa, interesse e medo. Também nascemos com a capacidade de sentir culpa e vergonha, apesar de só vivenciarmos essas emoções mais tarde, pois elas demandam um maior desenvolvimento cognitivo. Todas as outras emoções são combinações destas ou são aprendidas. Emoções são experiências limitadas no tempo que ocorrem como resposta a um evento identificável. Elas são como ondas, que atingem um pico de intensidade e então decaem. Contudo, elas se autoperpetuam. Por exemplo, ocorre algo que desencadeia uma onda de raiva em mim e, durante a raiva, eu me lembro de outras coisas das quais sinto raiva, cada uma delas gerando outra onda de raiva. Um estado de humor, diferentemente de uma emoção, dura dias ou semanas. Ele é mais duradouro que uma emoção e em geral não pode ser considerado como reação a um evento."

Exemplo

Terapeuta: Você disse ter medo de se sentir triste porque não quer ficar deprimida. Certo?

Paciente: Sim, fiquei deprimida há 3 anos e não quero voltar ao abismo.

Terapeuta: Tristeza e depressão são duas coisas diferentes. Tristeza é uma emoção, e depressão é um estado de humor.

Paciente: Qual é a diferença?

Terapeuta: As emoções são como ondas; elas recuam após atingirem o pico de intensidade. Os estados de humor duram semanas, meses ou mais. É possível sentir tristeza sem ficar deprimido. Você consegue pensar em exemplos de quando tenha se sentido triste sem ficar deprimida?

Paciente: Bem, aquele filme que vi na semana passada me fez chorar, mas não fiquei deprimida. Esqueci dele assim que voltei a meu apartamento.

Terapeuta: Ótimo exemplo. Sua tristeza passou sem se tornar um estado de humor. Da próxima vez em que se sentir indisposta ao experimentar tristeza por achar que ela levará à depressão, lembre-se da diferença entre estado de humor e emoção.

Tarefa

O terapeuta pode dar aos pacientes a folha dos Fatos Básicos sobre as Emoções (Formulário 4.2) para que revisem após a sessão.

Possíveis problemas

Os pacientes podem ficar céticos em relação à teoria das emoções. Tal ceticismo pode ser contornado por meio da ênfase a respeito da base científica da teoria e pelo fornecimento de referências literárias relevantes. Em contrapartida, eles podem reconhecer a validade da teoria, mas relatar que os mitos emocionais persistem. O terapeuta deve indicar que não se pode esperar que os mitos mudem meramente com a revisão dessas informações. Em vez disso, as informações fornecem a base para refutar essas crenças cada vez que elas vierem à mente. Provavelmente, técnicas adicionais, como experimentos para testar as crenças, serão necessárias para desafiá-las de modo efetivo.

Referência cruzada com outras técnicas

As técnicas correlatas incluem apresentar ao paciente um modelo das emoções e como experimentar as emoções como uma onda.

Formulário

Formulário 4.2: Fatos Básicos sobre as Emoções.

TÉCNICA: APRESENTAÇÃO DE UM MODELO DAS EMOÇÕES AO PACIENTE

Descrição

Este modelo capacita os pacientes a darem um conceito a suas experiências emocionais e oferece a estrutura para descrevê-las. De acordo com esse modelo, as emoções são reações de padrão complexo a eventos que se desdobram com o tempo (Gross, 1998b; Gross e Thompson, 2007; Linehan, 1993a; Linehan, Bohus e Lynch, 2007). O processo da emoção consiste em uma sequência de eventos. A sequência começa com uma situação psicologicamente relevante. De modo característico, a situação é externa para o indivíduo (ou seja, algo que aconteceu no ambiente). Contudo, o evento indutor da emoção também pode ser interno (como um pensamento, imagem ou outra emoção). Certos fatores, como privação de sono ou fome, podem aumentar a vulnerabilidade a esses eventos e à intensificação emocional. Em seguida, dentro desta sequência, o indivíduo avalia o evento, o que implica determinar sua importância e relevância. A avaliação determina a emoção específica que é vivenciada, bem como a sua intensidade. Via de regra, interpretações mais extremas levam a emoções mais extremas. Para os pacientes com tendência a interpretações extremas, uma importante técnica de regulação emocional é a modificação das interpretações.

É importante ressaltar que o modelo das emoções da TCD diferencia a experiência emocional da expressão emocional. Após avaliar o evento, ocorrem mudanças no cérebro e no corpo, os quais são parte da experiência emocional. As alterações neuroquímicas podem levar a mudanças no corpo. Por exemplo, se a situação é avaliada como perigosa, o indivíduo vivencia pensamentos de fuga, aceleração dos batimentos cardíacos e do ritmo respiratório, maior tensão muscular e menor fluxo sanguíneo para as extremidades. As tendências ou impulsos também fazem parte da experiência emocional. No medo, um impulso comum é fugir. Essas tendências podem ser moduladas ou inibidas. Parte da experiência emocional inclui perceber essas mudanças e impulsos.

A expressão das emoções inclui quaisquer ações, assim como o que é dito, as expressões faciais e a postura corporal. O modelo enfatiza que a expressão das emoções pode ser inibida. A mistura, para o paciente, de expressão e experiência da emoção pode contribuir para o medo das emoções e para a esquiva emocional. O próximo passo no processo da emoção é dar um nome à experiência, como tristeza ou alegria. Finalmente, o modelo salienta que as emoções exercem efeitos sobre os processos de pensamento, comportamento e fisiologia. Na TCD, os pacientes aprendem que "as emoções gostam delas mesmas" ou que elas podem se autoperpetuar. Por exemplo, os efeitos subsequentes da tristeza podem incluir fadiga, afastamento e lembrança de outros eventos tristes. Assim, os efeitos subsequentes perpetuam a tristeza. Todavia, os efeitos subsequentes de uma emoção podem também ocasionar o surgimento de outras emoções.

Questão a ser proposta/intervenção

"Ao contrário da percepção, as emoções sempre começam com um evento desencadeador, que pode ser interno ou externo. Em outras palavras, elas podem ser disparadas por nossos próprios pensamentos e sentimentos ou por coisas que estejam acontecendo em nosso ambiente. Certos fatores tornam-nos mais vulneráveis a eventos desencadeadores, como a privação de sono ou fome, ou a outros eventos indutores de emoções que já tiverem acontecido. Além disso, conforme demonstra o Modelo de Descrição das Emoções [Formulário 4.3], a maioria delas envolve uma interpretação do evento causador. As exceções incluem o medo provocado pelo encontro com um animal feroz ou a alegria proporcionada pela visão de alguém que você ama. A interpretação determina qual emoção você tem, assim como sua intensidade. Cada emoção é acompanhada de alterações fisiológicas e cerebrais e também pelo impulso de fazer algo. As emoções podem ser expressas por meio de linguagem corporal, expressão facial e ações. Porém, elas podem simplesmente não ser expressas. Finalmente, as emoções têm efeitos subsequentes que podem manter a emoção atual ou levar a outra."

Exemplo

Terapeuta: Você mencionou que as emoções tendem a chegar inesperadamente. Eu gostaria de examinar esse diagrama com você [referindo-se ao Formulário 4.3].

Paciente: Parece complicado.

Terapeuta: E é. As emoções são respostas de padrão complexo. Pode parecer que elas vêm do nada. Mas, ao olhar para o diagrama, está claro que elas sempre começam com um evento desencadeador. Há, normalmente, uma interpretação desse evento que afeta o tipo e a intensidade da emoção que você vivencia. Uma interpretação mais extrema provoca uma resposta emocional mais extrema.

Paciente: O que essas caixas representam?

Terapeuta: A primeira descreve a experiência emocional, que inclui alterações cerebrais e corporais e o impulso de fazer algo. A segunda descreve as formas de expressar emoções: postura corporal, expressão facial e ação.

Tarefa

Os pacientes podem revisar o Modelo de Descrição das Emoções apresentado no Formulário 4.3.

Possíveis problemas

Os pacientes podem ter dificuldades em entender o modelo. Recomenda-se que o terapeuta cheque a compreensão que o paciente tem do modelo durante a sessão. Pode-se pedir que descrevam uma emoção que vivenciaram de forma condizente com o modelo. Pacientes que rotineiramente bloqueiam emoções e relatam frequente anestesia emocional podem ter dificuldades para descrever as mudanças físicas que acompanham a experiência emocional. O terapeuta deve encorajá-los, ressaltando que estar ciente do impacto físico das emoções é algo que pode ser cultivado com a prática.

Referência cruzada com outras técnicas

As técnicas correlatas incluem observar e descrever as emoções, realizar experimentos para testar as crenças acerca das emoções, diferenciar entre o impulso e a ação praticada e experimentar a emoção como uma onda.

Formulário

Formulário 4.3: Modelo de Descrição das Emoções.

TÉCNICA: COMO ENSINAR AOS PACIENTES SOBRE A FUNÇÃO DA EMOÇÃO

Descrição

Não é incomum que os indivíduos com problemas de regulação emocional vejam as emoções como inúteis. Tal visão dá pouco incentivo para que eles as experimentem e justifica a esquiva. Instruir os pacientes a respeito das funções das emoções pode aumentar sua disposição a experimentá-las. As funções identificadas das emoções incluem facilitação das tomadas de decisão, preparo e motivação dos pacientes para agir, informações sobre o ambiente, comunicação e influência sobre os outros (Gross, 1998b). Outra função da emoção é a autovalidação (Linehan, 1993b). Uma emoção é autovalidante quando comunica informações ao próprio indivíduo. Por exemplo, elas podem ser usadas como evidência de que a própria percepção ou experiência da situação é correta (alguém sente raiva porque a situação é injusta e, portanto, há uma boa razão para se estar com raiva). Levada ao extremo, a autovalidação resulta em emoções que são tratadas como fatos. Por exemplo, o indivíduo pode pensar: "Estou com medo, portanto, a situação é perigosa".

Identificar a função da emoção também é útil para determinar por que certas emoções persistem contrariamente aos desejos do indivíduo. Por exemplo, se o paciente reclama de uma raiva persistente, é importante determinar se ela é motivada ou influenciada por outras pessoas ou se é autovalidante. Se uma emoção serve a um propósito, o paciente pode relutar em abdicar dela.

Questão a ser proposta/intervenção

"Cada emoção tem uma função ou propósito. Por exemplo, se estamos com raiva e a expressamos, a função da raiva pode ser comunicar aos outros que seu comportamento é inaceitável para nós. Isso pode influenciá-los a mudar de comportamento.

Porém, a raiva pode nos motivar a agir para modificar uma situação injusta. Às vezes, as emoções podem ser autovalidantes: sentimos raiva porque temos razão para isso. As emoções também podem nos ajudar a decidir o que é certo e o que é errado para nós. Na próxima vez em que vivenciar uma emoção forte, pergunte a si mesmo qual é sua função ou suas funções."

Exemplo

Terapeuta: Você disse que, quando descobriu que o porão estava inundado, ficou fora de si, e então ficou incomodado consigo mesmo por se sentir daquele jeito.

Paciente: Eu sei. É ridículo. Isso não mudou nada. Acho que a reação foi exagerada.

Terapeuta: O que você fez quando se sentiu fora de si?

Paciente: Corri até o porão e trouxe para cima todas as caixas que continham objetos de família. Mas não consegui levar tudo. Muita coisa foi destruída.

Terapeuta: Parece que ficar fora de si o motivou a agir rapidamente. É justo dizer isso, nesse sentido, sentir-se fora de si foi útil para você?

Paciente: Sim, acho que sim. Mas e quanto à tristeza que senti com as coisas que foram destruídas? Qual é o sentido disso? Parece uma perda de tempo.

Terapeuta: Bem, às vezes, nossas emoções nos dão uma noção do que valorizamos. Você acha que sua tristeza pode ter feito isso? O que teria significado se você ficasse feliz em ver os objetos familiares sendo destruídos?

Paciente: Talvez minha tristeza estivesse me dizendo que valorizo minha família e as experiências que tive ao longo de seu crescimento. Acho que, se eu fosse indiferente ou os odiasse, teria ficado feliz em ver todas aquelas coisas sendo destruídas.

Terapeuta: Da próxima vez em que notar que está chamando uma emoção de estúpida ou sem sentido, gostaria que pensasse sobre a função dela.

Tarefa

Os pacientes podem revisar o Formulário 4.4, que resume as funções das emoções.

Possíveis problemas

Os pacientes podem confundir a função de uma emoção com sua justificativa. Por exemplo, alguém com transtorno de ansiedade pode afirmar que o medo crônico não tem função na ausência de um perigo real. Neste caso, o terapeuta pode explicar que, apesar de o medo não ser justificado, é possível que sua função seja a de motivar ou, ainda, preparar alguém para agir contra uma ameaça percebida, mesmo se a percepção for equivocada. Outro problema possível é a tendência a supor que cada emoção tem apenas uma função identificável e que o terapeuta sabe melhor que o paciente qual ela é. É importante enfatizar que identificar a função de uma emoção é um tanto subjetivo e que a mesma emoção pode ter múltiplas funções.

Referência cruzada com outras técnicas

As técnicas correlatas incluem observar e descrever emoções, revisar o modelo das emoções e fornecer psicoeducação sobre elas.

Formulário

Formulário 4.4: Quais São as Funções da Emoção?

TÉCNICA: OBSERVAÇÃO E DESCRIÇÃO DAS EMOÇÕES

Descrição

É fundamental para a regulação emocional ter consciência das próprias emoções e a habilidade de descrevê-las e nomeá-las. Neste exercício, os pacientes observam e descrevem suas emoções sem julgamento e com atenção plena. Essas observações são registradas usando o Formulário 4.5. Muitos indivíduos com problemas de regulação emocional tentam evitar a experiência emocional. Eles tendem a ter uma visão negativa das emoções e crenças equivocadas sobre elas. Ademais, déficits na habilidade de tolerar emoções podem levá-los a agir impulsivamente, em um esforço para fugir delas. O exercício de observação e descrição das emoções neutraliza a tendência de evitá-las. Nesse sentido, é uma forma de exposição à experiência emocional. Por ser praticada com postura de não julgamento, a prática de observar e descrever as emoções é também proposta ao paciente no intuito de promover aceitação emocional, opondo-se à visão negativa das emoções. Ao registrar as experiências emocionais, pede-se aos pacientes que anotem os fatores precipitantes das emoções, bem como suas interpretações dos eventos que as desencadearam. É importante que os pacientes desenvolvam a habilidade de fazer a conexão entre emoções e tais eventos. Essa habilidade ajuda a desmistificar a experiência emocional. Os exercícios de observação e descrição também ajudam os pacientes a se conscientizarem dos impulsos para agir que acompanham as emoções. Essa consciência diminui a probabilidade das ações impulsivas decorrentes desses desejos. Muitos pacientes que empregam estratégias de bloqueio para lidar com as emoções desconhecem os seus aspectos fisiológicos. Observar e descrever contrapõe-se à tendência a bloquear, permitindo aos pacientes descreverem as mudanças físicas que acompanham as emoções. Os pacientes que usam bloqueio ou anestesia como estratégias de regulação emocional tendem a mascarar suas expressões faciais ou não ter consciência delas. Os exercícios que envolvem observação e descrição aumentam a consciência do paciente sobre suas expressões faciais ou sobre a falta delas, bem como outras expressões não verbais de emoção, como a postura corporal.

Questão a ser proposta/intervenção

"O primeiro passo para regular as emoções é ter consciência delas à medida que as experimentamos. Em outras palavras, não se pode regular a raiva a menos que se esteja ciente de estar sentindo raiva. Somente tendo consciência do impulso de atacar quando se tem raiva é que se pode ter a escolha de não agir assim. Quando não estamos em contato com nossas emoções, podemos tomar consciência delas apenas após a ação ter sido cometida – depois de dizer palavras furiosas ou ter batido a porta. Entretanto, tomar consciência das emoções é uma habilidade que pode ser desenvolvida apenas com a prática. Uma forma de cultivá-la é praticar a observação e a descrição das emoções. Esse exercício é feito sem julgamento e com atenção plena."

Exemplo

Paciente: Estou ansiosa. Meu humor tem estado para baixo e acho que estou voltando àquela depressão profunda.

Terapeuta: Você diz que está se sentindo para baixo. Você pode ser mais específica e me dizer qual emoção está sentindo?

Paciente: Não sei. Tenho me sentido muito mal desde sábado por alguma razão.

Terapeuta: Vejamos se conseguimos descobrir isso. O que aconteceu no sábado?

Paciente: Bem, eu deveria ter ido a um encontro com alguém que conheci na internet, mas ele não ligou para confirmar.

Terapeuta: Que emoções isso despertou?

Paciente: Senti como se não fosse boa o suficiente e que nunca encontraria ninguém.

Terapeuta: Esses são os pensamentos sobre o fato de ele não ter ligado. Que emoções você sentiu?

Paciente: Acho que me senti triste. Não tinha certeza na hora.

Terapeuta: Como se sentia antes do sábado?

Paciente: Razoavelmente bem. Fui à abertura de uma exposição na galeria de um amigo. Foi tudo bem na escola esta semana.

Terapeuta: Conforme conversamos, está ficando claro que seu estado de humor teve uma mudança para baixo no sábado e parece que o encontro que não ocorreu foi o que precipitou isso. Você ainda se sente ansiosa?

Paciente: Sinto-me melhor agora. Faz sentido. Não entendi por que estava me sentindo mal antes e fiquei assustada.

Terapeuta: Acho que você precisa praticar como identificar as emoções e conectá-las aos fatores precipitantes, de forma que eles não sejam tão misteriosos e assustadores. Também acho que precisa tornar-se mais consciente delas à medida que acontecem. O que acha?

Paciente: Concordo. Mas como?

Terapeuta: Eu gostaria que você praticasse a observação e descrição de suas emoções.

Tarefa

Os pacientes devem ser instruídos a preencher o Formulário 4.5 (Observação e Descrição das Emoções) com as emoções particularmente mais intensas ou duradouras, durante a semana seguinte. Se eles relatarem que não sentem nenhuma emoção, pode-se instruí-los a preencher a folha em um momento específico do dia ou descrever uma emoção que tiveram no passado. A observação e a descrição das emoções pode também ser feita após a indução de emoções durante a sessão.

Possíveis problemas

Os pacientes podem ter dificuldades de observar e descrever se estiverem tendo mais de uma emoção simultaneamente. Recomenda-se usar um formulário separado para cada emoção.

Referência cruzada com outras técnicas

As técnicas correlatas incluem atenção plena, diferenciação entre o impulso de agir e a experiência emocional, prática da postura de não julgamento das emoções e experiência da emoção como uma onda.

Formulário

Formulário 4.5: Observação e Descricão das Emoções.

TÉCNICA: POSTURA DE NÃO JULGAMENTO DAS EMOÇÕES

Descrição

Muitos pacientes com problemas de regulação emocional julgam suas emoções negativamente. Tais julgamentos, por sua vez, podem gerar outras emoções ou produzir emoções secundárias (Linehan, 1993b). Por exemplo, o indivíduo pode avaliar sua experiência de alegria como indicador de ingenuidade, o que poderia levá-lo a sentir desprezo por si mesmo. As emoções secundárias compõem a experiência emocional e frequentemente dificultam a identificação da emoção primária. Além disso, avaliações negativas podem promover a supressão e evitação das emoções. Adotando uma postura de não julgamento diante delas, os pacientes cultivam a aceitação da experiência emocional. Isso não significa que o indivíduo aprove a tristeza, apenas que a reconhece. Aceitar emoções é reconhecê-las sem julgamento à medida que elas surgem.

Questão a ser proposta/intervenção

"Quando julgamos nossas emoções, geramos emoções adicionais ou secundárias. Por exemplo, se eu me sinto triste e julgo isso como fraqueza, posso ficar com raiva de mim mesmo. Se eu julgo a raiva como perigosa, posso acabar sentindo medo. Agora, estou sentindo tristeza, raiva e medo. Perceba como cada um de meus julgamentos compôs minha experiência emocional. Se não tivesse julgado minhas emoções, estaria apenas me sentindo triste. Não julgar emoções não quer dizer que preciso vê-las positivamente. Não tenho de me sentir feliz por estar triste, eu apenas reconheço que estou triste. O primeiro passo para praticar a postura de não julgamento das emoções é estar consciente da própria tendência a julgá-las. Você pode notar que tem maior inclinação a julgar algumas emoções do que outras. Quando se tornar consciente desses julgamentos, tente deixá-los seguir o seu curso."

Exemplo

Terapeuta: Vejo no seu registro de pensamentos que, quando seu namorado não ligou, você pensou: "Ele não se importa comigo", e ficou triste. Mas, então, pensou: "Sou um fracasso por me sentir assim". Que sentimento foi gerado por esse pensamento?

Paciente: Raiva de mim mesma e desapontamento.

Terapeuta: Então você começou apenas com tristeza. Mas, em seguida, fez um julgamento de sua tristeza e acabou ficando triste, com raiva e desapontada. O que você acha que teria acontecido se não tivesse julgado a tristeza?

Paciente: O que quer dizer?

Terapeuta: Você poderia ter simplesmente se permitido sentir tristeza, sem criticar-se por isso.

Paciente: Eu não teria sentido estas outras emoções – raiva e desapontamento. Teria simplesmente ficado triste.

Tarefa

O terapeuta pode estimular os pacientes a praticarem uma postura de não julgamento diante das emoções ao longo da semana. Se isso parecer excessivamente amplo, eles podem decidir em conjunto focar em uma ou duas emoções particularmente problemáticas. Em contrapartida, os pacientes podem se concentrar em não julgar as emoções em contextos específicos. Deve-se informá-los que o primeiro passo para adotar uma postura de não julgamento é tornar-se consciente dos julgamentos sobre as emoções. Tais julgamentos podem ser registrados utilizando-se o Formulário 4.6: Prática da Postura de Não Julgamento das Emoções. Os pacientes devem ser estimulados a não julgarem o julgamento. Em vez disso, ao tornarem-se conscientes do julgamento, eles devem exercitar a prática de deixá-lo de lado.

Possíveis problemas

A resistência à prática de postura de não julgamento diante das próprias emoções pode derivar de crenças equivocadas quanto à sua natureza. Por exemplo, um paciente pode se recusar a admitir ou aceitar a tristeza porque acredita que as emoções duram indefinidamente. As crenças subjacentes à resistência podem ser trazidas à tona na sessão, perguntando-se ao paciente o que ele acha que aconteceria se fizesse a tarefa de casa. Essas crenças podem, então, ser desafiadas com informações sobre a natureza das emoções e pelo exame de evidências que apoiem e contradigam tais crenças provenientes da experiência anterior do paciente com as emoções. A resistência à prática de uma postura de não julgamento pode também derivar da percepção de que o terapeuta está pedindo que o paciente aprove os seus sentimentos negativos ou encare o fato de possuí-los de forma positiva. Neste caso, o terapeuta pode reiterar que a tarefa é meramente reconhecer as emoções quando elas surgem, sem avaliações positivas ou negativas. O terapeuta deve enfatizar que aceitar uma emoção não significa aprová-la.

Referência cruzada com outras técnicas

As técnicas correlatas incluem meditação, psicoeducação a respeito de fatos sobre as emoções e observação e descrição das emoções.

Formulário

Formulário 4.6: Prática da Postura de Não Julgamento das Emoções.

TÉCNICA: DIFERENCIAÇÃO ENTRE IMPULSOS DE AGIR E AS AÇÕES PRATICADAS

Descrição

O medo de experimentar emoções pode derivar da crença de que isso necessariamente envolve uma ação. Por exemplo, um paciente pode tentar bloquear sua raiva por acreditar que a experiência dessa emoção envolve obrigatoriamente atacar os outros. Para desafiar essa crença, é necessário diferenciar o impulso de agir que acompanha a emoção e as ações praticadas. Continuando o exemplo anterior, é possível ter o impulso de atacar verbalmente e, ainda assim, permanecer calado. Tal distinção entre a experiência emocional e sua expressão é feita no modelo das emoções que a TCD apresenta aos pacientes. Entretanto, recomenda-se que o terapeuta ressalte essa distinção para ter certeza de que o paciente a compreendeu.

Questão a ser proposta/intervenção

"Toda emoção é acompanhada pelo impulso de tomar alguma atitude. Por exemplo, quando estamos com raiva, o impulso costuma ser atacar verbal ou fisicamente. Contudo, o impulso nem sempre é concretizado. Pode haver ocasiões em que você esteja com raiva e, em vez de atacar, simplesmente permaneça calado. O impulso para agir é parte da experiência das emoções. Concretizar ou não o impulso é parte da expressão das emoções. É possível experimentar uma emoção sem agir em função dela, mesmo que algumas vezes isso possa ser desafiador."

Exemplo

Terapeuta: Você diz ter medo de se permitir ficar com raiva, certo?

Paciente: Sim, tenho medo do que possa fazer.

Terapeuta: O que acha que você faria?

Paciente: Eu perderia o controle, começaria a gritar ou arremessar coisas.

Terapeuta: Você poderia. Mas, novamente, também poderia não fazê-lo. Você costuma fazer essas coisas quando fica com raiva?

Paciente: Não.

Terapeuta: Sentir o impulso de arremessar coisas e gritar faz parte da experiência da raiva. Quando sentimos raiva, temos o impulso de atacar. O simples ato de estar consciente desses impulsos diminui a probabilidade de tomar uma atitude impulsiva. Essa consciência cria uma janela de oportunidade para reagir de modo diferente do impulso. Sem a consciência dos impulsos, essa janela não existe.

Tarefa

Os pacientes podem usar o Formulário 4.5 (Observação e Descrição das Emoções) para registrar os impulsos que acompanham suas experiências emocionais e as ações que fazem parte da expressão emocional.

Possíveis problemas

Com base em sua história de agir impulsivamente de acordo com as emoções, alguns pacientes passaram a confundir experiência e expressão emocional e são compreensivelmente céticos quanto à distinção entre elas. Neste caso, o terapeuta pode ressaltar essa distinção com as emoções menos problemáticas para os pacientes. Por exemplo, um paciente em tratamento de controle da raiva seria instruído a monitorar seus impulsos de ação e as ações praticadas ao experimentar medo, em vez de raiva.

Referência cruzada com outras técnicas

As técnicas correlatas incluem observação e descrição das emoções, prática da atenção plena das emoções e experiência da emoção como uma onda.

Formulário

Formulário 4.5: Observação e Descrição das Emoções.

TÉCNICA: EXPERIÊNCIA DA EMOÇÃO COMO UMA ONDA

Descrição

Alguns indivíduos creem que sempre que uma emoção surgir devem usar uma técnica para diminuir sua intensidade. Alguns acreditam que as emoções duram indefinidamente e, portanto, devem ser interrompidas ou bloqueadas quando aparecerem. Porém, outros sentem-se compelidos a amplificar ou intensificar sua experiência emocional. É importante que os terapeutas ensinem a esses pacientes que outra opção é apenas afastar-se e experimentar a emoção como uma onda. Essa técnica é essencialmente a atenção plena em relação à emoção presente. Ao descrever as emoções como uma onda, o terapeuta comunica que elas são fenômenos limitados no tempo e não duram para sempre.

Questão a ser proposta/intervenção

"As emoções são como ondas. [O terapeuta desenha uma onda.] Elas atingem o pico de intensidade e então recuam. Emoções individuais duram segundos ou minutos. Elas passam em função do tempo se você não tentar bloqueá-las e, em vez disso, permitir que sigam seu curso. Bloqueá-las só irá fazê-las persistir. Simplesmente dê um passo atrás e vivencie-as como ondas. Não tente afastá-las, se forem desagradáveis, ou prolongá-las, caso sejam boas. Apenas seja levado pela onda. Cada onda dura segundos ou minutos. Mas as emoções se autoperpetuam. Se penso em algo triste, experimento uma onda de tristeza. Isso pode me predispor a lembrar de outra coisa triste, o que precipita outra onda de tristeza, e assim por diante."

Exemplo

Terapeuta: Como esteve seu humor nesta semana?

Paciente: Não esteve bem. Fiquei muito ansioso na sexta-feira, antes da corrida. Tentei respirar profundamente como você me ensinou, mas não funcionou.

Terapeuta: Quando diz que não funcionou, o que quer dizer?

Paciente: Não me livrei da ansiedade. Na verdade, senti como se estivesse piorando.

Terapeuta: Isso deve ter sido frustrante. Mas essa técnica se destina a atenuar a ansiedade, e não a livrá-lo dela. Tenho a impressão de que, quando sente a ansiedade chegar, você se sente compelido a interrompê-la.

Paciente: Sim. O que mais devo fazer?

Terapeuta: Uma opção é não fazer nada. As emoções são como ondas. Elas atingem seu pico de intensidade e então decaem, sem você fazer nada.

Paciente: Elas não parecem ondas. Elas parecem durar pra sempre.

Terapeuta: Acho que é porque você tenta bloquear a emoção ao senti-la. Se isso não funciona, acho que fica mais ansioso porque acredita que precisa interrompê-la.

Paciente: Sim, é verdade. Tenho medo do que pode acontecer, caso não a interrompa.

Terapeuta: Mas você não precisa interrompê-la. Se você deixar a emoção seguir seu curso, ela decairá sozinha. Você estaria disposto a experimentar?

Paciente: Talvez. Não acho que vá funcionar.

Terapeuta: Bem, lembre-se de que não estamos tentando nos livrar da emoção. Perceba o quão intensa sua tristeza se torna e quanto tempo leva para ela diminuir. Talvez uma boa forma de começar seja praticar com outra emoção que não a ansiedade.

Tarefa

O terapeuta pode instruir os pacientes a praticarem esta técnica durante a semana, quando tiverem oportunidade de experimentar uma emoção específica, usando o Formulário 4.7 (Experiência da Emoção como uma Onda) como guia. Em contrapartida, pode-se instruir os pacientes a criarem a oportunidade de praticar esta técnica por meio da indução de emoções.

Possíveis problemas

A resistência pode derivar de crenças sobre a duração das emoções e do ceticismo de que elas decaiam em função do tempo. O terapeuta pode sugerir que os pacientes pratiquem com emoções positivas ou de baixa intensidade. Uma alternativa é o terapeuta praticar esta técnica com os pacientes na sessão de terapia.

Referência cruzada com outras técnicas

As técnicas correlatas incluem observação, descrição e indução das emoções.

Formulário

Formulário 4.7: Experiência da Emoção como uma Onda.

TÉCNICA: INDUÇÃO DE EMOÇÕES

Descrição

A esquiva emocional é problemática porque mantém o medo das emoções. Ela é reforçada pela diminuição imediata, de curto prazo, do sofrimento, que, por sua vez, aumenta a probabilidade de recorrência da esquiva. Por essa razão, os pacientes podem se comprometer a superar a esquiva emocional, mas, ainda assim, continuar a praticá-la. A esquiva emocional inclui comportamentos de fuga, tais como distração, uso de drogas prescritas e não prescritas, comer compulsivo e outros comportamentos impulsivos. A indução de emoções tanto dentro quanto fora da sessão dá ao paciente a oportunidade de experimentá-las e de praticar técnicas de regulação emocional. Deparando-se com emoções, os pacientes podem obter as informações necessárias para desafiar seus mitos emocionais e superar o medo. Música, filmes, fotos e tópicos de conversa podem ser usados para induzi-las. Por exemplo, o terapeuta poderia instruir os pacientes a ouvirem uma música que evoque emoções e prestar atenção na experiência, observando sua ascensão e declínio.

Questão a ser proposta/intervenção

"Evitar continuamente as emoções fortalece o medo delas. Perdemos a oportunidade de testar nossas crenças a seu respeito ou aprender que podemos lidar com elas. Quando evito emoção, posso diminuir o sofrimento no curto prazo. Essa redução do sofrimento torna mais provável que eu evite as emoções no futuro. Em outras palavras, isso reforça a esquiva. Uma forma de interromper o ciclo é buscar intencionalmente as emoções. Pode-se esperar até acontecer algo que as incite ou ser mais proativo e criar a experiência emocional. Por exemplo, posso escutar uma música triste e me permitir experimentar a tristeza. Posso perceber em que lugar de meu corpo eu a sinto e quão intensa ela é, bem como observar sua ascensão e seu declínio."

Exemplo

Terapeuta: Você praticou observação e descrição das emoções nesta semana?

Paciente: Vou ser honesto. Eu queria praticar porque sei que seria bom para mim. Mas sempre que sentia uma emoção se aproximando, eu a evitava. Parecia quase automático.

Terapeuta: Ok. Isso faz sentido. Sua esquiva das emoções diminui o sofrimento, e a redução do sofrimento aumenta a probabilidade de evitá-las novamente. Em outras palavras, sua tendência a evitar emoções foi fortalecida.

Paciente: Como posso parar de evitar?

Terapeuta: Bem, uma forma de quebrar o ciclo da esquiva seria induzir uma emoção durante a sessão. Você pode trazer uma música que provoque emoções intensas em você, escutá-la aqui e voltar sua consciência para o que estiver sentindo. Eu posso ajudá-lo a permanecer ciente das emoções que vier a sentir. O que acha?

Paciente: É uma ótima ideia. Vamos tentar na próxima semana.

Tarefa

Como tarefa de casa, os pacientes podem ser instruídos a selecionar algo com potencial para a indução de emoções (p. ex., música, fotografias, tópicos de conversa). Após realizar a indução de emoção na sessão, os pacientes podem fazê-lo fora da sessão, usando o Formulário 4.8 como guia, e praticar a experiência da emoção como uma onda.

Possíveis problemas

Os pacientes podem relutar em experimentar emoções negativas. Neste caso, a indução de emoções pode estar focada na criação de uma emoção positiva. Os pacientes com esquiva emocional disseminada podem ter dificuldades em selecionar material emocionalmente evocativo para a indução. Neste caso, o terapeuta deve fazer sugestões.

Referência cruzada com outras técnicas

As técnicas correlatas incluem experiência da emoção como uma onda e observação e descrição das emoções.

Formulário

Formulário 4.8: Registro de Indução de Emoções.

TÉCNICA: EXPERIMENTOS PARA TESTAR OS MITOS EMOCIONAIS

Descrição

Uma das formas mais poderosas de os pacientes desafiarem os mitos emocionais é testá-los empiricamente. Pode-se conduzir experimentos durante a sessão de terapia ou fora dela como tarefa de casa. Antes de conduzir o experimento, é importante que os pacientes identifiquem a hipótese a ser testada e especifiquem o grau de confiança na previsão. Após conduzirem o experimento, eles devem registrar o resultado real e anotar se ele confirma ou refuta a previsão. O terapeuta deve explicar que a tendência a descontar os resultados que contradigam os mitos emocionais serve para manter essas crenças equivocadas. Por essa razão, é importante manter a consciência focada no resultado real do experimento. Por exemplo, um paciente pode ter a crença equivocada de que a tristeza dura indefinidamente. Utilizando a técnica da indução de emoções já descrita, essa crença pode ser testada na sessão.

Questão a ser proposta/intervenção

"Uma forma de avaliar a exatidão das crenças sobre as emoções é testá-las. Frequentemente, temos a tendência a acreditar em algo apesar das evidências contrárias. Isso se deve ao fato de não monitorarmos as evidências que contradizem ou que apoiam a crença. Por exemplo, podemos propor um experimento para testar sua crença de que a tristeza dura indefinidamente. Antes de começarmos o experimento, você precisa especificar o que acha que acontecerá e o quão confiante está em sua previsão. Podemos então criar uma oportunidade de experiência de tristeza na sessão e tomar nota do que exatamente acontece."

Exemplo

Terapeuta: Você disse que preferia não discutir sobre o conflito que está tendo com sua mãe. Por quê?

Paciente: Bem, tenho de ir à aula esta noite e preciso ser capaz de me concentrar.

Terapeuta: Então parece que está prevendo que, se discutirmos o conflito agora, você não conseguirá se concentrar na aula à noite.

Paciente: Exatamente. Não quero falar sobre isso. Vou ficar triste, e isso vai arruinar meu dia, talvez a semana.

Terapeuta: Bem, então faz muito sentido que não queira discutir isso. Se eu acreditasse que a tristeza dura um dia inteiro ou até uma semana, também não iria querer falar de algo que me trouxesse tristeza.

Paciente: Você está dizendo que minha crença está errada?

Terapeuta: Por que não a testamos fazendo um experimento?

Paciente: Como?

Terapeuta: Poderíamos falar sobre a discussão que teve com sua mãe, monitorar quanto tempo a tristeza dura e, então, ver se ela estraga seu dia. Mas, antes de conduzirmos o experimento, preciso que antecipe, em uma escala de 0 a 100, o quão triste você acha que ficará e o quanto confia em sua previsão.

Tarefa

Como dever de casa, pode-se instruir os pacientes a elaborar e conduzir outros experimentos sobre emoções, registrando os resultados.

Possíveis problemas

Os pacientes emocionalmente evitativos podem relutar em conduzir experimentos fora da sessão. Neste caso, o terapeuta deve realizar os experimentos na sessão com mais frequência. Em contrapartida, eles podem relatar que realizaram experimentos, mas que não preencheram o Registro de Experimentos (Formulário 4.9). Neste caso, o terapeuta deve enfatizar a importância de registrar os resultados reais como forma de compensar a tendência a desconsiderar informações que sejam inconsistentes com as crenças.

Referência cruzada com outras técnicas

As técnicas correlatas incluem experiência da emoção como uma onda, assim como observação, descrição e indução de emoções.

Formulário

Formulário 4.9: Registro de Experimentos.

TÉCNICA: AÇÃO OPOSTA

Descrição

Uma das formas mais eficazes de atenuar a intensidade de uma emoção é agir contrariamente às tendências que a acompanham (Izard, 1971). Esse princípio fundamenta o tratamento de fobias com base na exposição, em que os pacientes se aproximam em vez de evitar o objeto temido e, como resultado, o medo se atenua. A facilitação das tendências de ação não associadas à emoção que se encontra perturbada é um componente-chave do tratamento unificado da síndrome de afetos negativos de Barlow. O princípio da ação oposta também foi utilizado por Beck e colaboradores no tratamento da depressão por meio da ativação comportamental. Em vez de ceder ao impulso de se afastar, que acompanha a tristeza e a falta de esperança, os pacientes com depressão são encorajados a se tornar ativos. O princípio da ação oposta foi expandido por Linehan na TCD para tratar uma ampla variedade de emoções, incluindo vergonha e raiva. Na TCD, ensina-se aos pacientes a técnica da ação oposta como estratégia de regulação emocional. Agindo contrariamente ao impulso de ação associado a qualquer emoção, os pacientes podem atenuar sua intensidade, uma vez que ela não se justifica (i.e., não há boa razão para se ter medo). Com proficiência no uso da ação oposta, os pacientes coletam evidências para confrontar as crenças de que as emoções são incontroláveis ou intermináveis.

Questão a ser proposta/intervenção

"Toda emoção é acompanhada pelo impulso de agir ou de fazer algo. Quando ficamos com raiva, temos vontade de atacar. Quando agimos de acordo com esse impulso, mantemos ou fortalecemos a emoção. Todavia, quando agimos de forma oposta ao impulso, reduzimos a intensidade dela. Esta é a técnica da ação oposta. Ela funciona de modo mais efetivo quando a emoção não se justifica, ou seja, não condiz com os fatos em certa situação. Em outras palavras, se um animal é verdadeiramente perigoso, seu medo não vai diminuir quando você se aproximar dele. Uma exceção a esta regra é a raiva. Mesmo estando justificadamente com raiva de alguém, você pode diminuí-la usando a ação oposta."

Exemplo

Terapeuta: Então você diz que se sentiu culpado hoje, depois de fazer uma pergunta na aula. Por que acha que se sentiu culpado?

Paciente: Não sei. Não gosto de gastar o tempo da aula com perguntas idiotas. Senti como se estivesse me impondo. Só o fiz porque minha tarefa era praticar assertividade.

Terapeuta: Mas você não é membro da classe também? Você não tem o direito de fazer perguntas, como qualquer outro estudante?

Paciente: Sei que não faz sentido. Mas me sinto culpado por muitas coisas sem nenhuma razão específica.

Terapeuta: Você se lembra de como discutimos que cada emoção tem um impulso de ação? O que você tem o impulso de fazer, quando se sente culpado?

Paciente: Sair furtivamente. Esconder-me.

Terapeuta: O que acha que acontece com sua culpa quando cede ao impulso de sair furtivamente ou se esconder?

Paciente: Ela aumenta?

Terapeuta: Certo. E ao agir contrariamente a esses impulsos, você pode enfraquecer sua culpa. Em outras palavras, quanto mais fizer perguntas, menos culpado você se sentirá por se intrometer na aula. Está disposto a tentar?

Tarefa

Pode-se pedir aos pacientes que pratiquem a ação oposta durante a semana em relação à emoção discutida e tomem nota das mudanças na sua intensidade, usando o Formulário 4.10 (Ação Oposta).

Possíveis problemas

A resistência a esta intervenção pode derivar da interpretação incorreta da ação oposta como instrução para ser hipócrita ou falso. É importante enfatizar que a ação oposta é uma técnica comportamental que os pacientes podem usar de acordo com seu discernimento para diminuir a intensidade de várias emoções. Mascarar uma emoção e agir de forma oposta às suas tendências são coisas diferentes. Por exemplo, a tarefa de ação oposta contra o medo não é fingir que não se está com medo. Em vez disso, o paciente tem consciência do medo e do impulso para correr, mas toma a decisão deliberada de se aproximar.

Referência cruzada com outras técnicas

As técnicas correlatas incluem explicação do modelo das emoções, prática de atenção plena e meditação.

Formulário

Formulário 4.10: Ação Oposta.

CONCLUSÕES

Mais comportamental que cognitiva em sua abordagem, a TCD também lida com as contribuições cognitivas em relação à desregulação emocional. Em particular, crenças equivocadas sobre as emoções ou mitos emocionais são vistos como contribuintes para o uso de estratégias mal-adaptativas de regulação emocional. Identificar e mudar crenças equivocadas sobre as emoções não é um foco primordial da TCD, mas da TEE, que tem base no modelo metacognitivo da emoção. Tanto a teoria quanto as pesquisas sugerem que as crenças sobre emoções podem ter impacto negativo na regulação emocional. De acordo com isso, para tratar as dificuldades de regulação emocional de forma efetiva, recomenda-se que o terapeuta ajude os pacientes a identificarem crenças equivocadas sobre as emoções e a focarem nelas para modificá-las. Para tanto, a TCD é uma rica fonte de técnicas. Assim como em outros tratamentos baseados na atenção plena (que discutimos em mais detalhades no Capítulo 5), na TCD, desenvolver uma consciência de não julgamento das emoções é uma habilidade fundamental de regulação emocional. A postura de não julgamento da atenção plena contrapõe-se à tendência de avaliar negativamente as emoções. A atenção plena também é uma forma de exposição e pode criar o contexto para o desenvolvimento de associações menos negativas com a experiência das emoções. Contudo, a TCD distingue-se de outros tratamentos baseados na atenção plena e outras formas de terapia cognitivo-comportamental, ao prover uma teoria e um modelo das emoções para os pacientes. Esse forte componente psicoeducativo é considerado indispensável para desafiar efetivamente os mitos emocionais.

5

ATENÇÃO PLENA (*MINDFULNESS*)

A técnica de meditação mais conhecida e utilizada na terapia cognitivo-comportamental (TCC) é amplamente denominada "treinamento de atenção plena". Em virtude de sua efetividade demonstrada de forma empírica em auxiliar os pacientes a lidarem com emoções difíceis (Baer, 2003; Hofmann, Sawyer, Witt e Oh, 2010), o treinamento de atenção plena é de particular interesse para os terapeutas que buscam expandir o escopo da TCC no intuito de melhorar a regulação emocional. A atenção plena está relacionada à terapia do esquema emocional (TEE) como capacidade de atenção fundamental no estabelecimento e na manutenção de uma orientação adaptativa e flexível em relação à experiência emocional. A atenção plena aumenta a aceitação, com uma noção de não julgamento e menos culpa diante das emoções, assim como o reconhecimento de que elas não precisam ser controladas ou suprimidas, e sim toleradas e experimentadas. O treinamento de atenção plena visa fomentar um estado de abertura para experimentar as emoções de forma completa, ficar em contato com o presente e sem apresentar reatividade comportamental intensa. Cada vez mais, abordagens cognitivas e comportamentais conhecidas, tais como a terapia de aceitação e compromisso (ACT) (Hayes et al., 1999), a terapia cognitiva baseada na atenção plena (MBCT; Segal, Williams e Teasdale, 2002), a terapia focada na compaixão (Gilbert, 2009) e a terapia comportamental dialética (TCD) (Linehan, 1993a; veja o Capítulo 4), têm utilizado o treinamento da atenção plena como componente central em seu trabalho de tolerância aos afetos e à regulação emocional.

Onde começou a noção cada vez mais popular de atenção plena? Apesar de práticas meditativas similares existirem pelo menos desde 1.000 a.C., o que denominamos treinamento de atenção plena começou há 2.500 anos, com os métodos do histórico professor que veio a ser conhecido como "o Buda". É interessante notar que o termo "Buda" significa simplesmente "aquele que despertou". De acordo com ele, treinar-se no *Sati* era muito importante. *Sati* era o termo *Pali* (sânscrito arcaico) original, hoje traduzido em inglês como *mindfulness*. *Sati* é um estado mental particular e intencional que mescla atenção focada no presente, consciência aberta e a memória de si mesmo (Kabat-Zinn, 2009; R. Siegel, Germer e Olendzki, 2009). O *Samma-sati* (traduzido para o inglês como *correct mindfulness* e para o português como *atenção plena correta*) é uma das oito ferramentas básicas que formam o cerne do treinamento mental budista, conhecido como o "Caminho dos Oito Passos" (Rahula, 1958). Claramente, o treinamento da atenção plena era um elemento fundamental dos ensinamentos originais de Buda.

Uma vez que as práticas de meditação com atenção plena entraram na corrente principal da TCC, uma definição operacional padrão da atenção plena surgiu. De acordo com Jon Kabat-Zinn, que desenvolveu o método de redução do estresse com base na atenção plena (MBSR, em inglês) (Kabat-Zinn, 1994), esta é definida como "a consciência que emerge ao se prestar atenção propositadamente no presente e, de forma não julgadora, à experiência que se desdobra momento a momento" (p. 4). Esse processo envolve o desenvolvimento de uma forma especial de prestar atenção nas experiências, que é consideravelmente diferente da maneira cotidiana típica de prestar atenção. A atenção plena representa uma observação focada e flexível, momento a momento, do fluxo de pensamentos, sentimentos e sensações corporais que se apresentam em nossa consciência. Da perspectiva de um paciente, observador consciente, passamos a experimentar os pensamentos *como* pensamentos, as emoções *como* emoções e as sensações físicas *como* sensações físicas. Somos convidados a suspender o julgamento dessas experiências e, diligentemente, mas de modo suave, voltar a atenção, uma vez após a outra, ao fluxo de eventos em nossa consciência.

Uma forma de esclarecer a distinção entre a prática da atenção plena e nossa maneira típica de funcionar é contrastar "modo de fazer" com "modo de ser". Quando fazemos nossas atividades típicas, perseguindo metas, tentando efetuar mudanças no meio e correndo atrás de objetivos em nosso mundo, pode-se dizer que agimos no "modo de fazer". Segal e colaboradores (2002) ressaltam que o "modo de fazer" entra em ação quando a mente não está satisfeita com o estado da realidade que encontra. Quando desejamos obter o que não temos ou afastar o que não queremos, nossas mentes entram no "modo de fazer". Um sentimento ou impulso negativo é ativado, e a mente entra em ação, com base nos padrões habituais de pensamento, sentimento e comportamento para atingir o objetivo ou uma mudança de estado. Frequentemente, isso não é um problema. Sentimos sede e, então, buscamos algo para beber. Vemos um obstáculo no caminho e damos a volta.

Às vezes, contudo, a discrepância entre a forma como as coisas são e a forma como gostaríamos que fossem é um pouco mais difícil de apontar. Talvez a ação necessária seja vaga ou impossível. Pode haver uma atitude que possamos tomar, porém, não seja algo que se possa fazer agora. Em tais casos, o "modo de fazer" não serve.

Similarmente, com frequência somos perturbados por sentimentos ou pensamentos. É natural que o "modo de fazer" sugira que devemos agir. Muitas vezes, tal ação equivale a afastar os pensamentos e tentar evitar certas experiências. Conforme veremos, muitos pesquisadores sugeriram que as tentativas de tratar as experiências pessoais internas dessa forma podem levar a mais sofrimento (Hayes et al., 2001). Quando tentamos suprimir sentimentos, pensamentos e eventos mentais, eles com frequência se intensificam e se apresentam mais repetidamente na consciência (Wegner, Schneider, Carter e White, 1987). De fato, as características do "modo de fazer" costumam ser falta de satisfação, monitoramento compulsivo da própria situação, pressa, autocrítica e esforços fúteis para mudar o que não pode ser mudado. Quando aplicamos o "modo de fazer" às emoções, podemos lutar para nos livrar dos sentimentos desagradáveis, mas simplesmente criamos uma onda crescente de sofrimento que aumenta de tamanho e intensidade em proporção semelhante à força e à persistência da luta.

O modo de prestar atenção envolvido na atenção plena é chamado de "modo de ser". Nesse estado, não focamos a busca de metas ou objetos no mundo dos fenômenos. Ao praticar a atenção plena, simplesmente observamos o fluxo da consciência, sem julgar, descrever ou avaliar. Assim, podemos ter um contato profundo com nossa existência presente. Diz-se que experimentar a atenção plena consiste no aumento da atenção, da clareza de percepção e do espírito de disposição para aceitar a realidade presente da forma como ela é. Cultivando essa perspectiva, podemos vivenciar mais plenamente a riqueza do que significa estar vivo.

O mestre contemporâneo de meditação tibetana Yongyey Mingyur Rinpoche (2007) descreveu a atenção plena como "a chave e o *como* da prática budista que consiste em apenas aprender a repousar na simples consciência dos pensamentos, sentimentos e percepções à medida que ocorrem" (p. 24). O desenvolvimento da atenção plena cultiva o modo intencional de atenção que envolve a paradoxal desidentificação dos conteúdos da mente consciente enquanto se permite delicadamente uma experiência plena e não julgadora do momento atual (Segal et al., 2002).

Vários estudiosos já compararam o estado mental típico a um modo sonâmbulo de existência. As formações mentais, as projeções de experiências passadas, as expectativas generalizadas de relacionamentos e as lembranças emocionais que cultivamos moldam e afetam nossa experiência individual da realidade, de forma a traçar uma experiência quimérica e distorcida do ato de ser. Conforme indicamos, a raiz linguística da palavra "buda" (um ser plenamente iluminado) significa "aquele que despertou". Portanto, o ideal psicoespiritual que dominou o pensamento oriental por milênios simplesmente representa um despertar do sonho doloroso de experimentar a vida sob o véu de cognições e padrões de memória emocional literais e disfuncionais (Gilbert e Tirch, 2007). Vários estudos demonstraram os benefícios do treinamento da atenção plena, inclusive no tratamento de recaídas da depressão, dos transtornos de ansiedade, da dor crônica, da forma de lidar com doenças e de muitos outros problemas psicológicos (Baer, 2003). Pesquisas recentes sobre a neurobiologia da atenção plena sugerem que o treinamento pode melhorar o funcionamento do processamento emocional, intensificando a tradução direta das sensações corporais em emoções, sem relacionar excessivamente as emoções com memórias narrativas. Esse processo parece envolver um potencial aumento de função da ínsula e do córtex cingulado anterior (Farb et al., 2007).

As técnicas descritas neste capítulo foram selecionadas por suas relativa simplicidade e relevância para lidar com as emoções. Primeiro, elas são empregadas como práticas básicas em vários modos de treinamento de atenção plena. Segundo, são relativamente simples de ensinar e aprender no contexto atual da TCC, desde que haja compromisso e consistência por parte do terapeuta e do paciente. Por fim, todas elas estão relacionadas diretamente com o cultivo de melhores capacidades de regulação emocional.

TÉCNICA: ESCANEAMENTO CORPORAL

Descrição

Esta técnica é frequentemente chamada de "escaneamento corporal", conforme foi denominada no treinamento de MBSR (Kabat-Zinn, 1990). Variações desta prática podem ser encontradas em ioga, no qual é chamada de *yoga nidra*. Além disso, outros exemplos podem ser encontrados nos exercícios de tradições espirituais mundiais, incluindo sufismo, cristianismo esotérico e judaísmo. A técnica consiste em direcionar a consciência atenta e de forma não julgadora ao longo do corpo em um ritmo gradual e deliberado. O praticante dirige a atenção a uma parte do corpo de cada vez, trazendo simplesmente a atenção às sensações físicas do momento. Não há esforço para alcançar um estado de relaxamento ou, de fato, nenhuma alteração de estado.

Emoções poderosas com frequência se manifestam na forma de sensações físicas. Ensinar os pacientes a serem capazes de simplesmente observar as sensações físicas de forma descentralizada pode trazer alguma flexibilidade e influência na regulação final das emoções. Muitos mitos relativos aos esquemas emocionais e de fusão com a emoção que os pacientes apresentam podem levar a tentativas de evitar o processamento emocional ou a uma dependência excessiva da racionalidade. Entrando em contato com as sensações corporais e experimentando-as plenamente, os pacientes tomam os primeiros passos em direção a um modo mais completo e abrangente de processamento emocional (Segal et al., 2002).

Questão a ser proposta/intervenção

Este exercício pode ser ensinado no formato individual ou em grupo. Após os pacientes terem aprendido este método, pode-se sugerir que pratiquem o exercício de escaneamento corporal diariamente. Como auxílio, pode-se dar a eles um arquivo de áudio, contendo meditação guiada, e um formulário de registro, que lhes permite monitorar com que frequência praticam a tarefa de casa e quais são suas observações sobre o processo.

Para guiar os pacientes no treinamento da atenção plena, o terapeuta deve primeiramente fazer algumas considerações quanto à logística. O espaço físico é adequado para permitir que os pacientes se deitem em um colchonete de ioga? O assento disponível permite sentar-se em uma posição saudável? Mantendo sua própria prática de atenção plena no consultório, o terapeuta pode ter a noção do quão apropriado é o ambiente para tal treinamento. Além disso, o terapeuta pode considerar quanto tempo tem para dedicar ao treinamento da atenção plena em determinada sessão. Na fase do estabelecimento da agenda de uma sessão de TCC que incorpore atenção plena, é muitas vezes útil discutir e planejar com os pacientes quanto tempo da sessão será dedicado à prática guiada, deixando tempo para discussão e questionamentos sobre a experiência.

Após os pacientes realizarem o primeiro exercício de escaneamento corporal, sugere-se frequentemente que compartilhem suas observações a respeito da experiência. É importante que o terapeuta faça perguntas não restritas sobre essas observações e evite a tendência de sugerir que os pacientes discutam o exercício em termos de avaliação. O terapeuta pode simplesmente perguntar: "Como foi para você?" ou "Que observações você gostaria de compartilhar sobre este primeiro exercício?".

O terapeuta e os pacientes devem definir uma meta clara para a prática guiada. Em geral, uma prática diária de escaneamento corporal de 30 a 45 minutos é útil como treinamento inicial da atenção plena. Pode-se dar aos pacientes um exercício guiado em CD de áudio ou arquivo em formato mp3.

Para que haja adesão à tarefa de casa, solicita-se que os pacientes preencham um formulário de automonitoramento. Eles registram diariamente se praticaram ou não o escaneamento corporal e se usaram ou não a gravação-guia, bem como tomam notas das observações diárias relativas à prática da atenção plena.

Exemplo[1]

As seções em *itálico*, neste e em outros exemplos do livro, destinam-se a servir como roteiro inicial. Recomenda-se que o clínico siga a estrutura, mas que fale com base em sua própria experiência, usando suas próprias palavras.

Este exercício costuma ser feito com a pessoa deitada ou sentada com a coluna reta, mas flexível. É provavelmente melhor encontrar um espaço confortável e deitar-se em um colchonete de ioga, tapete ou cobertor. O ambiente deve estar em temperatura confortável, em local e horário livres de distrações ou interrupções. Ao começar, deixe os olhos fechados e quietos. Traga sua atenção suavemente para as sensações físicas que você está experimentando no momento, trazendo-a para a presença de vida no corpo. Por um momento, dirija a atenção aos sons da sala. Em seguida, amplie a experiência sensorial, incluindo os sons que estão logo além da sala. Então, observe os sons mais distantes. Com a próxima inspiração, traga a atenção de volta ao corpo e à respiração. Observe seu fluxo, à medida que o ar entra e sai do seu corpo. Não há necessidade de se respirar de nenhuma forma especial; permita simplesmente que a respiração encontre o seu próprio ritmo. Ao inspirar, perceba as sensações físicas envolvidas. Ao soltar o ar, permita que sua atenção flua com a expiração. Cada inspiração consiste em reunir e concentrar a atenção, e cada expiração consiste no processo de abrir mão da atenção. Neste ponto, direcione delicadamente a atenção às sensações físicas em seu corpo. A cada inspiração, deixe que sua atenção concentre-se nos pontos de contato do corpo com o colchonete, com a cadeira ou com a almofada que o sustenta. Ao expirar, perceba a sensação de peso na qual o corpo está apoiado. Não há necessidade de almejar nenhum estado especial durante este exercício. Não há necessidade de lutar para relaxar ou "fazer" coisa alguma. Seu objetivo neste trabalho é simplesmente observar o que experimenta, momento a momento. Sem julgar, analisar ou descrever sua experiência, você agora começará a direcionar a atenção para diferentes partes do corpo. Ao prestar atenção nas sensações físicas, interrompa as avaliações e apenas implemente a "simples atenção" no que quer que esteja observando. Com a próxima inspiração, mova a atenção para as sensações físicas no abdome. Perceba as várias sensações que acompanham cada inspiração e cada expiração. Após permanecer com esta experiência por alguns segundos, traga a atenção para acima do abdome e ao longo do braço esquerdo até a mão. Deixe a atenção espalhar-se, como um calor sendo irradiado pelo braço, sempre notando a presença de vida. Observe simplesmente as sensações na mão. A cada inspiração, imagine a respiração fluindo para o peito e o abdome, irradiando-se pelo braço esquerdo até a mão. Sua atenção deve acompanhar a inspiração, como se estivesse "inalando" a consciência das sensações físicas presentes na sua mão. Sem mudar nada intencionalmente no estado da mão, inspire as sensações em cada parte dela por vários segundos. Com cada expiração, deixe-se livrar dessa consciência. Ao fazê-lo, perceba o polegar..., o indicador..., o dedo médio..., o anular... e o mínimo. Em seguida, inspire a consciência conjunta das sensações no dorso da mão... na palma... e na

[1] As diretrizes a seguir são adaptadas a partir de várias fontes, principalmente as meditações guiadas de Jon Kabat-Zinn (1990). Algumas ideias e frases também são adaptadas dos escritos de Thich Nat Hanh (1992) e outras fontes clínicas de meditação.

mão como um todo. Ao sentir que concluiu a observação das sensações na mão esquerda, deixe a atenção irradiar-se de volta pelo braço esquerdo, percebendo a presença de vida no antebraço, bíceps, tríceps e em todo o braço. Com a próxima inspiração, deixe novamente que sua atenção se concentre no abdome. Em seguida, traga a atenção para as sensações do braço e da mão direitos, da mesma forma como fez com o lado esquerdo. Em ritmo confortável e com uma atitude de curiosidade suave e não julgadora, preste atenção em cada uma das áreas do seu corpo, uma de cada vez, inspirando as sensações em cada pé (e em cada dedo dos pés), cada tornozelo, canela e panturrilha, região pélvica, região lombar e abdome, região dorsal e ombros, pescoço e o ponto de contato entre a cabeça e a coluna, músculos da face, testa e couro cabeludo. Faça-o vagarosamente e execute o exercício com o espírito de um cliente, aceitando a curiosidade. Ao observar desconforto ou tensão em qualquer parte do corpo, permita-se novamente inspirar as sensações. Tanto quanto puder, tente manter cada sensação, observando-a, simplesmente, ficando com ela momento a momento. É da natureza da mente divagar, e isto é a coisa mais natural que nossa mente pode fazer. À medida que se envolve nessa prática, ao notar que sua mente desviou o foco das sensações físicas, aceite que isso aconteceu, abra espaço para a experiência em sua consciência e, gentilmente, traga a atenção de volta às sensações físicas com a inspiração. Após algum tempo nesta prática, tendo trazido uma consciência atenta ao corpo durante vários minutos (este exrcício pode durar de 15 a 45 minutos ou mais), deixe que a respiração e atenção retornem suavemente às sensações físicas no abdome. Agora, com a próxima inspiração, preste atenção nos sons que o rodeiam na sala. Em seguida, leve sua atenção para os sons fora dela. Depois, foque sua atenção suavemente nos sons ainda mais distantes. Dando-se alguns momentos para reunir atenção e orientação de volta a sua presença no colchonete, você pode abrir os olhos e retomar as atividades diárias.

Tarefa

Os pacientes podem praticar o exercício de escaneamento corporal diariamente. Um exercício gravado de mais ou menos 30 minutos deve ser suficiente para guiar os pacientes no início deste trabalho. É útil fornecer-lhes um diário (Formulário 5.1), para que possam monitorar e estruturar melhor a prática.

Possíveis problemas

O treinamento da atenção plena apresenta diferentes desafios e possíveis problemas para cada pessoa. Ao examinarmos a variedade de técnicas disponíveis, vários desses possíveis problemas podem se aplicar a mais de uma delas.

Apesar de os pacientes poderem intelectualmente absorver a noção de consciência não julgadora, eles com frequência ficam presos a seus julgamentos durante a prática do treinamento da atenção plena. Isso é esperado e faz parte do processo contínuo de retornar a uma postura de aceitação. As perguntas feitas pelo terapeuta, ao compartilhar observações com os pacientes, têm o propósito de facilitar o desenvolvimento de uma atitude de boa vontade. Isso pode ser o ponto de partida para muitos terapeutas cognitivo-comportamentais que usam o diálogo na terapia para facilitar a reestruturação cognitiva.

À medida que os pacientes começam a discutir se fizeram o exercício "certo" ou "errado", é papel do terapeuta ajudá-los a ver além desses julgamentos e discernimentos. O diálogo terapêutico pode consistir em o terapeuta escutar as avaliações do paciente sobre a experiência e, então, trazer sua atenção de volta ao objetivo final de permitir que a experiência seja simplesmente o que é, e que ele se acomode a ela. Pode ser útil, em tais ocasiões, retornar ao contraste entre os modos "de fazer" e "de ser". Os pensamentos podem ser vistos como objetos em um fluxo de consciência dissociado pelo processo de observar ou experimentar as sensações físicas do momento.

Os pacientes, muitas vezes, adormecem durante o exercício de escaneamento corporal em razão do profundo relaxamento que frequentemente o acompanha. É importante que o terapeuta informe que essa reação é normal e lembre aos pacientes que, com a prática, o escaneamento corporal se torna muito mais um exercício de despertar do que de adormecer. Os pacientes que tiverem dificuldade especial de permanecer acordados durante a prática podem optar por fazê-lo sentados e/ou com os olhos abertos.

Referência cruzada com outras técnicas

Outras técnicas que podem ser usadas em conjunto com o escaneamento corporal incluem respiração com atenção plena, atenção plena e consciente do movimento, exercício de criação de espaço, atenção plena ao som, espaço de 3 minutos para a respiração, espaço de 3 minutos para manejo da respiração e atenção plena ao cozinhar, todas elas discutidas neste capítulo, assim como o preenchimento do Registro de Pensamentos Emocionalmente Inteligentes (Formulário 8.2) e o Registro de "Como Parar a Guerra" (Formulário 6.4).

Formulário

Formulário 5.1: Registro Diário da Prática da Atenção Plena.

TÉCNICA: ATENÇÃO PLENA RESPIRATÓRIA

Descrição

A consciência da respiração como foco de atenção é fundamental na maioria dos métodos de meditação em todo o mundo. Isso é particularmente verdade no treinamento da atenção plena. Não obstante, a forma como os pacientes mantêm a atenção no exercício da atenção plena respiratória é bastante diferente daquela de muitos métodos de relaxamento e meditação. Em geral, quando nos é solicitado que focalizemos nossa atenção, podemos reagir com uma consciência intensa e unifocal mantida por pouco tempo. Alguns métodos de meditação, como a meditação de concentração, buscam criar um foco como o raio *laser* em um único objeto. A atenção plena é um pouco diferente. Durante o exercício da atenção plena respiratória, os pacientes usam a respiração como "âncora" para a consciência. Ainda assim, a atenção continua "levemente ligada" na respiração.

Ensina-se aos pacientes que utilizem o exercício da atenção plena respiratória como ferramenta de desenvolvimento de uma nova perspectiva dos pensamentos e sentimentos. Quando esse exercício é implementado, os pacientes já devem ter aprendido a definição da atenção plena e o objetivo de observar e tirar o foco dos conteúdos da consciência. O escaneamento corporal serve como excelente introdução para esses pontos, e não é incomum que os pacientes já tenham vivenciado a atenção plena diretamente durante a prática do exercício de escaneamento corporal antes de começarem a prática da atenção plena respiratória.

Questão a ser proposta/intervenção

O terapeuta que treina pacientes na atenção plena respiratória normalmente o faz conduzindo uma meditação guiada durante a sessão. Com frequência, isso acontece em reunião de grupo. A modalidade grupal de treinamento é encontrada na MBCT, MBSR e em outras formas de treinamento da atenção plena. O exercício guiado pode também ter lugar na sessão individual de terapia. Como no caso do escaneamento corporal, ao conduzir o exercício guiado da atenção plena respiratória, o terapeuta não apenas guia os passos da prática como também participa dela. Este é um aspecto muito importante. Sugere-se que o terapeuta familiarize-se com o exercício e então conduza a meditação de memória, em lugar de ler uma descrição mecânica da técnica a partir de uma ou de outra fonte. Assim, o terapeuta modela a participação plena no presente e incorpora uma perspectiva consciente da melhor forma possível.

O terapeuta pode empregar a escuta reflexiva e afirmações que validem o paciente, em vez de adotar o estilo didático de instrução. Ele, na verdade, usa o período de investigação e discussão para encorajar a adoção por parte dos pacientes de uma curiosidade gentil e de aceitação diante da natureza de sua experiência. São exemplos de perguntas: "O que você percebeu durante a prática?", "De que forma esta maneira de prestar atenção difere do modo cotidiano?"e "O que esta prática de prestar atenção na respiração tem a ver com o ato de lidar com emoções difíceis?" O coração deste exercício reside em deixar acontecer o que quer que aconteça no momento, sem nenhum julgamento interventor, análise ou tentativas de distorcer ou modificar a experiência. Assim, é importante que as observações, discussões e perguntas dos pacientes nesta área sejam acolhidas, aceitas, ponderadas e validadas, em vez de submetidas a uma análise racional.

Exemplo[2]

As diretrizes a seguir servirão como guia ao longo do experimento.

Encontre um local confortável e silencioso, relativamente livre de distrações ou interrupções. Esta é uma meditação realizada de preferência em posição sentada. Você pode escolher sentar-se em uma cadeira com recosto vertical, com as pernas descruzadas, em uma almofada de meditação ou mesmo sobre travesseiros. Se você não estiver usando uma cadeira, e se tem familiaridade com as posturas usadas na meditação sentada, pode usar uma delas. Se estas posturas não lhe forem familiares, não há problema; você pode simplesmente sentar-se com as pernas cruzadas sobre uma almofada ou travesseiro. A meta principal aqui é manter as costas em postura ereta, mas relaxada. Isso permitirá que respire profunda e plenamente até o fundo dos pulmões. Para tanto, é uma boa ideia manter os joelhos abaixo do nível dos quadris, de forma que tenha menor propensão a inclinar-se ou cair para a frente. Pode levar algum tem-

[2] As diretrizes a seguir são adaptadas de várias fontes, em especial as meditações guiadas de Jon Kabat-Zinn (1990). Algumas das ideias e frases também são adaptadas dos escritos de Thich Nat Hahn (1992) e outras fontes clínicas de meditação.

po até você se acostumar, já que não estamos habituados a nos sentar com uma postura ereta e autônoma, mas, provavelmente, isso se tornará natural com um pouco de prática. Você pode imaginar sua coluna como uma pilha de fichas de pôquer ou imaginar um fio fino puxando suavemente o topo de sua cabeça para uma postura nobre, com o pescoço relativamente livre de tensões. É bom manter os pés no chão, ao sentar-se na cadeira. Se você estiver sobre uma almofada, deixe os joelhos repousando no chão. Assim, você se sentirá mais firme e conectado com o apoio. Ao começar, deixe os olhos fechados. Agora, direcione suavemente sua atenção aos sons na sala, em torno de você. Se estiver calmo, ou mesmo silencioso, simplesmente perceba a ausência de som, sentindo o espaço ao redor. Quando estiver pronto, após vários segundos, traga a atenção para os sons fora da sala. Em seguida, dirija a atenção aos sons ainda mais distantes. Em sua próxima inspiração, traga a atenção para as sensações físicas que experimenta simplesmente ao manter-se sentado nesta postura relaxada. Assim como no exercício da atenção plena do corpo, concentre a atenção na inspiração, observando as sensações que surgirem em sua consciência. Ao expirar, permita-se simplesmente livrar-se dessa consciência, à medida que o ar deixa o corpo. Leve a atenção para a presença de vida no baixo ventre. Perceba as sensações existentes conforme você prossegue em seu padrão de inspiração e expiração. Sinta as sensações dos músculos abdominais, enquanto estes se expandem e se contraem com o ritmo da respiração. Não há nenhum ritmo ou método especial para respirar. Deixe que a respiração encontre o seu próprio ritmo, essencialmente permitindo que ela "aja sozinha". Com a consciência relaxada, mas atenta, perceba as mudanças de sensação à medida que o ciclo respiratório continua. Ao fazê-lo, permaneça consciente de que não há necessidade de modificar a experiência de forma alguma. Similarmente, não queremos criar nenhum estado especial de relaxamento ou transcendência. É preciso simplesmente permitir-se estar de fato nesta experiência, nesse nível fundamental, com uma atitude de disposição e suspensão de julgamento, momento a momento. Com o tempo, a mente vai divagar. Quando isso ocorrer, lembre-se que essa é sua natureza e que isso é realmente uma parte da prática da atenção plena. O exercício da atenção plena respiratória envolve um ciclo de retorno suave da atenção à respiração, e não é uma experiência contra a qual devemos lutar de forma alguma. Quando pensamentos, imagens, emoções ou lembranças surgirem, simplesmente permitimos que fiquem onde estão, dando-lhes espaço em nossa consciência. Não há necessidade de afugentar os eventos mentais ou aderir a eles. Quando percebemos que nossa mente divagou, apenas deixamos que a atenção retorne suavemente ao fluxo da respiração. Durante todo o processo, adotamos intencionalmente uma perspectiva terna e compassiva diante do fluxo de eventos em nossa consciência. Como um observador imparcial e plenamente resignado, trazemos esta qualidade de assistir de forma gentil e condescendente ao fluxo de atividade da mente. De tempos em tempos, pode ser útil fixar-se no presente, sentindo as sensações físicas experimentadas. Ao fazê-lo, você pode se conectar com as sensações dos pés ou joelhos no chão, das nádegas na cadeira ou almofada, da coluna ereta e apoiada e do fluxo respiratório para dentro e para fora do corpo. Você pode continuar esta prática por cerca de 20 minutos. Para terminar o exercício, é possível trazer novamente a atenção para os sons em torno de você na sala, aos sons que estão fora da sala e aos que estão ainda mais distantes. Quando estiver pronto, abra os olhos, levante-se suavemente e continue com suas atividades diárias.

Tarefa

O exercício da atenção plena respiratória pode ser proposto como tarefa para a prática diária. Tendo aprendido a forma e estrutura do exercício na sessão, os pacientes têm condições de usar um guia gravado para ajudá-los a praticar sozinhos. Após algum tempo, eles podem escolher não usar a gravação e praticar em silêncio. Entretanto, é recomendável que comecem usando a gravação.

Possíveis problemas

Os pacientes podem queixar-se de emoções difíceis durante a prática diária e que as técnicas da atenção plena "não funcionaram". Isso revela a diferença entre uma abordagem baseada na atenção plena e outra mais focada na remissão e no controle dos sintomas. Durante a prática da atenção plena, o objetivo do paciente é experimentar plenamente o que quer que se desenrole em sua mente, momento a momento, em um espírito de boa vontade, curiosidade e abertura. Isso é muito diferente de desejar afastar experiências desconfortáveis ou tentar controlar o aumento e a diminuição das próprias emoções.

Quando o paciente vem a uma sessão com a preocupação de que a atenção plena "não está funcionando" em virtude da presença de emoções desafiadoras, o terapeuta pode começar validando a experiência emocional do paciente. No espírito de empatia e não julgamento, o terapeuta pode usar uma investigação sutil para explorar os pressupostos do paciente sobre como deve ser a atenção plena quando "funciona" e quando "não funciona". O paciente pode aprender ativamente que as tentativas de controlar e suprimir a experiência emocional podem na verdade estar ampliando e perpetuando o sofrimento psicológico. Neste caso, o terapeuta pode responder empregando tanto psicoeducação quando escuta reflexiva. A escuta reflexiva consiste em parafrasear e validar o que quer que tenha sido a experiência da prática da atenção plena pelo paciente. A psicoeducação consiste em o terapeuta explicar a importância da boa vontade e da simples observação na atenção plena e em remover a ênfase do ato direto de modificar os pensamentos e os sentimentos durante a prática.

Referência cruzada com outras técnicas

O exercício da atenção plena respiratória se relaciona às seguintes práticas: escaneamento corporal, movimento com atenção plena, exercício de abertura de espaço, atenção plena do som, espaço respiratório de 3 minutos, espaço de 3 minutos para o manejo da respiração e atenção plena na cozinha, bem como ao preenchimento do Registro de Pensamentos Emocionalmente Inteligentes e do Registro "Como Parar a Guerra".

Formulário

Formulário 5.1: Registro Diário da Prática da Atenção Plena.

TÉCNICA: AMPLIAÇÃO DE ESPAÇO – EXERCÍCIO DE ACEITAÇÃO CONSCIENTE DOS PENSAMENTOS E EMOÇÕES

Descrição

O exercício de ampliação de espaço é feito para ajudar os pacientes a passarem do foco na respiração ou no corpo para a consciência e aceitação direta da experiência interior. Durante este exercício, os pacientes são estimulados a manter um controle mais brando do direcionamento da consciência, porém, permanecendo claramente atentos à consciência em si. Esse aspecto da atenção plena foi denominado "consciência sem escolha" (Segal et al., 2002) ou "mera atenção" (Thera, 2003). Ao praticá-la, o que quer que surja no fluxo da consciência pode receber atenção plena, como a respiração ou as sensações corporais. Assim, os pacientes "abrem espaço" para a experiência.

É importante lembrar aos pacientes que o escopo desta prática não é "afugentar" os sentimentos e pensamentos "ruins". Em vez disso, é uma oportunidade de reconhecer que, apesar de não termos escolha quanto ao que chega a nossa consciência, temos a chance de escolher como prestamos atenção. Além do mais, temos a capacidade de escolher onde colocamos a atenção. Talvez possamos até colocá-la no próprio ato de prestar atenção. Ao fazê-lo, o exercício de ampliação de espaço pretende colocar os pacientes em contato mais próximo com a atenção como processo vivo e dinâmico.

Questão a ser proposta/intervenção

Engajar-se nesta prática permite que o indivíduo pergunte: "Posso simplesmente me sentar com a experiência e adotar uma postura de receptividade, boa vontade e simples observação?". Ao ensinar essa prática, convidamos os pacientes a aprenderem como ser "melhores" na capacidade de acesso aos sentimentos e pensamentos, em vez de afastarem-se do negativo para "se sentirem melhor". De certa forma, o simples ato de estar disposto e com a atenção aberta é a cristalização da disposição.

Recomenda-se que o terapeuta sugira aos pacientes que tenham uma atitude compassiva, terna e não julgadora em relação à qualidade da experiência e ao olhar para si mesmos durante o exercício. Isso pode ser modelado e transmitido por meio do tom de voz e da conduta que o terapeuta manifesta durante as sessões de instrução que formam a fundamentação das práticas subsequentes do paciente. Se o terapeuta é capaz de conscientemente permanecer com sua experiência, ele tem muito mais chance de ajudar o paciente a ter sucesso.

Após uma sessão inicial de instrução e prática com o terapeuta, o paciente pode praticar o exercício por determinado período em casa, dedicando-lhe em torno de 20 ou 30 minutos por dia. O terapeuta e o paciente podem chegar a um consenso quanto à duração exata do período que deve ser dedicado à meditação de ampliação de espaço. Isso deve ser determinado antecipadamente, e devem ficar claros para o paciente a duração de cada sessão, o curso de seu envolvimento com o exercício e onde e quando ele planeja praticar. Apesar de poder ser utilizado um áudio de meditação guiada, com o tempo, o paciente pode optar por deixar de ouvi-la e começar apenas "a sentar" com sua consciência. Assim, o paciente está seguindo mais fielmente a tradicional prática meditativa budista *shikan-taza* ("simplesmente sentado"). Mais importante, ao estar em silêncio e com a própria consciência, o paciente entra em contato mais íntimo com seu campo de consciência sem escolha, que é o objetivo final deste exercício.

Exemplo

Assim como no caso do exercício da atenção plena respiratória, esta prática normalmente é feita em posição sentada. As instruções iniciais seguem a mesma direção do exercício da atenção plena respiratória.

Como você pode ver, a prática da atenção plena respiratória pode se tornar o alicerce para o cultivo da atenção plena em outros exercícios e ao longo do dia. Ao começar, você pode escolher ficar sentado sobre uma cadeira de encosto reto e com as pernas descruzadas, em uma almofada de meditação ou mesmo sobre travesseiros. Se não estiver usando uma cadeira, e caso esteja familiarizado com as posturas envolvidas na meditação sentada, você pode usar uma delas. Se tais posturas não lhe forem familiares, não há problema: sente-se simplesmente "à maneira indiana", sobre uma almofada ou um travesseiro. A meta principal é manter as costas em postura ereta, mas relaxada. Isso permitirá que você inspire profunda e plenamente até o fundo dos pulmões. Para tanto, é uma boa ideia manter os joelhos abaixo do nível dos quadris, para diminuir a probabilidade de se inclinar ou cair para a frente. Pode levar algum tempo até você se acostumar, já que não estamos habituados a nos sentar sempre com uma postura ereta e autônoma, mas é provável que pareça razoavelmente natural com apenas um pouco de prática. Você pode imaginar sua coluna como uma pilha de fichas de pôquer ou visualizar um fio fino puxando suavemente o topo de sua cabeça até uma postura nobre, com o pescoço relativamente livre de tensões. É recomendável manter os pés no chão, ao se sentar na cadeira. Caso esteja sobre uma almofada, deixe que os joelhos repousem no chão. Assim, você se sentirá com mais base e conectado ao apoio. Ao começar, deixe os olhos fechados. Agora, direcione gentilmente a atenção aos sons da sala. Caso esteja tranquilo, ou mesmo silencioso, simplesmente note a ausência de som, sentindo o espaço ao seu redor. Quando estiver pronto, após vários segundos, preste atenção nos sons fora da sala. Em seguida, direcione-a para os sons ainda mais distantes. Na próxima inspiração, deixe que sua atenção se concentre suavemente nas sensações físicas. Observe o movimento da respiração no corpo, notando as sensações físicas que acompanham o fluxo da respiração circulando por você. É possível também trazer a atenção aos locais de contato com o seu apoio, sentindo os pés no chão, os glúteos na cadeira e as costas retas e apoiadas. Quando estiver pronto, traga a consciência para o movimento da respiração no abdome. Observe as sensações no abdome, permitindo que sua atenção fique concentrada e acumulada na inspiração e deixando dissipar a consciência de sensações específicas ao expirar. Deixe que a respiração flua em seu próprio ritmo. Além disso, permita-se estar nessa consciência, permanecendo em estado de simples observação, suspendendo julgamentos, avaliações ou mesmo descrições. Conforme experimentamos em práticas anteriores, é da natureza da mente divagar e afastar-se da respiração. Ao notarmos o desvio de atenção, podemos até nos parabenizar por termos tido um momento de autoconsciência e, calmamente, retornar a atenção ao fluxo respiratório. Com que frequência nos permitimos ficar imersos nesta contemplação? O quão fácil é identificar-se com essa corrente de imagens mentais, pensamentos e emoções? Por um momento, você percebeu estes eventos mentais como eles são: objetos na corrente de consciência. Ao fazê-lo, traga delicadamente sua consciência de volta para as sensações da respiração no abdome. Após permanecer nesta prática por alguns minutos, volte a focar a atenção nos objetos em sua mente. À medida que cada novo pensamento ou imagem entra nela, simplesmente perceba e observe. Pode até ser bom dar um nome simples a cada evento mental que surgir e desaparecer. Por exemplo, você pode dizer a si mesmo: "Julgamento, estou julgando" ou "Sonho acordado, isso foi um sonho acordado". À medida que tais pensamentos fluem pela consciência, traga a atenção compassiva e não julgadora para cada um desses eventos mentais. Podemos permitir, aceitar e ter boa vontade em permanecer com cada uma dessas ocorrências mentais? Deixe-se simplesmente "abrir espaço" no amplo campo da sua experiência presente para todo pensamento, emoção ou imagem. De tempos em tempos, ideias angustiantes ou incômodas podem surgir. Permita-se apenas permanecer com tais experiências. Ao inspirar, deixe que sua consciência concentre-se na experiência, abrindo espaço para o que surgir. Ao expirar, abra mão da consciência. Preste muita atenção à forma como os pensamentos emergem, intensificam-se e acabam desaparecendo da consciência. Nenhum pensamento é permanente. Não pensamos a mesma coisa que pensamos há uma década, um ano, uma semana ou mesmo há alguns momentos. O fluxo de eventos mentais continua. Permita-se ser um observador dessa corrente, direcionando sua atenção à própria mente.

De tempos em tempos, pode ser útil conectar-se com o presente, sentindo as sensações físicas que você está experimentando. Ao fazê-lo, conecte-se com as sensações dos pés ou joelhos no chão, as nádegas na cadeira ou almofada, sua coluna ereta e apoiada, e o fluxo da respiração entrando e saindo do corpo. Você pode continuar esta prática por cerca de 20 minutos. Para concluir o exercício, você pode novamente trazer sua atenção aos sons em sua volta na sala, aos sons que estão do lado de fora e àqueles que estão ainda mais distantes. Quando estiver pronto, abra os olhos, levante-se suavemente e continue suas atividades diárias.

Tarefa

Este é um exercício que alguns praticantes da meditação budista fazem por períodos extensos de tempo. De fato, muitas práticas de atenção plena apresentadas neste texto e em outras fontes de literatura da TCC de terceira geração são, na verdade, disciplinas que podem ser seguidas ao longo de toda a vida. Contudo, aplicar técnicas a transtornos psicológicos específicos como a regulação emocional não pressupõe um compromisso de vida inteira com a prática meditativa. O emprego de uma técnica de atenção plena mais avançada, como o exercício de ampliação de espaço, pode ser empreendido por um breve período (como 2 a 3 semanas). Durante esse tempo, o terapeuta e o paciente podem, a cada semana, verificar e revisar observações, comentários e obstáculos que se apresentaram no período da prática. Conforme o paciente progride na terapia e no treinamento da atenção plena, é possível que alguns exercícios pareçam adequados ao desenvolvimento de uma prática de longo prazo. Isso não é obrigatório, mas pode ocorrer.

Assim como no escaneamento corporal, um diário também é incluído para que os pacientes monitorem o cumprimento da tarefa, as observações e as perguntas.

Possíveis problemas

O primeiro e mais óbvio problema na aplicação do exercício de ampliação de espaço é o que pode ser considerado uma faca de dois gumes. Apesar de a atenção plena parecer concreta e simples, também pode aparentar ser abstrata e complexa, a depender da forma como é apresentada. É importante lembrar que o treinamento da atenção plena é menos informativo e mais experiencial.

Quando os pacientes passam da observação de sensações físicas, que são explícitas e sentidas, para o acompanhamento da respiração, há um salto na sutileza da atenção e da abertura que eles buscam. Ao fazerem o próximo salto de acompanhamento da respiração para intencionalmente observar de forma receptiva os próprios pensamentos e sentimentos, porém, correm o risco de embaraçar-se com pensamentos abstratos ou distrair-se. Talvez esses dois obstáculos sejam, na verdade, dois companheiros inevitáveis na viagem rumo ao relacionamento mais sadio com as emoções. O terapeuta pode ajudar os pacientes a retornarem à simplicidade do ato de, suavemente, abrir espaço para o que quer que chegue à consciência. Em vez de explicar demasiadamente, recomenda-se que o terapeuta use perguntas reflexivas e afirmações validadoras para guiar os pacientes, enquanto eles se envolvem mais profundamente no processo de investigação e curiosidade compassiva que acompanha os aprendizes no caminho do cultivo da atenção plena. Por exemplo, o terapeuta pode dizer: "Parece que você está começando a ficar emaranhado em alguns pensamentos e sentimentos durante o exercício. Assim como nos exercícios anteriores, quando perceber que isso está acontecendo, tome um tempo e dê-se o crédito por ter feito a descoberta. Então, simples e gentilmente, veja se pode abrir espaço para o que quer que seja e traga a atenção de volta ao presente com a próxima inspiração".

Referência cruzada com outras técnicas

A prática da ampliação de espaço está relacionada com todas as seguintes: escaneamento corporal, atenção plena respiratória, movimento com atenção plena, atenção plena do som, espaço respiratório de 3 minutos, espaço de 3 minutos para manejo da respiração e atenção plena na cozinha, bem como ao preenchimento do Registro de Pensamentos Emocionalmente Inteligentes e do Registro "Como Parar a Guerra".

Formulário

Formulário 5.1: Registro Diário da Prática da Atenção Plena.

TÉCNICA: ESPAÇO RESPIRATÓRIO DE 3 MINUTOS

Descrição

Sabemos que os exercícios de atenção plena, na verdade, não são destinados a serem apenas breves visitas a um estado alterado de consciência durante a meditação (Tirch e Amodio, 2006). Conforme vimos, o treinamento da atenção plena tem como propósito desenvolver uma mudança contínua na relação da pessoa com seu fluxo de experiências. Trazendo a atenção para o aqui e agora, sem julgamento ou imersão em análises lógicas, uma pessoa pode ser capaz de experimentar as coisas como são, não apenas como a mente diz que elas sejam. Essa é uma plataforma sobre a qual a tomada de decisões adaptativas, a autopreservação e as ações comportamentais direcionadas a metas valiosas podem ter lugar (K. G. Wilson e DuFrene, 2009). Obviamente, é provável que o simples ato de praticar a atenção plena na almofada, na cadeira ou no colchonete uma vez por dia não seja suficiente. O objetivo de quem treina a atenção plena pode ser apenas começar a trazê-la consigo a cada passo do dia. O exercício do espaço respiratório de 3 minutos se destina a facilitar exatamente essa forma de generalização das habilidades de atenção plena. Desenvolvido por Segal e colaboradores (2002) no contexto da MBCT, este exercício tem como propósito uma "prática generalizadora". Ele oferece uma forma estruturada e deliberada pela qual os pacientes podem parar o fluxo de agentes causadores de estresse e retomar uma perspectiva consciente.

Questão a ser proposta/intervenção

Este exercício tem base no protocolo de grupo da MBCT (Segal et al., 2002). Ele é facilmente ensinado no formato grupal, mas pode também ser empregado no formato individual. Como os outros exercícios de atenção plena incluídos neste livro, ele se destina primeiro a ser ensinado diretamente ao paciente pelo terapeuta durante a sessão. A princípio, o terapeuta pode sugerir que o paciente pratique o exercício do espaço respiratório de 3 minutos algumas vezes por dia, em horários especificamente planejados. Por exemplo, o paciente pode concordar em fazê-lo três vezes por dia, logo antes das refeições. Desta forma, oferecem-se ao paciente estrutura e regularidade para a sua prática. Após 1 ou 2 semanas de prática, ele pode ser estimulado a aplicar o espaço respiratório de 3 minutos várias vezes por dia, especialmente ao se ter a impressão de ser recomendável retornar a uma perspectiva de atenção e aceitação.

Exemplo[3]

O espaço respiratório de 3 minutos é melhor iniciado em posição sentada. É possível executar a prática em pé, mas vamos começar sentados. Ela se destina a ajudá-lo a inspirar vida em sua prática da atenção plena, para além da meditação feita em almofada, aplicando-a diretamente à vida cotidiana. Para começar esta breve aplicação de consciência atenta, traga primeiramente parte da sua atenção até as plantas dos pés. Permita-se fazer os ajustes necessários em sua postura para que possa sentar-se em posição correta, ereta e relaxada. As costas estão retas. Os ísquios estão apoiados. Você pode sentir que está conectado à terra por meio dos pontos de contato do corpo com a cadeira e o chão. Deixe os olhos fechados ou, se preferir, simplesmente deixe as pálpebras relaxarem com o olhar dirigido com suavidade ao chão diante de você. Em seguida, fique atento ao fluxo de experiência que se desdobra diante de sua mente. Observando pensamentos, sentimentos e sensações físicas, permita-se notar, tanto quanto possível, o que se apresenta neste momento. Agora estamos prestando atenção especificamente nos sentimentos, nas ideias e nas sensações que possam ser vivenciados como desagradáveis ou incômodos. Em vez de afastar essas experiências, deixamos que sejam apenas o que são. Após um momento, simplesmente reconheça a presença dessas experiências, abrindo espaço para o que emergir e fluir pelo campo de observação interior.

Agora, tendo ficado sentado na presença deste momento, com o que quer que ele tenha trazido, é hora de reunir e focar a atenção em um único objeto. O foco pode ser suave e aberto, mas consiste em concentrar a atenção e focá-la no fluxo da respiração. Observando a respiração, atentamos para os movimentos do corpo à medida que a respiração ocorre. Ao inspirar, você sabe que está inspirando. Ao expirar, você sabe que está expirando. Dê especial atenção ao som e movimento do abdome, conforme o corpo deixa suavemente que o ar passe, momento a momento. Dando-se um minuto para ficar com o fluxo da respiração, deixe sua atenção misturar-se ao

[3] Este exercício é adaptado do protocolo da MBCT (Segal et al., 2002). Copyright 2002 por The Guilford Press. Adaptado com autorização.

movimento da respiração em si, da melhor forma que puder.

Em seguida, prestemos atenção ao terceiro passo desta prática. Tendo concentrado a atenção no fluxo respiratório, momento a momento, permitimos agora que o foco da consciência seja ampliado para abranger gradualmente todo o corpo. Ao trazermos a atenção para o corpo como um todo enquanto inspiramos, é como se estivéssemos inspirando nossa própria atenção para dentro dele, com a sensação do corpo se expandindo delicadamente ao inspirarmos, percebendo a interioridade e o espaço que chega com a atenção. Ao expirarmos, estamos abrindo mão completamente desta consciência. É como se todo o corpo estivesse respirando, suavizando-se em torno de nossa experiência. Ao permanecermos com essa experiência por cerca de 1 minuto, permitimos que abra-se espaço dentro de nós, da melhor forma possível, para o que vier.

Ao finalizarmos este exercício, trazemos novamente parte da atenção às plantas dos pés. Em seguida, levamos parte da atenção ao alto da cabeça. E, novamente, conduzimos a atenção para tudo o que estiver no meio. Então, quando você estiver pronto, abra os olhos e encerre o exercício completamente.

Tarefa

Diferentemente de algumas práticas mais longas de atenção plena, o espaço respiratório de 3 minutos pode ser aplicado como ferramenta específica e imediata de manejo de forma muito direta. Isso pode resultar em um período de prática da tarefa de casa com uma programação específica ou algo muito mais imprevisível e sensível ao ambiente do paciente. É recomendável que o terapeuta prepare o paciente para esse tipo de adaptabilidade e flexibilidade. Ao fazê-lo, o paciente pode começar a aplicar diretamente a atenção plena à regulação emocional e à tolerância aos afetos no curso da vida.

Possíveis problemas

Podemos examinar cinco possíveis impedimentos para o cultivo da atenção plena, às vezes conhecidos como "Os Cinco Obstáculos" (Kamalashila, 1992). O primeiro deles envolve o desejo de experiências sensoriais. O apelo dos estímulos atraentes em nosso meio ou mesmo em nossa imaginação pode persistentemente nos envolver em pensamentos, imagens ou experiências agradáveis ou empolgantes. Essa é uma tendência muito natural, mas que pode ser uma fonte de distração persistente durante o treinamento da atenção plena. O segundo obstáculo é a indisposição, reflexo do primeiro. Nosso embaraço habitual com as experiências dolorosas, incômodas no campo sensorial, como o frio ou prurido, ou qualquer coisa desagradável, é uma distração persistente e desafiadora. Nestes dois primeiros obstáculos, podemos ver como o apego ao desejo de ter o que queremos e de nos livrar do que não queremos conspira para impedir o envolvimento direto com o presente e propicia a imersão nas histórias verbais que a mente tece continuamente.

O terapeuta pode lidar com esses dois obstáculos de forma relativamente simples, antecipando o apelo das experiências sensoriais e discutindo isso diretamente com os pacientes. É possível explicar-lhes que experiências internas agradáveis e desagradáveis podem surgir durante o treinamento da atenção plena e que ambas podem receber uma rápida atenção e retornar ao foco para a observação de cada momento.

O terceiro obstáculo à prática meditativa são a ansiedade e a inquietação. Isso representa a inquietude e agitação psicomotora que em geral surgem ao termos a intenção de manter o corpo relativamente imóvel durante alguns minutos. Neste obstáculo, podemos ver o efeito dos anos no histórico de aprendizado sobre a mente e o corpo. A ativação de processos de percepção de ameaça, excitação neurofisiológica e até o simples ato de se preocupar estão predeterminados por anos de condicionamento clássico e operante. O treinamento da atenção plena dá-nos a chance de perceber e agir, a fim de modificar esses padrões habituais. O terapeuta pode evocar os pensamentos e sentimentos do paciente sobre como ele reagiria de forma característica a sentimentos de agitação. Juntos, paciente e terapeuta podem exercitar a prática de ficar diretamente em presença da agitação ansiosa na sessão, mantendo a consciência plena ao longo do processo, com olhos abertos e no centro da discussão.

O quarto obstáculo é a apatia ou o torpor. Representa um baixo nível de energia, estado de exaustão e lentidão geral de resposta. Este obstáculo pode se manifestar como esquiva "apática", por exemplo, procrastinação ou os sintomas anedônicos e vegetativos que muito frequentemente acompanham a depressão. A pessoa que pratica a atenção plena pode estar apenas cansada ou ter se alimentado em excesso quando a apatia aparece, mas isso pode, na verdade, ser resultado de depressão ou da aversão a experimentar plenamente algumas emoções não processadas. A programação e o compromisso com a prática, mesmo em face do impulso para procrastinar, podem ser claramente prescritos pelo terapeuta em resposta ao obstáculo.

O quinto obstáculo é a dúvida ou indecisão. Parte disso pode estar relacionado a um desconforto diante da incerteza, característico das pessoas com transtorno de ansiedade generalizada. A dúvida pode ser sobre si mesmo, decorrendo da crença negativa sobre as próprias capacidades e poderes. Tais autoavaliações negativas são comuns em pacientes que buscam psicoterapia. Parte da meta do treinamento de atenção plena consiste em fazer os pacientes reconhecerem gradativamente as dúvidas como parte do panorama que flui pela mente. Os pacientes aplicam a consciência atenta para perceber pensamentos como pensamentos, emoções como emoções e sensações físicas como sensações físicas, sem entregar o controle do comportamento à corrente de eventos privados emergentes que continuamente se apresenta na mente.

No espaço respiratório de 3 minutos, podemos ver um exemplo da atenção plena em ação. Por isso, é possível notar como cada um dos cinco obstáculos se apresenta naturalmente, à medida que os pacientes tentam tecer uma perspectiva consciente na trama de suas vidas. Treinar o indivíduo para utilizar o espaço respiratório de 3 minutos oferece a oportunidade de validar e normalizar os obstáculos como partes inevitáveis da prática da atenção plena. Nenhum de nós é imune à influência desses cinco obstáculos. De fato, cada pessoa que segue o treinamento de atenção plena deve, gradativa e repetidamente, deparar-se com tais obstáculos. É exatamente esta tensão, nosso encontro persistente com os conteúdos da consciência, que nos treina para trazer a consciência gentil e comprometida que tem potencial para influenciar nossa experiência do presente.

Referência cruzada com outras técnicas

O espaço respiratório de 3 minutos está relacionado às seguintes técnicas: escaneamento corporal, atenção plena respiratória, atenção plena do movimento, exercício de abertura de espaço, atenção plena do som, espaço de 3 minutos para o manejo da respiração, atenção plena na cozinha e preenchimento do Registro de Pensamentos Emocionalmente Inteligentes, bem como do Registro "Como Parar a Guerra".

Formulário

Formulário 5.1: Registro Diário da Prática da Atenção Plena.[4]

TÉCNICA: ESPAÇO DE 3 MINUTOS PARA O MANEJO DA RESPIRAÇÃO

Descrição

A base preparada pelas práticas de escaneamento corporal e da atenção plena respiratória abre caminho para os exercícios formais subsequentes, que direcionam a atenção aos próprios pensamentos e sentimentos, como o exercício de ampliação de espaço. De modo semelhante, períodos mais longos de prática formal podem tornar os pacientes aptos para preparar a consciência plena, a fim de que ela seja relevante em suas experiências, conforme estas ocorrem na sua vida cotidiana. O próximo passo na generalização e aplicação das habilidades de atenção plena na MBCT consiste em adotar uma postura de atenção plena durante períodos de sofrimento real. O exercício do espaço respiratório de 3 minutos oferece aos pacientes uma abordagem suficientemente estruturada e fácil de utilizar para empregar a atenção plena de forma direta, com os propósitos de tolerância aos afetos, enfrentamento de situações de sofrimento e capacidade de lidar com coisas que possam parecer insuportáveis.

Quando o espaço respiratório de 3 minutos é usado como ferramenta de manejo, os pacientes são estimulados a aplicar o exercício nas ocasiões em que estejam reagindo naturalmente, naquele momento, a emoções e pensamentos difíceis que surjam em resposta ao estresse do ambiente. Tal como ocorre com o exercício anterior de espaço respiratório, esta prática também começa com o foco nas sensações do corpo que chegam com sentimentos fortes ou pensamentos perturbadores. Contudo, durante o espaço de 3 minutos de manejo da respiração, os pacientes são estimulados a adotar conscientemente um senso expandido de disposição e contato com a experiência, da forma como é sentida no seu corpo no momento presente. Isso significa que, em vez de uma mera e distante observação, os pacientes estão "dizendo sim" à experiência e estabelecendo uma conexão íntima com o seu fluxo. Apesar de esse tipo de observação não julgadora parecer uma forma de distanciamento, neste caso, ela envolve paradoxalmente uma imersão na experiência direta que é qualitativamente diferente a respeito de como sensação, emoção e pensamento podem ser processados quando os pacientes estão no "piloto automático" da atenção cotidiana. As instruções para o espaço de 3 minutos de manejo da respiração estendem o conceito de disposição e abertura para vivenciar e encorajar os pacientes a deliberada e conscientemente dizerem a si mesmos que, quaisquer que sejam os sentimentos e pensamentos, "está tudo bem eu me sentir assim" e "tudo bem, o que quer

---

[4] A natureza fluente e "aplicada" desta técnica de treinamento da atenção plena pode sugerir que os pacientes não precisam monitorar sempre a implementação do espaço respiratório de 3 minutos.

que seja, está tudo bem: deixe-me sentir isso" (Segal et al., 2002).

Questão a ser proposta/intervenção

Quando o terapeuta começa a treinar o paciente na aplicação direta do espaço de 3 minutos de manejo da respiração para passar ao manejo adaptativo, ele deve estar preparado para possíveis mal entendidos em relação ao objetivo do exercício. A tendência a praticar a esquiva experiencial é persistente e continuará presente ao longo do treinamento da atenção plena. Ao aplicar o espaço de 3 minutos de manejo da respiração, o terapeuta sugere ativamente que o paciente "faça" algo para afetar o seu estado quando estiver em dificuldade. Isso tem chance de ser facilmente mal interpretado pelo paciente, porque pode sugerir que o exercício da atenção plena afasta experiências "ruins". Uma forma que o terapeuta tem de antecipar e resolver melhor esta importante tendência é atentar conscientemente para seu próprio processo, ao apresentar e explicar a técnica do espaço de manejo da respiração. Trazendo algum grau de consciência atenta cultivada para a relação terapêutica durante esse intercâmbio, o terapeuta pode ser mais capaz de modelar, instruir e reforçar a atenuação de experiências pessoais perturbadoras. Ele pode fazer perguntas como: "Você consegue simplesmente abrir espaço para a experiência e permiti-la, conforme ela se apresenta a você neste momento?". Embora tais perguntas possam não envolver mudança direta de primeira ordem no conteúdo cognitivo, com a qual os terapeutas cognitivo-comportamentais se acostumaram ao longo das últimas duas décadas, elas oferecem uma perspectiva diferente, uma descentralização e o possível refúgio contra a imersão em experiências internas desagradáveis às quais o paciente está apegado.

Exemplo[5]

Este exercício é para ser aplicado quando você estiver passando por sentimentos ou emoções difíceis. Quando emoções, sensações corporais e pensamentos historicamente desagradáveis emergem em nossa consciência, o primeiro instinto é tentar escapar deles ou suprimir tais experiências. Para este exercício de 3 minutos de ampliação de espaço por meio da consciência da respiração e do corpo, vamos exercitar uma disposição radical para nos conectarmos com a experiência da forma como ela é, neste exato momento. Então, ao começarmos, traga parte de sua consciência para as plantas dos pés. Tanto quanto puder, deixe que sua atenção se concentre em torno de sua experiência física neste momento. Se possível, sente-se em local confortável. Faça os ajustes necessários na postura para que você fique em posição correta, ereta e relaxada. As costas estão retas. Você pode se sentir como que enraizado à terra nos pontos de contato em que seu corpo encontra a cadeira e o chão. Deixe os olhos fechados ou, se preferir, simplesmente deixe as pálpebras relaxarem enquanto dirige o olhar com suavidade em direção ao chão diante de você. Em seguida, traga a atenção para o fluxo de experiências que se desdobra em sua mente. Observando pensamentos, sentimentos e sensações físicas, permita-se perceber, tanto quanto possível, o que estiver acontecendo neste exato momento. Agora estamos dando atenção especial a esses pensamentos, ideias e sensações que po-

[5] Este exercício é adaptado do protocolo da MBCT (Segal et al., 2002). Copyright 2002 por The Guilford Press. Adaptado com autorização.

dem ser experimentados como desagradáveis ou incômodos. Em vez de afastá-los, deixamos que eles sejam o que são. Aguardando um momento, permita-se apenas reconhecer a presença dessas experiências, abrindo espaço para o que quer que apareça e flua em seu campo de observação interior. Permita-se ***descrever e reconhecer*** *as experiências difíceis que podem estar chegando. Por um momento, coloque essas experiências em palavras, anotando-as como eventos mentais – por exemplo: "Estou tendo o pensamento de que não sou amado" ou "Estou sentindo frustração e ciúmes". Dessa forma, estamos novamente abrindo espaço, da melhor forma possível, para o que quer que surja, fazendo contato íntimo com este exato instante, momento a momento. Em seguida, redirecione suave, mas decididamente, sua atenção para o ato de respirar. Ao inspirar, sabemos que estamos inspirando; ao expirar, sabemos que estamos expirando. Durante o próximo minuto, permita que sua consciência acompanhe a respiração, à medida que esta penetra o corpo pelas narinas, move-se ao longo do corpo e deixa-o por meio da expiração, observando a profundidade e plenitude de cada respiração, neste exato momento. Observando como a respiração age sozinha, enquanto completa e recomeça um novo ciclo, continuamos a simplesmente abrir espaço para a experiência como ela é.*

Durante o próximo minuto da prática, deixe sua consciência expandir-se. Com a próxima inspiração, permita que sua atenção abranja o corpo como um todo. Neste momento, prestamos atenção particularmente às sensações do corpo que envolvam desconforto ou tensão desnecessária. Em vez de se afastar dessas experiências, você está mesclando a atenção com o fluxo da respiração. Permita-se "inspirar" essa experiência. Com a próxima expiração, permita-se abrandar e abrir-se para essas sensações. Ao expirar, você continua a abrir espaço para o que quer que surja no fluxo de sua experiência. Diga a si mesmo: "Está tudo bem. O que quer que seja, está bem experimentá-lo. Deixe-me sentir isso". Traga parte de sua consciência para os músculos da face. Sem julgar, perceba como a expressão e posição de seu rosto e de seu corpo estão relacionadas nesta corrente de pensamentos e sentimentos que se desdobra.

Enquanto se prepara para terminar este exercício, traga a atenção para as plantas dos pés. Em seguida, traga parte da sua atenção para o topo da cabeça. Agora, perceba novamente, neste momento, tudo o que está no meio, incluindo pensamentos, sentimentos e sensações corporais. Ao expirar, deixe que seus olhos se abram e, conscientemente, finalize o exercício. Tome um momento para reconhecer sua capacidade de escolha e disposição. Você acaba de decidir que vai se permitir ficar com sua experiência de forma plena durante esses 3 minutos, momento a momento. Da melhor forma possível, leve esta abertura e consciência atenta consigo ao longo do dia.

Tarefa

O espaço de 3 minutos de manejo da respiração pode ser passado como tarefa de casa, mas é melhor quando aplicado de forma flexível e receptiva. A prática tem como objetivo implementar atenção plena e aceitação como modos de "responder", em vez de "reagir contra" os estressores ambientais. Assim, os pacientes podem ensaiar este exercício até que se sintam confortáveis ao praticá-lo sob condições de estresse. A partir desse ponto, podem optar por aguardar o momento em que tenham a real necessidade de recursos para, então, usar a técnica.

Possíveis problemas

Muitos dos potenciais problemas de outras técnicas de atenção plena também se aplicam ao espaço de 3 minutos de manejo da respiração. Há também algumas características exclusivas deste exercício. Por vezes, os pacientes podem não usá-lo na presença de estresse ou emoções difíceis. Como sabemos, as pessoas frequentemente têm padrões habituais de resposta ao se depararem com o estresse. Adotar uma nova abordagem *in vivo* pode ser intimidante e difícil. Além disso, o espaço de 3 minutos de manejo da respiração é um método de resposta que consiste em abrir mão da esquiva. Em vez de escolher um método de manejo que os afaste ainda mais da resposta emocional desafiadora, os pacientes optam por abrir espaço e se aproximar dos sentimentos e pensamentos que os perturbam. Isso exige aumento de disposição por parte deles. Ter alguma base prévia de treinamento em atenção plena facilita esse salto. Pode ser útil que o terapeuta discuta abertamente a possível resistência e apreensão que os pacientes por vezes apresentam ao implementar o espaço respiratório de 3 minutos. O terapeuta e seus pacientes podem optar por fazer um *brainstorming* dos possíveis obstáculos ao uso da técnica e encontrar métodos para contorná-los. Por exemplo, os pacientes podem discutir situações nas quais se sentem relutantes em aplicá-la, como em situações sociais ou locais que considerem potencialmente embaraçosos. Neste caso, o terapeuta e seus pacientes têm a possibilidade de considerar formas de obter licença por alguns minutos, a fim de focalizar a aplicação da técnica como mecanismo ativo para lidar com os problemas.

Referência cruzada com outras técnicas

O espaço de 3 minutos de manejo da respiração está relacionado às seguintes técnicas: escaneamento corporal, atenção plena respiratória, atenção plena do movimento, exercício de abertura de espaço, atenção plena do som, espaço respiratório de 3 minutos e atenção plena na cozinha, bem como preenchimento do Registro de Pensamentos Emocionalmente Inteligentes e do Registro "Como Parar a Guerra".

Formulário

Formulário 5.1: Registro Diário da Prática da Atenção Plena.[6]

TÉCNICA: ATENÇÃO PLENA DO MOVIMENTO

Descrição

À medida que terapeuta e paciente se empenham em transferir gradualmente a facilidade da atenção plena do contexto do exercício de meditação para as atividades cotidianas, o movimento com atenção plena, especificamente a caminhada, é um exercício comum. Esta prática é parte das tradições clássicas de meditação budista como o zen, no qual um exercício de caminhada lenta semelhante é conhecido como *kinhin*. Neste exercício, o paciente aprende a trazer a qualidade da atenção plena, em particular a conexão com as sensações físicas momento a momento, para o ato de se mover por meio do espaço e do tempo à medida que caminha. É um exercício enganosamente simples que pode ser experimentado de

---

[6] A natureza fluente e "aplicada" desta técnica de treinamento de atenção plena pode sugerir que os pacientes não precisem monitorar sempre a implementação do espaço de 3 minutos de manejo da respiração.

forma muito rica pelos praticantes. Este exercício também tem o benefício de ser facilmente adaptável e praticado ao longo do dia, sempre que os pacientes tiverem a oportunidade de pôr um pé diante do outro em contexto seguro.

Questão a ser proposta/intervenção

"Que sensações físicas você notou durante a caminhada com consciência plena? Que pensamentos e sentimentos percebeu enquanto praticava o movimento com atenção plena? De que forma a qualidade de sua atenção foi diferente durante a experiência de caminhar com consciência plena, comparada à consciência cotidiana? O que você percebeu em relação à velocidade da caminhada? O que percebeu sobre o ritmo da caminhada? De que forma essa prática pode ajudá-lo a desenvolver uma relação mais saudável com as suas emoções?"

Exemplo

Conforme aprendemos, a atenção plena é mais do que apenas uma técnica que usamos para resolver problemas. É um estado humano natural, que pode permitir vivenciar mais plenamente a riqueza do momento. Assim, nosso objetivo é trazer gradualmente o estado de aceitação consciente para nossa vida cotidiana. Começamos com práticas específicas, deitados ou sentados, e então passamos a tomar atitudes plenamente conscientes. Uma boa maneira de começar é com o simples ato de caminhar. Esta prática de consciência plena da caminhada pode ter lugar tanto em ambiente fechado quanto ao ar livre. Encontre um local onde possa caminhar por algum tempo com relativa pouca preocupação com observadores ou interrupções. Você pode escolher um parque, um quarteirão ou mesmo um corredor entre os cômodos de sua casa. Comece ficando de pé, com os pés ligeiramente mais próximos do que a largura dos ombros. Mantenha os joelhos flexíveis enquanto eles sustentam plenamente o peso do seu corpo. Suas costas devem permanecer retas, com os braços pendendo relaxados. Ao olhar para a frente, deixe que seus olhos tenham um foco amplo, absorvendo todo o campo visual. A cabeça deve repousar corretamente sobre o alto de sua coluna, liberando o pescoço da tensão de controlar os músculos. Ao inspirar, concentre sua atenção na base dos pés. Permita-se sentir a conexão entre os pés e o chão. Com cada inspiração, deixe que sua atenção observe a presença de vida em suas pernas e pés, sentindo a distribuição do peso ao longo dos apoios de seu corpo. Assim como em exercícios anteriores, a cada expiração, abra mão do apego a essa consciência. Após algum tempo vivenciando esta experiência, deixe que seu peso passe para a perna direita, notando toda a riqueza das sensações envolvidas. Em seguida, preste atenção na perna esquerda. Você pode ter a sensação de que a perna fica mais leve ou "se esvazia" conforme põe menos apoio sobre ela. Deixe que sua atenção fique dividida entre as pernas, percebendo as diferentes sensações presentes ao longo da parte inferior do corpo. Quando estiver pronto, erga o pé esquerdo ligeiramente acima do solo. Perceba as sensações nos músculos e tecidos da perna enquanto ela se levanta e se move suavemente à frente para dar o primeiro passo. De modo gradual e deliberado, mova a perna esquerda à frente, sempre observando delicadamente as sensações físicas que acompanham a ação. Ao completar o primeiro passo, perceba as sensações envolvidas enquanto coloca o pé esquerdo de volta no chão. Sinta a transferência de peso para esse pé e essa perna, à medida que seu corpo os utiliza como apoio e o contato com o solo fica mais pesado e presente. Enquanto isso, perceba as sensações que surgi-

rem na perna e no pé esquerdos, ao mesmo tempo em que se livra do peso e do apoio, ficando mais leves enquanto o movimento continua. Ao transferir o peso para o pé esquerdo de forma estável, repita o processo com o pé direito. Inspire a sensação do pé direito abandonando o chão. Observe a presença de vida no corpo à medida que o pé direito se move à frente para dar o próximo passo. Novamente, perceba as sensações físicas enquanto o pé direito entra em contato com o chão e você completa o próximo passo. Ao fazê-lo, deixe o movimento fluir de um passo ao seguinte, em vez de executar os passos com movimentos distintos e robóticos. Perceba como a intenção guia o seu corpo, impelindo-o para frente lentamente no espaço e no tempo. Seus movimentos podem ser semelhantes aos de um praticante de tai chi chuan, na forma como eles se movem lenta e suavemente ao longo da série de exercícios. Continue a dar os passos desta maneira, prosseguindo ao longo do caminho que escolheu. Ao fazê-lo, uma parte de sua atenção permanece conectada ao fluxo da respiração e às sensações que se espalham pelo corpo. Enquanto caminha, conecte sua atenção à presença de vida no corpo, percebendo as sensações que se apresentem com uma atitude de aceitação gentil e suave. Seu olhar deve manter-se focado levemente para cima, ciente do entorno, mas também continuamente consciente de sua presença no corpo. Assim como nas práticas anteriores, a mente irá afastar de forma inevitável a atenção do ato de caminhar. Quando isso ocorrer, perceba onde a mente está neste momento e, delicadamente, redirecione a atenção de volta ao ato de caminhar. Pode ser útil usar a sensação dos pés no chão ou da retidão relaxada da coluna como pontos focais para direcionar a atenção de volta às sensações físicas que surgem momento a momento. O ritmo de seus passos deve ser moderadamente lento, mas razoavelmente confortável. Você pode começar o exercício em ritmo lento e gradual, quase como um "convite" à consciência do momento presente. Com o tempo, você pode se perceber caminhando em ritmo "mais normal". Perceba tendências para acelerar excessivamente da mesma forma que notaria qualquer distração na prática da atenção plena e, de modo gradual, retorne a atenção às sensações físicas de caminhar, fixando a consciência por meio da inspiração e do contato físico com o chão. Este exercício pode durar entre 15 e 20 minutos. Após praticá-lo por alguns dias ou semanas, você pode optar por trazer esta qualidade de consciência para outras atividades, fazendo a transição para a consciência plena aplicada. Assim, ao lidarmos com a vida cotidiana, podemos ter a experiência de estarmos conectados com nosso eu observador.

Tarefa

Este exercício pode ser prescrito como tarefa de casa estruturada, a ser praticada em intervalos regulares. Pode ser também prescrito como exercício relativamente espontâneo, a ser executado durante a vida cotidiana do paciente.

Possíveis problemas

Obviamente, a variedade de problemas e obstáculos presentes nos exercícios anteriores também se aplica à prática do movimento com atenção plena. É particularmente importante que o terapeuta pratique e demonstre a caminhada com consciência plena na sessão. Pequenos consultórios e a convenção de permanecer sentados durante a sessão podem levar alguns terapeutas a relutar em fazê-lo, mas isto é muito importante. Do contrário, os pacientes podem executar o movimento com atenção plena com muita rapidez ou afirmar que entendem o conceito, sem, na verdade, ter a experiência. Além disso, é possível que terapeuta e paciente precisem resolver problemas logísticos, como, por exemplo, determinar locais e horários para praticar a atividade. Privacidade e espaço podem ser uma preocupação. É provável que os pacientes não se sintam confortáveis para fazer movimentos lentos e incomuns em público. Locais na natureza ou espaços abertos e seguros, que não sejam muito cheios, podem ser sugeridos. Talvez a resolução de problemas logísticos da movimentação com atenção plena pareça banal ou óbvia para o terapeuta, mas pode fazer a diferença entre os pacientes cumprirem ou não a tarefa e superarem ou não a resistência ao procedimento. Recomendamos que o terapeuta discuta isso com os pacientes de forma tão atenta, tranquila e presente quanto possível. Desse modo, o contexto da atenção plena estabelecido na sessão pode ser transferido para a prática real do movimento consciente.

Referência cruzada com outras técnicas

A consciência plena do movimento está relacionada diretamente às seguintes técnicas: atenção plena respiratória, exercício de ampliação de espaço, atenção plena do som, espaço respiratório de 3 minutos, espaço de 3 minutos de manejo da respiração e atenção plena na cozinha, bem como ao preenchimento do Registro de Pensamentos Emocionalmente Inteligentes e ao Registro "Como Parar a Guerra".

Formulário

Formulário 5.1: Registro Diário da Prática da Atenção Plena.

TÉCNICA: ATENÇÃO PLENA NA COZINHA

Descrição

A qualidade da atenção plena pode ser trazida para praticamente qualquer atividade. As características da atenção plena, como não julgamento, contato com o presente e habilidade de experimentar os eventos mentais como um processo que se desenrola diante de um observador, podem criar uma experiência mais viva ou conectada durante a atividade escolhida. Além dessa dimensão fenomenológica, trazer diligentemente a atenção plena às atividades do dia a dia dá aos pacientes inúmeras oportunidades para praticar o aumento da capacidade de regulação emocional, à medida que adotam os comportamentos necessários e frequentemente habituais. Cozinhar é um aspecto de nossa vida ignorado com frequência, já que nossa cultura nos impulsiona a uma experiência apressada, que costuma recorrer ao *fast-food* ou, no mínimo, a refeições caseiras preparadas rapidamente. Desacelerar e adotar os comportamentos essenciais à nutrição e ao bem-estar físico é reconhecer com muito cuidado e atenção a conexão íntima com nosso ambiente. O exercício a seguir fornece um exemplo relativamente simples para a preparação de chá. O chá tem um lugar especial na tradição zen: a cerimônia do chá tem uma história longa e reverenciada como forma de arte e prática de atenção plena no Japão. Nosso exemplo neste texto estende a preparação do chá ao ato de bebê-lo. Ao fazê-lo, esta prática de atenção plena guia os pacientes ao longo do processo de transformação da comida, por meio da conceituação, da preparação e do consumo. Novamente, este exercício é concebido como forma de "prática generalizadora", bem como uma modalidade de treino de atenção plena em si.

Questão a ser proposta/intervenção

"O que você percebeu em relação à preparação do chá que não teria percebido antes? O que notou quanto aos cinco sentidos? Que pensamentos, emoções e experiências corporais se apresentaram durante a prática? Como a experiência foi diferente da forma como você normalmente prepara e consome alimentos ou bebidas? Como a experiência pode se relacionar ao cultivo de uma relação saudável com as suas emoções?"

Exemplo[7]

Nosso primeiro exercício culinário de atenção plena pode envolver a preparação de qualquer prato, mas é melhor começar com algo bem pequeno, com instruções explícitas. O exemplo que usamos aqui é o simples preparo de chá. Antes de iniciá-lo, certifique-se de estar trabalhando em um espaço limpo, de preferência livre de desordem. Você pode colocar uma cadeira ou banco próximo ao fogão. Será necessário um bule para encher com água a ser fervida. Você também precisará de uma xícara ou caneca, um saco de chá ou coador para folhas de chá e talvez um pires. Por favor, tenha cuidado ao executar os passos deste exercício, porque estará lidando com um fogão e água quente. O perigo potencial de se usar fogo e/ou um aquecedor elétrico, bem como água fervente, pode ser visto como lembrete de que não buscamos "distrair-nos" ou entrar em algum tipo de transe ao praticarmos a atenção plena. Pelo contrário; na verdade, buscamos "acordar" e estar plenamente alertas e presentes em relação ao que acontece em nosso campo de atenção. Coloque o bule, o chá e outras coisas de que possa precisar no preparo do chá sobre o fogão. Se possível, sente-se sobre o banco ou cadeira ao lado do fogão. Com os olhos abertos, traga parte da atenção para as sensações físicas que se apresentam no momento. Comece deixando que a consciência siga o fluxo da respiração. Observe seu fluxo respiratório, enquanto se move para dentro e fora do corpo. Com um "leve toque" no "fundo de sua mente", deixe que parte de sua atenção siga a respiração, e fale, de modo silencioso: "ao inspirar, sei que estou inspirando" e "ao expirar, sei que estou expirando". Prossiga por alguns ciclos de respiração. Em seguida, traga parte de sua atenção para o corpo. Ao inspirar, permita-se "inspirar atenção" em ralação ao corpo como um todo. Mantenha os olhos abertos ao fazê-lo. Nosso objetivo neste ponto é apenas observar o que estiver presente, sem nada mudar, sem nada relaxar, sem analisar absolutamente nada. Se o relaxamento chegar, é perfeitamente aceitável. Você pode tratá-lo como um hóspede conhecido que apareceu em uma noite de inverno.

O relaxamento é bem-vindo, mas criá-lo não é a meta. Após alguns minutos, levante-se da cadeira. Da melhor forma que puder, mantenha viva uma parte da consciência plena com a qual você acaba de se sintonizar, ao encher cuidadosamente o bule com água e colocá-lo no fogão. Sinta o cabo do bule na mão. Qual é a sensação? Qual é a textura? Qual é a temperatura? O quão pesado é o bule, antes e depois de tê-lo enchido

[7] As diretrizes a seguir são adaptadas de várias fontes, notavelmente as meditações guiadas de Jon Kabat-Zinn (1990). Uma porção das instruções de preparo do chá é adaptada de um exercício de Steven Hayes (Hayes e Smith, 2005). Algumas ideias e frases adicionais também são adaptadas dos escritos de Thich Nat Hanh (1992) e outras fontes clínicas de meditação.

com água? Que sons você ouve em sua frente? Atrás? Acima? Ao fazê-lo, você consegue manter parte de sua atenção nos pés e sentir o peso do corpo? Permita-se acender a chama e ferver a água. Enquanto aguarda que a água ferva, o que se passa em sua mente? À medida que cada novo pensamento, imagem ou emoção entra em sua consciência, observe atenta e pacientemente, momento a momento. Quando o pensamento começa? Quando acaba? Você consegue notar o espaço entre os pensamentos? Qual é a qualidade da espera? Em breve, você notará que a água estará fervendo. Quando ela ferver, e você perceber que é hora de apagar o fogo e pôr a água no chá, o que nota em seu corpo? Como experimenta a motivação para agir em seu corpo físico? Em seus pensamentos? Nas emoções? Remova o chá do fogo, desligue o fogão e então despeje a água quente na xícara. Adicione o saquinho de chá ou coador. Observe a água enquanto ela começa a mudar. Perceba a tonalidade e a cor da água, conforme ela escurece e se transforma em chá. Observe as mudanças. Em poucos minutos, o chá estará pronto. Remova o saquinho ou coador e coloque-o de lado. O que você nota agora em relação à cor do chá? Traga as mãos à xícara. Perceba o calor dela. Perceba a textura da superfície da xícara. Perceba como seu corpo responde neste momento ao toque da louça. De que forma essa experiência da xícara de chá é diferente? Prepare-se para tomar um gole, trazendo a xícara aos lábios. Perceba o vapor diante do rosto. Sopre a superfície do chá e veja o que ocorre. Cheire o chá. Tome um gole. Qual é o gosto? Qual é a textura em sua boca? Qual é a temperatura do chá? Que imagens vêm à mente ao bebê-lo? Dê-se um momento para reconhecer a corrente de associações que se apresentam diante de você neste simples ato de tomar uma xícara de chá. Quando estiver pronto para terminar o exercício, abaixe a xícara, tome a decisão de deixar a prática formal de beber conscientemente o chá e expire. Ao expirar, deixe o exercício completamente. Agora que o exercício está completo, dê-se crédito por trazer um pouco mais de presença à sua experiência cotidiana. Veja se consegue carregar um pouco desta presença consigo durante o dia.

Tarefa

Diferentemente de muitos exercícios anteriores, a prática de cozinhar com atenção plena é concebida mais como exemplo de como utilizar esta forma de consciência durante as atividades cotidianas do que como uma tarefa regular. Após praticá-la, os pacientes podem aplicar o treino da atenção plena em atividades como cozinhar, checar *e-mails* e cuidar de casa, por exemplo. Não obstante, essas atividades não precisam necessariamente ser realizadas em uma perspectiva formal ou guiada.

Possíveis problemas

Ao apresentarmos este exercício neste ponto do texto, você provavelmente consegue deduzir os possíveis obstáculos que os pacientes podem encontrar ao se dedicarem à atenção plena aplicada. Por favor, retorne à seção "possíveis problemas" referentes a cada técnica deste capítulo se não estiver claro quais desafios podem se apresentar. Uma advertência especial é digna de ser mencionada: cozinhar com atenção plena exige atenção deliberada à segurança quando se trabalha com fogo e utensílios de cozinha. O terapeuta deve lembrar o paciente disso. Conforme vimos, a atenção plena envolve "ficar acordado", em vez de mergulhar em um transe, e cozinhar com atenção no presente deve abranger esse princípio, com a devida concentração nos detalhes necessários à atividade.

Referência cruzada com outras técnicas

Cozinhar com atenção plena está relacionado diretamente às seguintes técnicas: atenção plena respiratória, consciência plena do movimento, exercício de ampliação de espaço, atenção plena do som, espaço respiratório de 3 minutos e espaço de 3 minutos de manejo da respiração, bem como ao preenchimento do Registro de Pensamentos Emocionalmente Inteligentes e ao Registro "Como Parar a Guerra".

Formulário

Formulário 5.1: Registro Diário da Prática da Atenção Plena.

CONCLUSÕES

O treino da atenção plena emergiu como um elemento muito importante e cada vez mais popular em muitas variações da TCC. Para implementar técnicas baseadas na atenção plena de forma efetiva, o terapeuta deve estabelecer uma compreensão conceitual muito clara de seu significado. A atenção plena é um modo de prestar atenção ao presente em um estado de disposição paciente. Essa postura atenta pode ser aprendida por meio de uma série específica de exercícios e, assim, levar ao aumento da capacidade do paciente de regular as emoções.

Para utilizar técnicas baseadas na atenção plena, o terapeuta deve se basear em sua prática estabelecida. O treinamento da atenção plena é muito menos uma questão de juntar informação do que de adquirir desenvoltura em uma técnica experimental. Isso envolve o emprego consciente da atenção e a ativação de uma variedade de funções do sistema nervoso central, da respiração e do corpo. Com o tempo, esse modo de atenção pode ser aplicado durante as atividades diárias e pode estar presente em boa parte da vida do paciente.

É possível que alguns pacientes vejam as práticas envolvidas na atenção plena como meditação e, de fato, muito do que foi apresentado neste capítulo foi adaptado de tradições que podem ser chamadas de práticas "meditativas". Contudo, o termo "meditação", apesar de razoavelmente preciso, permite uma bagagem e associações culturais inexatas ou enganosas para muitos terapeutas e pacientes. O treinamento de atenção plena pode ser apresentado como um simples método de treinamento da mente em uma forma flexível, aceitável e adaptativa de atenção. O treinamento pode ajudar os pacientes a lidarem melhor com o estresse, a reduzirem o impacto da ansiedade e a tolerarem estados emocionais difíceis.

A atenção plena tem possibilidade de servir como a "argamassa" metafórica entre muitos outros "tijolos" fornecidos pelas técnicas apresentadas neste livro. Por exemplo, adotar um modo consciente de atenção pode ajudar os pacientes a identificarem e a se distanciarem de esquemas mal-adaptativos. A atenção plena tem condições de propiciar o crescimento da autocompaixão ou da disposição para tolerar o sofrimento. Assim, trata-se de um elemento compatível com grande parte de nosso trabalho com regulação emocional.

6

ACEITAÇÃO E DISPOSIÇÃO*

Poucos de nós discordariam da importância de rejeitar situações prejudiciais ou perigosas e de buscar segurança, sobrevivência e mesmo conforto. Por exemplo, se vejo um ônibus vindo em minha direção, saio da frente. Quando percebo que a comida que estou prestes a comer cheira mal, opto por jogá-la fora, em vez de me envenenar. A seleção natural assegurou que herdássemos a tendência a evitar coisas nocivas. Entretanto, a tendência a evitar coisas desagradáveis pode se tornar generalizada e rígida, resultando em dificuldades quando nos deparamos com eventos ou aspectos da vida que não podemos modificar ou evitar (Hayes, Luoma, Bond, Masuda e Lillis, 2006).

Tentativas de evitar pensamentos e emoções desagradáveis podem às vezes nos fazer vivenciá-los mais frequente ou intensamente (Purdon e Clark, 1999; Wegner et al., 1987; Wenzlaff e Wegner, 2000). Podemos lutar para afastar sentimentos e ideias não desejados, apenas para que eles ressurjam repetidamente. Quando temos pensamentos e sentimentos emocionalmente desafiadores, às vezes reagimos a eles como se fossem literais ou reais (Hayes et al., 2001). Por exemplo, penso "ninguém jamais vai querer ficar comigo", posso levar isso ao pé da letra e vivenciá-lo como se fosse um fato. Consequentemente, minhas opções comportamentais tendem a se estreitar, à medida que me isolo e limito as possibilidades de minha vida. Essa cadeia de eventos tem potencial para se desdobrar de tal forma que a esquiva experiencial nos impeça de ter uma vida significativa e com propósitos.

A *aceitação experiencial*, frequentemente descrita como "disposição", oferece um modo alternativo de relacionamento com as experiências pessoais. Os processos baseados na aceitação "consistem em adotar postura intencionalmente aberta, receptiva e não julgadora com respeito a vários aspectos da experiência" (K. G. Wilson e DuFrene, 2009, p. 46). A disposição para fazer contato direto com experiências difíceis não é empreendida como fim em si mesma; ela representa a escolha de experimentar plenamente até os eventos internos mais difíceis, a serviço da busca das metas que valorizamos na vida.

Neste contexto, aceitação e disposição não significam endossar ou buscar experiências desagradáveis. Não estamos sugerindo que a pessoa deva se forçar a aproveitar, desejar ou abraçar a dor e as dificuldades da vida. Quando nos apoiamos na realidade, somos forçados a admitir que a

* N. de R.T.: *Willingness*, no original. Pode ser também traduzido como "boa vontade".

vida envolve certo grau de dor e sofrimento. Esse sofrimento inerente pode surgir na forma de experiências pessoais difíceis ou mesmo como eventos reais não desejados que estão além de nossa habilidade para modificá-los ou controlá-los. Disposição não significa "desistir" diante dessas fontes de dor. Ao adotar uma atitude de aceitação radical, a pessoa reconhece a realidade de sua situação e a inevitabilidade de sentir alguma dose de tristeza e dor na vida (Linehan, 1993a).

Várias terapias que enfatizam o cultivo da aceitação surgiram nos últimos 10 anos. Os processos baseados na aceitação são uma característica central da terapia de aceitação e compromisso (ACT) (Hayes et al., 1999) e da terapia comportamental dialética (TCD) (Linehan, 1993a; veja o Capítulo 4). Outras, como a terapia metacognitiva (Wells, 2009) e a MBCT (Segal et al., 2002), também enfatizam a aceitação e a observação dos eventos mentais pelo que são. Formas mais antigas de terapia cognitivo-comportamental (TCC) também mantiveram a ênfase na aceitação de sentimentos difíceis na busca de metas importantes. Por exemplo, todas as técnicas de exposição implicam que o paciente experimente deliberadamente estados desafiadores de ansiedade, no intuito de superar fobias e outras formas de ansiedade (Barlow, 2002; Marks, 1987). A terapia cognitiva (TC) também encoraja o paciente a suspender a supressão de pensamentos e ir ao encontro de emoções difíceis, particularmente no tratamento dos transtornos de ansiedade (Clark e Beck, 2009).

Há algumas diferenças, contudo, quanto ao modo e a razão pelos quais se busca a aceitação. Os métodos da TCC de terceira geração tendem a usar métodos experimentais baseados na atenção plena para o cultivo gradual da disposição, em lugar da exposição comportamental tradicional e direta. Similarmente, apesar de a TC ou a terapia metacognitiva utilizarem por vezes a disposição para reestruturar ativamente as crenças do paciente quanto às vantagens da aceitação, os adeptos da ACT ou da TCD teriam maior probabilidade de fazer o paciente se engajar em exercícios que estimulam a disposição em presença de eventos privados desafiadores. Dentro do paradigma da ACT, a disposição não é buscada a serviço da redução de sintomas ou da mudança direta de pensamentos e sentimentos. O objetivo da disposição, para o terapeuta da ACT, é, por fim, que o paciente "sinta todos os sentimentos da forma mais completa, mesmo aqueles 'ruins', para que possa viver de maneira mais completa" (Hayes e Smith, 2005, p. 45).

As técnicas descritas neste capítulo consistem em auxiliar o paciente gradualmente a entender o valor de ter uma postura de disposição ou aceitação radical, a fim de viver uma existência plena pela adoção de estratégias mais efetivas de regulação emocional. Essas técnicas têm conexão óbvia com as práticas da atenção plena. Tanto a atenção plena quanto a aceitação envolvem mudança de perspectiva em relação aos conteúdos da consciência (veja o Capítulo 5). Assim, algumas das técnicas apresentadas aqui implicam enxergar deliberada e propositalmente os eventos internos como não literais. Pode-se considerar que tanto a aceitação quanto a atenção plena envolvem uma compaixão inerente em relação a si mesmo. Há qualidades de "não condenação" e autovalidação que emergem quando desejamos permanecer com nossa experiência momento a momento. Essas qualidades estão intimamente ligadas ao surgimento de uma mente compassiva.

A terapia do esquema emocional (TEE) tem relação com o modelo da ACT de funcionamento psicológico e processos psicoterápicos (Hayes et al., 1999; K. G. Wilson e DuFrene, 2009), uma vez que seu objetivo é o cultivo de uma expansão psicologicamente flexível, adaptativa e receptiva do repertório comportamental do paciente em presença de experiências emocionais angustiantes. A TEE também endossa a busca de movimento terapêutico nos processos centrais envolvidos na flexibilidade psicológica do atual modelo da ACT, sendo estes o contato com o presente, a disposição para viver as experiências privadas plenamente, a "desfusão" ou "desliteralização" do conteúdo cognitivo, a capacidade de vivenciar o *self* como observador, a autoria dos objetivos valorizados e a ação comprometida com a busca dessas metas (K. G. Wilson e DuFrene, 2009). Por tais razões, as técnicas, os conceitos e os processos que surgiram a partir da tradição da ACT são passíveis de integração com a TEE no que diz respeito à regulação emocional.

TÉCNICA: APRESENTAÇÃO DO QUE QUEREMOS DIZER COM "ACEITAÇÃO"

Descrição

Há muitos caminhos que um clínico pode usar em psicoterapia para começar a trabalhar com a aceitação. Alguns envolvem exercícios experienciais, outros são mais informativos. A palavra "aceitação" tem vários significados. Além disso, muitos pacientes estão firmemente presos a estratégias que envolvem esquiva experiencial. Assim, o terapeuta que planeja usar métodos baseados em aceitação e disposição pode começar ensinando simplesmente aos pacientes o que aceitação significa nesse contexto.

Há vários passos envolvidos no processo de desenvolvimento da disposição, como ajudar os pacientes a se tornarem conscientes das diversas estratégias que utilizam com base na esquiva ou no controle; explorar e perguntar o quão úteis ou funcionais essas estratégias foram para eles; e validar a experiência de frustração ou tristeza dos pacientes perante as estratégias que ainda não os libertaram de sua luta (Luoma et al., 2007).

Questão a ser proposta/intervenção

"Há quanto tempo você tem experimentado emoções difíceis ou dolorosas? Você consegue se lembrar de alguma época em que não enfrentava nenhuma das experiências pessoais difíceis que enfrenta hoje? Contra o quê você luta? De que você teve de abrir mão em virtude dessa luta? Quem lhe ensinou que poderia afugentar os sentimentos 'ruins' simplesmente lutando contra eles? De que maneira você tentou se livrar dos sentimentos? Como isso funcionou para você? Você consegue se lembrar de algum momento em que se permitiu ter um sentimento como ele era? Lembra-se de ter tomado distância para analisar os pensamentos que o importunavam? Como seria parar de lutar contra a experiência e apenas observar a mente fazer o que faz normalmente? Como acha que seria abandonar a luta contra a experiência e concentrar a energia na busca dos princípios que você valoriza e que têm mais importância em sua vida?"

Exemplo

Paciente: É como se eu estivesse deprimido há tanto tempo quanto consigo lembrar. Parece que a sensação de que não sou bom o suficiente sempre me acompanhou.

Terapeuta: Certamente, parece que você a carrega há muito tempo. Você conseque se lembrar de alguma época em que não se sentia tão incapaz?

Paciente: Acho que, provavelmente, quando tinha 4 ou 5 anos – antes de ir para a escola. Acho que naquela época não tinha nenhuma noção se eu era ou não bom o suficiente.

Terapeuta: Então, durante as últimas três décadas, mais ou menos, você tem dito a si mesmo que não é bom o bastante. Você tem percebido essa sensação persistente, esse sentimento de tristeza, de que há simplesmente algo errado com você?

Paciente: Sim. Está sempre comigo, eu acho.

Terapeuta: Você tentou combater esse pensamento, esse sentimento? Quer dizer, de que forma tentou lidar com esta ideia?

Paciente: Queria não me sentir assim, mas eu me sinto. Ah, eu lutei de muitas formas. Esforcei-me para ser um aluno nota 10, mesmo quando isso significava deixar de ter uma vida. Ficava isolado na escola ou no trabalho para não ter de enfrentar rejeição. Li todo tipo de livros de autoajuda. Tomo Zoloft, Deus sabe desde quando. Às vezes, quando estou sozinho em casa e não consigo dormir, pego uma garrafa de vinho e choro até adormecer.

Terapeuta: Realmente, parece uma luta extenuante. E como esses métodos têm funcionado até agora?

Paciente: Claramente, não funcionam. Nada me faz melhorar.

Terapeuta: Sim, você me disse como isso não para, esta sensação de que "não sou bom o suficiente". Deve ser de fato frustrante enfrentar esses pensamentos e sentimentos que simplesmente não têm fim.

Paciente: Às vezes, não consigo suportar.

Terapeuta: Tenho certeza de que há muitas outras formas pelas quais você tentou lutar contra a sensação de não ser bom o suficiente, e, com o tempo, quero saber sobre elas, para podermos ver o quanto você tem lutado para interromper este pensamento: "Não sou bom o suficiente".

Paciente: Ok.

Terapeuta: O que acha que aconteceria, se você desistisse da luta?

Paciente: Quer dizer, simplesmente continuar deprimido? Parece terrível.

Terapeuta: Não é exatamente isso o que quero dizer. Eu sei que superar a depressão é importante para você. Quero dizer, e se parasse de lutar contra a ideia de que sua mente continuará a produzir esse pensamento: "Não sou bom o suficiente"? O que aconteceria se deixasse sua mente dizer isso enquanto você concentra sua energia e seu coração na busca de uma vida que realmente faça sentido?

Paciente: Não sei bem como seria. Por que eu faria isso?

Terapeuta: Bem, por muito tempo, sua mente aprendeu a reagir com essas palavras – "não sou bom o suficiente" – ao lidar com as coisas de seu ambiente. Você tentou várias formas de interromper o pensamento, evitá-lo, controlá-lo, mas ele sempre reaparece. É assim que são os pensamentos e sentimentos: quanto mais tentamos afastar certas experiências, mais elas voltam.

Paciente: Sim, acho que sei o que você quer dizer.

Terapeuta: Então, e se descobrirmos que você pode se comprometer profundamente com as coisas que lhe trazem alegria e significado, mas o preço do compromisso for ouvir sua mente dizer que "você não é bom o suficiente"? Você estaria disposto a aceitar essas palavras como eventos em sua mente e buscar viver sua vida?

Paciente: Bem, sim, suponho... Se isso significasse ter minha vida de volta..., talvez ter uma vida de fato pela primeira vez, então eu estaria disposto. Como faço isso?

Tarefa

Há muitas formas pelas quais a disposição e a aceitação podem ser praticadas como tarefas. Pode-se começar passando uma tarefa diária simples de automonitoramento, a fim de que os pacientes percebam quando estão ou não adotando a postura de disposição para experimentar simplesmente o que surgir no presente, sem defesa desnecessária. Este exercício, utilizando o Formulário 6.1, é adaptado de vários formulários similares de automonitoramento da ACT, particularmente o Diário de Disposição, Depressão e Vitalidade (Robinson e Strosahl, 2008). A tarefa consiste em os pacientes se comprometerem a passar uma semana adotando de modo deliberado, tão plenamente quanto possível, comportamentos que sejam significativos para eles, que sejam compensadores de alguma forma intrínseca e que possam até promover um senso de domínio, uma forma de ativação comportamental (Martell, Addis e Jacobson, 2001). Eles também se comprometem a aceitar e observar os pensamentos e sentimentos que surgirem durante a semana. Diariamente, os pacientes avaliam a experiência de acordo com três dimensões, usando uma escala de 1 a 10. A primeira dimensão é o grau de disposição experimentado durante o dia. A segunda é a quantidade de sofrimento, ao adotar deliberadamente os comportamentos que valorizam. A terceira e última dimensão é o grau de engajamento experimentado a cada dia. Para nossos propósitos, engajamento representa uma mistura do quão compensadoras os pacientes consideraram as atividades diárias, quão ricas de propósito e de significado consideraram suas vidas a cada dia e do quanto suas atividades diárias incrementaram o senso de domínio pessoal.

Possíveis problemas

Muitos pacientes buscaram a terapia por experimentarem estados particularmente difíceis de ansiedade e depressão. Pode haver alguma resistência inicial em adotar uma atitude de aceitação das experiências emocionais simplesmente como são, sem esforço explícito para criar novos estados de humor. Para lidar com isso, o terapeuta pode passar algum tempo explorando com os pacientes os custos e benefícios da esquiva experiencial. Uma forma de fazê-lo é explorar todo o seu histórico de tentativas de utilizar a esquiva como estratégia para lidar com os problemas. Em geral, tanto os pacientes como o terapeuta acabam descobrindo que anos de esquiva experiencial na verdade causaram mais danos do que benefícios. Este exercício pode ser útil para o terapeuta estabelecer para si mesmo uma noção direta de como a esquiva experiencial afeta a vida das pessoas.

Embora as terapias baseadas na atenção plena e na aceitação não busquem mudar diretamente os pensamentos e sentimentos, numerosos estudos demonstraram que tais métodos de fato podem resultar na redução dos sintomas de ansiedade e dos transtornos afetivos (Bond e Bunce, 2000; Forman, Herbert, Moitra, Yeomans e Geller, 2007; Hayes et al., 2004; Zettle e Hayes, 1987). Pode ser útil discutir com o paciente os efeitos da disposição. Contudo, a disposição para experimentar a emoção apenas para que ela vá embora não é uma disposição "real". Esta requer o compromisso de se abrir para o que quer que surja no campo da consciência, de modo pleno e sem defesas desnecessárias.

Referência cruzada com outras técnicas

Apresentar o que chamamos de "aceitação" tem relação direta com as técnicas que envolvem desfusão, atenção plena e com o Registro de Pensamentos Emocionalmente Inteligentes.

Formulário

Formulário 6.1: Diário da Disposição.

TÉCNICA: DESFUSÃO

Descrição

"Desfusão" é um termo proveniente da literatura da ACT e representa um processo de "fazer contato com os produtos verbais como eles são, não como o que eles dizem ser" (K. G. Wilson e DuFrene, 2009, p. 51). O termo comportamental "produtos verbais" se refere aqui aos pensamentos e eventos mentais como comportamentos verbais privados. Ao exercitá-la, o paciente percebe seus pensamentos e sentimentos como eventos mentais, em vez de verdades ou objetos literais em uma realidade externa. Apesar de a TC tradicional utilizar uma abordagem descentralizada, de forma que o paciente diferencie pensamentos, sentimentos e fatos, o terapeuta da ACT aborda a desfusão usando técnicas diferentes.

A predominância dos mecanismos de processamento linguístico sobre a experiência consciente humana direta pode resultar na desconexão da experiência que ocorre momento a momento e na consolidação e concretização de conceitos imaginários, representações verbais e experiências emocionais transitórias (Hayes et al., 1999, 2001). Como resultado, as pessoas podem passar tempo excessivo reagindo a eventos internos como se fossem profundamente ameaçadores ou tristes provenientes do mundo exterior. Essa literalização das representações mentais foi chamada de "fusão cognitiva" (Hayes et al., 1999). A fusão pensamento-ação, que envolve a crença de que os pensamentos refletem a realidade ou levam aos resultados temidos, também foi proposta nos modelos cognitivos tradicionais das obsessões (Rachman, 1997).

As técnicas de desfusão buscam permitir que o paciente amplie o leque de respostas comportamentais possíveis na presença de pensamentos e sentimentos difíceis. A mudança na forma como o evento mental exerce influência sobre o comportamento é, às vezes, chamada de *transformação da função*. Ao lidar com a desfusão, o terapeuta auxilia o paciente a experimentar um maior grau de flexibilidade psicológica. Os exemplos a seguir fornecem alguns exercícios simples criados para promover a desfusão, ajudando o paciente a experimentar os eventos privados desafiadores sem ser controlado por eles.

Questão a ser proposta/intervenção

"Você pode ter um pensamento sem acreditar completamente nele? Você acredita em tudo o que pensa? Você pode perceber o processo do pensamento enquanto ele se desdobra diante de você, no momento, em vez de se identificar com seus conteúdos?

Você consegue olhar *para* os seus pensamentos, em vez de *a partir* deles?

Exemplo

O exemplo a seguir é o trecho de uma sessão na qual o terapeuta utiliza "leite, leite, leite" – um modelo clássico de desfusão descrito no texto original da ACT (Hayes et al., 1999).

Terapeuta: Hoje, conversamos bastante sobre como podemos olhar para os pensamentos de uma nova maneira, de uma forma que estejamos menos presos ou enrolados em seu conteúdo.

Paciente: Sim, acho que entendo bem o que você descreveu.

Terapeuta: Gostaria que tomássemos um instante para explorar isso com um exercício aqui na sessão. Tudo bem?

Paciente: É um exercício de meditação?

Terapeuta: Na verdade, não; é mais um experimento para ver se você pode ter uma prova dessa mudança de perspectiva.

Paciente: Ok. Estou disposto.

Terapeuta: Muito bem. Se puder, por favor, pense na palavra *leite* por alguns momentos. Leve quanto tempo precisar e, então, diga-me o que lhe vem à mente.

Paciente: Certo, estou pensando em leite e estou pensando em sorvete, que é de certa forma feito com leite. Estou pensando em colocá-lo no meu café. Ah, também estou pensando em colocá-lo no cereal.

Terapeuta: Tudo isso faz sentido, não? Ok. Algo mais lhe vem à mente?

Paciente: Bem, acho que posso imaginar o gosto do leite. Eu bebo leite puro às vezes, um copo de leite frio.

Terapeuta: Então, ao pensar na palavra *leite*, essas imagens, essas lembranças começam a aparecer em sua mente?

Paciente: Sim, claro.

Terapeuta: Certamente. Então, durante a próxima parte do exercício, eu gostaria que você repetisse a palavra *leite* várias vezes, em voz alta, em um ritmo rápido. Por favor, feche os olhos e faça junto comigo quando eu pedir, certo?

Paciente: Ok.

Terapeuta: Pronto, então... comece... [Neste ponto, terapeuta e paciente começam a repetir a palavra *leite* sem parar. O terapeuta toma gradualmente a iniciativa de ditar o ritmo, e eles começam a dizer, cada vez mais rápido, "leite, leite, leite...", em um andamento crescente. Logo, as palavras parecem se amontoar umas sobre as outras, e o ritmo delas as torna um pouco difícil de acompanhar. O volume aumenta um pouco. Continua até que o terapeuta peça calmamente que o paciente pare. Isso leva cerca de 40 segundos. A interrupção da repetição é seguida por um breve silêncio.] Então, agora você poderia dizer, por favor, a palavra *leite* só mais uma vez?

Paciente: Leite.

Terapeuta: E, ao dizer essa palavra agora, o que percebe de diferente na experiência?

Paciente: A palavra começou a soar engraçada enquanto a repetíamos. Não parecia querer dizer nada. As ideias que surgiam em minha cabeça antes não estão mais aqui.

Terapeuta: Não é notável? Há apenas alguns minutos, a palavra imediatamente desencadeou todas aquelas imagens e coisas relacionadas e, após menos de um minuto de repetição, a experiência da palavra é muito diferente.

Paciente: É esquisito, mas é diferente.

Terapeuta: Agora, se você aceitar, gostaria de tentar a mesma técnica com um pensamento que lhe causou dificuldade ou sofrimento na semana passada. Tudo bem?

Paciente: Claro, vamos ver o que acontece.

Tarefa

A desfusão, mais do que uma técnica específica de psicoterapia, é um processo central envolvido no estabelecimento da flexibilidade psicológica, de acordo com o modelo da ACT (K. G. Wilson e DuFrene, 2009). (Uma técnica semelhante foi apresentada por Freeston et al., 1997, como forma de exposição aos pensamentos no transtorno obsessivo-compulsivo.) Há uma ampla variedade de exercícios de desfusão que podem ser prescritos como tarefa de casa; essas técnicas usam frequentemente, como prática de tarefa, metáforas ou visualização de pensamentos no novo contexto. Três exemplos que podem ser propostos como tarefa estão incluídos no Formulário 6.2, com as descrições das metáforas e técnicas empregadas. As técnicas no formulário foram adaptadas de várias fontes da ACT (Hayes e Smith, 2005; Hayes et al., 1999) e estão disponíveis na internet (p. ex., www.contextualpsychology.org).

Possíveis problemas

Em alguns casos, a *desfusão* pode ser confundida com a *reestruturação cognitiva*. Ambas consistem em perceber os pensamentos automáticos à medida que surgem e implementar a consciência modificadora, de forma que os pensamentos possam ser melhor examinados. No caso da reestruturação cognitiva, o objetivo é modificar diretamente o *conteúdo* do pensamento, o que ocorre por meio de análise lógica da sua utilidade e validade. Já a desfusão não se ocupa do conteúdo. Ao usar uma técnica de desfusão, o terapeuta não se propõe a fazer necessariamente qualquer alteração direta no conteúdo do pensamento. A desfusão tem como propósito permitir que o paciente observe seus eventos privados e se refira a eles como fenômenos mentais, em vez de fatos, para que possa se desvencilhar do controle cognitivo que os pensamentos exercem sobre ele. Ao fazê-lo, o paciente pode atingir maior flexibilidade e ter a oportunidade de reassumir sua vida. Obviamente, o conteúdo cognitivo pode mudar ao longo do processo, mas a mudança é considerada "de segunda ordem" e apenas parte de um processo mais amplo.

O terapeuta deve perceber quando a discussão com o paciente começa a se voltar para uma disputa cognitiva, em vez de desfusão. Nestas ocasiões, o terapeuta pode discutir diretamente a diferença entre questionar a lógica do pensamento e reconhecê-lo como "um mero pensamento", e não como realidade. O terapeuta pode fazer uma análise funcional do pensamento, examinando como o ato de dar ouvidos a um pensamento específico afeta o paciente. Além disso, o terapeuta pode distinguir diretamente entre questionar a "utilidade" e a "veracidade" de um pensamento.

Referência cruzada com outras técnicas

A desfusão em si é parte da consciência atenta; assim, ela se relaciona obviamente com as várias técnicas de atenção plena ilustradas neste texto. A desfusão também se relaciona claramente à apresentação do que chamamos de "aceitação" e ao uso de metáforas para estimular disposição e desfusão, tema discutido a seguir.

Formulário

Formulário 6.2: Práticas de Desfusão na Vida Diária.

TÉCNICA: USO DE METÁFORAS PARA CULTIVAR DISPOSIÇÃO E DESFUSÃO

Descrição

O uso de metáforas é um componente central das abordagens terapêuticas condizentes com a ACT. Apesar de muitas terapias, incluindo a TCC tradicional, poderem empregar metáforas para ilustrar um ponto psicoeducativo ou facilitar a mudança de perspectiva, o terapeuta da ACT provavelmente usa metáforas com mais frequência ou por motivos mais ou menos diferentes, conforme explicamos a seguir.

A ACT é baseada na teoria comportamental da linguagem e da cognição – a teoria dos quadros relacionais (TQR; RFT, em inglês) (Hayes et al., 2001) –, que propõe uma justificativa comportamental para o uso de metáforas. Essa teoria pode parecer um tanto complexa para muitos psicólogos não familiarizados com a tradição comportamental analítica. Porém, não é necessário estabelecer um profundo entendimento dos detalhes da TQR para empregar ações terapêuticas condizentes com a ACT. Mesmo um breve olhar sobre a perspectiva da TQR acerca das metáforas pode ajudar o clínico a usar aquelas já estabelecidas no cânone da ACT ou criar as suas próprias metáforas.

Na ACT, as metáforas empregam linguagem figurada de modo a ensinar novas respostas a contextos emocionais perturbadores (Hayes et al., 1999). A metáfora não se destina apenas a transferir conhecimento: ela serve para estabelecer uma nova relação entre os eventos mentais do paciente, resultando em mudança de comportamento. Essa mudança no efeito de um evento privado sobre o comportamento do paciente pode ser descrita como uma transformação nas funções do estímulo (I. Stewart, Barnes-Holmes, Hayes e Lipkens, 2001). Para que uma metáfora consistente com a ACT atinja efetivamente a meta, ela deve atender aos seguintes critérios: basear-se em elementos cotidianos do senso comum; "evocar um rico padrão sensorial" (p. 81); descrever uma série de eventos, interações ou relações representativos e que simbolizem elementos da vida do paciente, os quais tenham probabilidade de surgir entre as sessões; ter várias interpretações, se o paciente estiver enfrentando um problema amplo, e menos interpretações possíveis, caso ele esteja lidando com um problema específico e focado.

Quando o paciente cultiva disposição, as metáforas podem ajudar a gerar flexibilidade psicológica. O exercício dos "Monstros no Ônibus" no exemplo a seguir é uma metáfora clássica da ACT, o qual, entre outras coisas, enfatiza e ilustra os benefícios potenciais da prática da aceitação a serviço de uma vida bem vivida (Hayes et al., 1999).

Questão a ser proposta/intervenção

"Eu gostaria de ilustrar esta ideia com uma breve história. Tudo bem? Como você pode relacionar a história que analisamos com as que acontecem em sua vida? Se você soubesse que os pensamentos e emoções difíceis que aparecem nessa situação são necessárias para se ter uma vida plena, significativa e compensadora, você estaria disposto a experimentá-los e carregá-los consigo nessa jornada?"

Exemplo: A metáfora dos "Monstros no Ônibus"[1]

Imaginemos que você se encontre no papel de um motorista de ônibus. Você tem seu uniforme, seu painel brilhando, o assento confortável e um ônibus poderoso sob seu comando. O ônibus que está dirigindo é muito importante. Ele representa sua vida. Todas as suas experiências, todos os desafios e pontos fortes o trouxeram para esse papel, como motorista do ônibus que representa sua vida. Você escolheu um destino para o ônibus. É um destino pelo qual você optou. A destinação representa as metas valiosas que você se propõe a perseguir na vida. Chegar ao destino é muito significativo para você. É importante chegar lá. Cada centímetro que viajar em direção ao objetivo que você valoriza significa que você, de fato, tem levado sua vida na direção correta. Enquanto dirige, é necessário que mantenha o curso e siga o caminho correto para a meta que você valoriza.

Como qualquer motorista de ônibus, você é obrigado a parar no caminho e pegar passageiros. O problema com essa viagem específica é que alguns passageiros são verdadeiramente difíceis de se lidar. Eles são, na verdade, monstros. Cada um representa um pensamento ou sentimento difícil que você teve de enfrentar durante a vida. Alguns monstros podem representar a autocrítica; outros, os sentimentos de pânico e terror; outros representam grandes preocupações com o que virá. O que quer que tenha lhe causado problemas ou que o tenha distraído das ricas possibilidades da vida está subindo no ônibus na forma de um desses monstros.

Os monstros são desordeiros e rudes. Enquanto você dirige, eles o insultam, gritam e cospem. Você consegue ouvir os gritos enquanto dirige: "Fracassado!", gritam eles. "Por que não desiste? Você não tem jeito!", ouve-se. Um até grita: "Pare o ônibus! Isso nunca vai dar certo!". Você pensa em parar para reclamar e disciplinar os monstros. Mas, se o fizer, você não mais estará indo em direção ao que importa. Talvez deva parar no acostamento e atirar os monstros para fora. Novamente, isso significa ter de parar de seguir em direção aos seus valores. Talvez, se virar à esquerda e tentar uma rota diferente, os monstros se acalmem. Mas isso também o desvia de sua rota na vida, de forma que o leve a concretizar os objetivos que você valoriza e que foram livremente escolhidos.

De repente percebe que, enquanto se ocupava elaborando estratégias e argumentos para lidar com os monstros maldosos no ônibus, você passou de algumas esquinas onde deveria ter dobrado sem perceber, perdendo tempo na viagem. Você agora entende que, para chegar até onde deseja e continuar se movendo na direção que escolheu na vida, precisa continuar dirigindo e permitir que os monstros continuem todo o tempo com suas vaias, provocações e reclamações. Você pode optar por levar a vida na direção correta, enquanto simplesmente abre espaço para o barulho que os monstros produzem. Você não pode expulsá-los nem fazê-los parar. Mas pode fazer a escolha de continuar vivendo uma vida de forma significativa e compensadora para você, continuar dirigindo o ônibus, mesmo com os monstros reclamando no caminho.

[1] Este exercício é adaptado de Hayes, Strosahl e Wilson (1999). Copyright 1999 por The Guilford Press. Adaptado com autorização.

Tarefa

O uso de metáforas para ilustrar o valor da disposição e da aceitação, bem como de outros processos, não é prescrito como tarefa de casa formal. Tendo dito isso, contudo, muitos pacientes podem relacionar sua experiência entre as sessões com as metáforas que aprenderam nelas. Por exemplo, um paciente que luta contra uma fobia social significativa, mas que também precisa frequentar reuniões de grupos no trabalho, pode observar: "Hoje, eu estava de fato perdendo o controle na reunião, mas foi exatamente como os 'monstros no ônibus'. Continuei fazendo o que sabia ser necessário, mesmo com a ansiedade indo e vindo". Gradualmente, as metáforas se relacionam mais e mais, tanto com as experiências de vida quanto com os processos ativos que têm lugar nas sessões de terapia. Como resultado, o paciente desenvolve a capacidade de mudar sua perspectiva e o emergente potencial de flexibilidade psicológica. Assim, a "tarefa de casa" no uso das metáforas para cultivar a disposição consiste em fazer o paciente aplicar essas metáforas (ver o Formulário 6.3) quando agentes geradores de estresse surgiram, com o propósito de facilitar a aceitação e a desfusão. O terapeuta pode se informar com o paciente em cada sessão para verificar como ele aplicou as metáforas.

Possíveis problemas

Um paciente pode estar muito disposto a usar metáforas e realizar exercícios imaginários com o terapeuta, a fim de ilustrar algum ponto ou facilitar uma experiência. Contudo, se o terapeuta iniciar a metáfora de forma tangencial ou repentina, pode perder a conexão com o paciente naquele momento. Similarmente, as metáforas podem ser empregadas de forma pedante ou acadêmica, e o paciente pode considerá-las invalidantes. Para melhor empregar metáforas na sessão, recomenda-se que o terapeuta peça brevemente permissão e colaboração ao paciente para o exercício. Por exemplo, o terapeuta pode dizer: "Gostaria de usar uma história bem curta para analisar mais de perto o que estamos discutindo. Tudo bem?". Para propiciar uma aliança terapêutica sintonizada e empática durante o uso da metáfora, o terapeuta pode ter como propósito acompanhar o afeto e o ritmo do paciente.

É possível que o paciente fique impaciente se as explicações das metáforas demandarem muito tempo ou se o terapeuta usar metáforas em um momento em que o paciente tenha necessidade urgente de discutir outro tópico. O estabelecimento da agenda e a colaboração no início da sessão podem, assim, ser usados para dar tempo ao paciente de trazer os temas que considere importantes e também dar ao terapeuta tempo para introduzir metáforas e outras técnicas. Em um cenário ideal, tanto o terapeuta quanto o paciente entram na metáfora juntos, conectados com o presente e abertos à transformação da função dos estímulos que surgirem com o uso da linguagem figurada, da mudança de perspectiva e da desfusão.

Referência cruzada com outras técnicas

O trabalho com metáforas tem uma conexão óbvia com a desfusão, técnicas de atenção plena e apresentação do que chamamos "aceitação". Técnicas para cultivar autocompaixão, como a meditação de *metta*[*] e o

[*] N. de R.: *Metta bhavana*, uma das formas de meditação budista.

uso da imagem do eu compassivo, também guardam relação com metáforas.

Formulário

Formulário 6.3: Os Monstros no Ônibus.

TÉCNICA: "COMO PARAR A GUERRA"

Descrição

O exercício a seguir é baseado na meditação encontrada em *A Path with Heart*, de Jack Kornfield (1993). Este exercício pode ser considerado uma prática de atenção plena, mas está incluído entre nossas técnicas de aceitação e disposição. Foi incluído nesta seção porque propõe-se a auxiliar os pacientes a abrirem mão dos conflitos e lutas que mantêm no dia a dia. O exercício consiste em fazer a escolha de "parar a guerra" contra as experiências emocionais. É interessante notar que este exercício também é uma forma de metáfora, ao utilizar o símbolo da "guerra" ou "batalha" para representar as lutas interiores contra o fluxo de experiência, o qual pode nos manter em apego ou provocar a fusão com nossos eventos privados.

Questão a ser proposta/intervenção

Este exercício pode ser apresentado após o paciente praticar a atenção plena na sessão e, preferivelmente, o conceito de disposição. Ao guiar o paciente na meditação, é importante dizer as palavras em ritmo lento e estável, fazendo pausas e permitindo curtos silêncios. Isso auxilia o paciente a chegar a um estado de atenção plena e aceitação de si mesmo.

Exemplo[2]

Use alguns instantes para ficar confortável ao se sentar. Faça os ajustes necessários em sua posição e postura, ao começar o exercício, para ficar à vontade. Adote uma postura segura e apoiada. Deixe os olhos fechados. Sem mudar deliberadamente o ritmo da respiração, traga, de modo suave, a atenção para o fluxo da respiração entrando e saindo do corpo. Preste atenção nas plantas dos pés; em seguida, traga parte da atenção para o topo da cabeça. Agora, para tudo que está no meio. Trazendo a atenção novamente à respiração, apenas a acompanhe: ao inspirar, você sabe que está inspirando; ao expirar, sabe que está expirando.

Comece a perceber as sensações presentes no corpo. Se houver sentimentos de tensão, pressão ou desconforto, preste atenção neles também. Tanto quanto possível, adote uma atitude de disposição em relação a essas experiências. Ao inspirar, coloque atenção especialmente nas áreas do corpo que apresentam desconforto, tensão ou resistência. Você pode abrir espaço para essas experiências? Traga parte da atenção para o sentimento de resistência, para a luta que está experimentando em torno dessas sensações. Note a tensão envolvida em combater essas experiências, momento a momento. Ao encontrar cada uma dessas sensações, ao longo do corpo, abra-se para a experiência. Abandone a luta. Traga a atenção gentilmente para a respiração. Permita-se ser exatamente o que você é neste momento.

Ao expirar, abandone inteiramente a atenção que dá às sensações físicas. Com a próxima inspiração, traga a atenção para os pensamentos e emoções. Que pensamentos fluem em sua mente? Que sentimentos se mo-

[2] A meditação a seguir é baseada no exercício de "como parar a guerra interior", de Jack Kornfield (1993).

vimentam em seu coração? Traga uma atenção aberta e receptiva de modo especial para os pensamentos e emoções contra os quais você habitualmente lutaria. Tanto quanto puder, neste momento, permita-se suavizar em torno desses pensamentos e sentimentos. Você consegue abrir espaço para os eventos em sua mente e em seu coração? Você consegue abandonar a guerra dentro de si mesmo, ainda que apenas neste momento?

Traga a atenção de volta ao fluxo da respiração, aos seus pés colocados no chão, ao seu assento na cadeira e às suas costas, que se encontram retas e apoiadas. Ao inspirar, preste atenção nas lutas em sua vida. Que batalhas você continua a lutar? Veja se consegue sentir a presença dessas batalhas. Se você luta contra o seu corpo, traga consciência para isso. Se luta contra as emoções, percebа-as neste momento. Se houver pensamentos intrusos, pensamentos contra os quais você trave uma guerra, traga uma suave atenção a essa luta. Por um momento, permita-se sentir o peso dessas lutas, dessas batalhas. Por quanto tempo os exércitos têm lutado dentro de você?

Acalmando também esta experiência, permita-se trazer uma atenção aberta e compassiva para as lutas. Abandone as batalhas. Ao expirar, por um momento, permita-se sentir uma disposição completa para ser exatamente quem você é, bem aqui e agora. Neste momento, permita-se aceitar a totalidade do que a vida lhe trouxe e tudo o que você trouxe à vida. Não é hora de parar a guerra que tem travado dentro de si mesmo? Deixe-se novamente optar por abandonar a guerra. Com coragem e compromisso, permita-se aceitar plenamente quem você é, bem aqui e agora.

Traga parte da atenção para as plantas dos pés. Em seguida, traga parte da atenção para o alto da cabeça. Agora, atente para tudo o que há no meio. Trazendo a atenção de volta à respiração, siga-a, simplesmente: ao inspirar, você sabe que está inspirando; ao expirar, sabe que está expirando.

Quando estiver pronto, abra os olhos, finalize o exercício e prossiga o seu dia.

Tarefa

Este exercício pode ser prescrito como meditação diária a ser praticada entre as sessões. Esta prescrição pode ser aplicada ao longo da semana ou mais. Após os pacientes terem desenvolvido uma prática regular de atenção plena, eles podem escolher esta meditação como um aspecto central de sua prática. Este, porém, não é um objetivo a ser almejado e não é necessariamente a "melhor" meditação para tal propósito. Este exercício pode também ser usado na sessão para ajudar os pacientes a entrarem em contado com a disposição, sem que seja passado como tarefa de casa. O Formulário 6.4 (Registro de "Como Parar a Guerra") pode ser usado pelos pacientes para que registrem sua prática diária do exercício.

Possíveis problemas

Os exercícios experimentais de "Como Parar a Guerra" são muito diferentes do que muitos pacientes podem esperar encontrar em uma sessão de psicoterapia. Alguns podem ver esse tipo de técnica como exótica, estranha ou mesmo parte de uma tradição religiosa à qual se opõem. Neste caso, o terapeuta pode convidar o paciente a tomar parte do exercício como um experimento a ser empreendido em conjunto na sessão. O terapeuta tem possibilidade, ainda, de extrair os pensamentos automáticos e pressupostos negativos do paciente a respeito dos exercícios de "meditação" na sessão.

Além disso, é possível descobrir que o paciente tem pensamentos automáticos de ser julgado pelo terapeuta enquanto executa o exercício, ou tenha temores de constrangimento ao se envolver nessa visualização. O terapeuta pode usar a técnica do duplo padrão em tais casos, perguntando ao paciente, por exemplo: "O que você diria a um amigo querido, caso ele lhe dissesse estar receoso de praticar este exercício, mesmo no consultório do terapeuta?". Além do mais, as vantagens e desvantagens de se engajar no exercício podem ser exploradas.

Mesmo quando o terapeuta pede permissão, equiparando-se ao ritmo e à tonalidade dos afetos do paciente, e adota uma postura cooperativa, o paciente pode não estar disposto a empreender o exercício. Essa é uma oportunidade para o terapeuta modelar aceitação, flexibilidade e compaixão. Após ouvir sobre os sentimentos mistos ou objeções do paciente, pode ser recomendável adotar flexivelmente um método distinto ou um processo diferente, a fim de ajudar o paciente a atingir as metas na terapia.

Referência cruzada com outras técnicas

Esta técnica está relacionada às técnicas de atenção plena e desfusão, à apresentação do que chamamos de "aceitação" e ao uso de metáforas para cultivar disposição e desfusão.

Formulário

Formulário 6.4: Registro de "Como Parar a Guerra".

CONCLUSÕES

Ao discutirmos aceitação e disposição na regulação emocional, não estamos nos referindo apenas às técnicas, mas enfatizando os processos psicoterapêuticos que estão envolvidos na mudança. Treinar os pacientes no cultivo de uma disposição que perdure diante de experiências emocionais difíceis pode permitir que eles se habituem ao desprazer e descubram novas opções comportamentais. A habituação, nesse sentido, não é operacionalizada apenas como diminuição dos sintomas e sinais de ansiedade na presença de um estímulo temido. No que concerne às intervenções baseadas na aceitação, a habituação representa um repertório comportamental expandido diante de respostas emocionais desagradáveis ou não desejadas. Tal abertura de possibilidades pode permitir aos pacientes oportunidades de buscarem maior comprometimento com as metas e diretrizes que valorizam e perseguem. As recompensas intrínsecas que advêm de tal comportamento podem ajudá-los a se envolver em um ciclo virtuoso de progresso e movimento na vida. Várias dimensões descritas neste livro estão inter-relacionadas neste processo. Por exemplo, a consciência com atenção plena no presente, a autocompaixão e a disposição para experimentar plenamente os eventos mentais, não nos permitindo ser controlados pelos conteúdos de nossos pensamentos e sentimentos, estão todas envolvidas no fluxo contínuo de regulação emocional que pode ter lugar no contexto de uma vida bem vivida. De modo semelhante, a aceitação e a desfusão podem capacitar os pacientes a se afastarem dos pensamentos automáticos, encorajando uma consciência mais forte dos esquemas emocionais e uma maior habilidade de questionamento dos pensamentos negativos.

7

TREINAMENTO DA MENTE COMPASSIVA

Conforme discutimos, atenção plena, aceitação e compaixão estão relacionadas. O ato de praticar a atenção plena e a disposição para entrar em contato com o presente "simplesmente como ele é" envolve uma forma emergente de gentileza consigo mesmo e autovalidação. Assim, o treinamento mental desenvolvido para fomentar intencionalmente a "mente compassiva" (Gilbert, 2007) tornou-se uma tendência crescente nas terapias cognitivas e comportamentais de terceira geração baseadas na atenção plena e na aceitação. A ênfase na compaixão dentro da terapia cognitivo-comportamental (TCC) é parte de uma integração maior entre métodos focados na compaixão e influências budistas na psicoterapia em geral (Germer, Seigel e Fulton, 2005). Paul Gilbert (2009) inspirou-se nas influências budistas, na psicologia evolutiva e na neurociência afetiva para desenvolver uma forma abrangente de TCC conhecida como terapia focada na compaixão (TFC). Neste capítulo, apresentamos várias técnicas, inspiradas na TFC e em práticas budistas, que enfatizam o treinamento da mente compassiva.

Obviamente, muitas terapias discutem o valor da cordialidade e da empatia na relação psicoterápica (Gilbert e Leahy, 2007; Greenberg e Paivio, 1997; Rogers, 1965). Contudo, a TFC e outras abordagens focadas na compaixão se caracterizam pela ênfase específica no "treinamento da mente compassiva". As abordagens focadas na compaixão postulam que o cultivo desta é um processo central na regulação emocional e na psicoterapia, particularmente ao lidar com pacientes que lutam contra sentimentos de vergonha e que exibem pensamentos autocríticos (Gilbert, 2007; Gilbert e Irons, 2005).

Gilbert (2007) descreve compaixão como um "processo multifacetado" que evoluiu a partir da "mentalidade do cuidador", encontrada no cuidado parental humano e na criação dos filhos. Assim, a compaixão envolve muitos elementos emocionais, cognitivos e motivacionais: cuidado com o bem-estar dos outros, simpatia, tolerância ao sofrimento, empatia, consciência não julgadora, sensibilidade ao sofrimento e a habilidade de criar oportunidades de crescimento e mudança com cordialidade (Gilbert, 2007). Gilbert (2009) afirma que

> sua essência é a gentileza básica, com profunda consciência do próprio sofrimento e do sofrimento de outras criaturas vivas, em conjunto com o desejo e o esforço para aliviá-los.

A teoria que embasa a TFC conecta "processos psicoterápicos com sistemas psicológicos evoluídos, especialmente aqueles associados ao comportamento social" (Gilbert, 2007). Inspirando-se na neurociência afetiva da evolução (Depue e Morrone-Strupinsky, 2005), o modelo da TFC descreve três sistemas primários de regulação dos afetos que operam nos seres humanos (Gilbert, 2009). O primeiro deles é chamado de sistema "focado no incentivo/recurso", o qual envolve a variedade de comportamentos humanos que contribuem para perseguir, consumar e alcançar metas (Gilbert, 2007, 2009). O sistema incentivo/recurso provavelmente envolve vias dopaminérgicas em maior grau do que os outros sistemas de regulação emocional. O segundo deles envolve um foco altamente sensível "nas ameaças". Diante da presença persistente de ameaças, como predadores, doenças e desastres naturais, nossos ancestrais desenvolveram o processo de "melhor prevenir do que remediar" para rapidamente detectar ameaças no ambiente e reagir a elas. O sistema focado em ameaças envolve estruturas evolutivas mais antigas no cérebro, como a amígdala e o sistema límbico, abrangendo as vias serotonérgicas (Gilbert, 2009) e ativando a resposta comportamental defensiva, como a clássica reação de "luta, fuga ou paralisia". Por sua vez, considera-se que o terceiro sistema de regulação emocional está baseado na segurança do contentamento e da conexão. Ele se reflete nos comportamentos "focados na afiliação", como nutrição, validação e empatia, envolvendo oxitocina e opioides (Gilbert, 2007). Os seres humanos evoluíram para reagir naturalmente à gentileza e cordialidade por meio da infrarregulação (*downregulation*) dos sistemas de ansiedade e uma sensação de "tranquilização". Isso envolve uma predisposição genética da capacidade de sentir "segurança" e tranquilidade na presença de interações estáveis, calorosas e empáticas com os outros (Gilbert, 2009). Esse "sistema de segurança" focado na filiação envolve comportamentos não verbais semelhantes ao contexto estável e cuidadoso que pais comprometidos e responsáveis podem estabelecer com a criança (Bowlby, 1968; Fonagy, 2002; Fonagy e Target, 2007; Sloman, Gilbert e Hasey, 2003). Um dos objetivos da TFC é treinar os pacientes para acessarem e empregarem esse sistema de autotranquilização experimentando o sentimento de compaixão.

Em uma conceituação similar da compaixão, Wang (2005) postula que a compaixão humana emerge de um sistema neurofisiológico "de preservação da espécie" determinado evolutivamente. Esse sistema se desenvolveu em um espaço de tempo evolutivo relativamente recente, em comparação com o sistema "autopreservativo" mais antigo. O sistema de preservação da espécie se baseia no "senso inclusivo do *self* e promove a consciência de interconexão com os outros" (Wang, 2005). Evidências consideráveis em ampla variedade de animais, em especial primatas, sustentam a visão de que compaixão, empatia, altruísmo e outras formas de gentileza são amplamente difundidos (DeWaal, 2009). Os ancestrais dos humanos que praticavam compaixão, proteção de grupo, compartilhamento de comida e cuidado com os jovens ou doentes tinham maior chance de sobrevivência do que aqueles caracterizados pela indiferença quanto ao bem-estar dos outros (D. S. Wilson e Wilson, 2007).

Comparados com alguns outros animais, os bebês e as crianças da espécie humana podem parecer indefesos, demandando, como de fato demandam, grande dose de cuidados e proteção no início da vida. Como resultado, estruturas do cérebro e outros elementos específicos dos sistemas nervoso e hormonal evoluíram para promover comportamentos que envolvem proteção e cuidado com os outros. A revisão de Wang dos dados relevantes da literatura sugere que o córtex pré-frontal, o córtex cingulado e o complexo vagal ventral estão envolvidos estruturalmente na ativação desse sistema de preservação da espécie (Wang, 2005). Tais estruturas estão todas envolvidas no desenvolvimento de laços saudáveis e podem também estar envolvidos no cultivo da atenção plena (D. Siegel, 2007).

Em abordagem relacionada, Neff integrou a psicologia social contemporânea aos elementos fundamentais da filosofia budista para desenvolver uma teoria da "autocompaixão" distinta tanto da "autoestima" quanto da compaixão pelos outros (Neff, 2003). De acordo com Neff, a autocompaixão envolve três elementos primários: gentileza consigo mesmo, consciência da própria humanidade e consciência com atenção plena. Observou-se que níveis mais altos de autocompaixão estão correlacionados com níveis mais baixos de depressão e ansiedade (Neff, 2003; Neff, Hseih e Dejitthirat, 2005; Neff, Rude e Kirkpatrick, 2007). Considera-se que essas relações persistam, mesmo quando se controla o efeito da autocrítica. A pesquisa de Neff e colaboradores demonstrou correlações positivas entre a autocompaixão e uma variedade de dimensões psicológicas positivas (Neff, Rude et al., 2007). Esses fatores incluem (mas não se limitam a) satisfação com a vida, sentimentos de conexão social (Neff, Kirkpatrick e Rude, 2007), iniciativa pessoal e afeto positivo (Neff, Rude et al., 2007).

Com base na perspectiva evolutiva, a terapia do esquema emocional (TEE) considera que o funcionamento saudável da capacidade de autotranquilização, fundamentada na experiência de relações afetivas afinadas, é um processo central da regulação emocional humana adaptativa. De fato, a natureza dos esquemas emocionais adaptativos saudáveis sugere que uma relação receptiva, validadora e aberta consigo mesmo pode levar a uma vida emocional mais saudável. Assim, cultivar a autocompaixão pode ser um elemento essencial em uma abordagem baseada em esquemas.

TÉCNICA: MEDITAÇÃO DA "GENTILEZA AMOROSA"

Descrição

O termo "gentileza amorosa" é uma tradução da palavra *metta*, que na antiga língua pali representava um senso de profundo cuidado, boa vontade e preocupação com o bem-estar de todos os seres. Essa forma de boa vontade envolvia ausência de apego aos objetos desse cuidado. Em seu nível mais fundamental, *metta* representava uma forma de aspiração ao amor e gentileza universais. Tradicionalmente, acreditava-se que a prática regular da meditação de *metta* resultaria na interrupção da hostilidade e da agressividade daquele que a praticava. Pensava-se que isso levaria a um maior grau de saúde espiritual e pessoal, inclusive ajudando o praticante a superar problemas como insônia ou pesadelos. Tais ideias refletem-se nas pesquisas recentes de neuroimagem de praticantes de longa data da meditação compassiva (Lutz, Brefczynski-Lewis, Johnstone e Davidson, 2008), mostrando que praticantes avançados de meditação focada na compaixão reagiram a estímulos adversos com maior ativação das áreas cerebrais envolvidas na empatia, no amor e nas emoções positivas, como o córtex cingulado anterior e a ínsula. Isso apoia a afirmação de Gilbert (2009), de que o treinamento da mente compassiva pode resultar em mudança do modo de regulação emocional, de um sistema de reação ansioso, agressivo ou baseado em ameaças para um sistema tranquilizador de afiliação e baseado na compaixão.

Na meditação da gentileza amorosa, somos apresentados a um exemplo único de intervenção pré-científica, elaborada especificamente para fomentar uma regulação emocional mais adaptativa e tratar ansiedade e agressividade, que agora é sustentada por evidências empíricas. A prática é muito simples e consiste na visualização, por parte do praticante, como sendo inocente e merecedor de compaixão e cuidado. Quando essa imagem é formada, ele começa a recitar uma frase que aspire à autocompaixão, como "que eu seja preenchido com gentileza amorosa, que eu esteja em paz e à vontade, e que eu esteja bem". Acompanhando essa visualização e recitação, a pessoa que pratica esse treinamento também almeja fomentar uma experiência sensorial direta de compaixão e amor, focando as sensações corporais relacionadas com tais emoções. Isso é tradicionalmente praticado de forma regular por cerca de 30 minutos, durante um longo período. Após gerar a autocompaixão, esse exercício pode ser usado para cultivar compaixão pelos outros, mesmo aqueles dos quais se tenha raiva ou má vontade. Assim, quando o paciente permanece envolvido nesta prática meditativa tanto quanto possível, ele se habitua gradualmente à experiência da compaixão e aumenta a habilidade de permanecer de maneira flexível na presença de sentimentos difíceis que possam surgir ao direcionar a atenção compassiva para seu interior.

Questão a ser proposta/intervenção

A intervenção em si segue o formato básico das práticas de atenção plena explicadas anteriormente em detalhes neste livro. O terapeuta guia o paciente pelos passos deste exercício, os quais podem ser posteriormente seguidos tanto de memória, tendo ele memorizado as instruções no folheto do paciente, quanto acompanhando uma meditação de gentileza amorosa gravada. Há vários exemplos disponíveis de meditações guiadas de gentileza amorosa. Pode ser também recomendável que o terapeuta grave a meditação guiada durante a sessão e dê ao paciente uma cópia. Assim como as práticas de atenção plena, esta meditação deve ocorrer em local silencioso e seguro, de preferência com o paciente sentado em uma almofada de meditação ou cadeira com recosto vertical ou deitado no chão.

Exemplo[1]

A gentileza amorosa é uma qualidade que pode nos ajudar a permanecer com experiências difíceis, em vez de lutar contra o que não podemos mudar. Essa qualidade do olhar caloroso e compassivo em relação a si e aos outros também está associada ao cultivo de um senso de bem-estar que pode conduzir a ações positivas realizadas em prol de uma vida significativa e compensadora. A meditação na qual estamos prestes a embarcar pode ser vista como uma das práticas mais antigas e duradouras de "saúde mental" da história humana. Por mais de 2.500 anos, as pessoas têm se sentado silenciosamente, dirigindo desta forma a atenção ao cultivo do amor e apreciação por si mesmos e todas as criaturas vivas. Ao se sentar para começar a meditação, ao embarcar em sua própria jornada privada rumo à compaixão, dê-se um momento para perceber que compartilha uma aspiração com séculos de companheiros de viagem. No início, separe cerca de 20 minutos para dedicar ao exercício; mais tarde, você pode dedicar um pouco mais de tempo a ele ou não fazê-lo.

[1] O exercício a seguir é adaptado de muitas fontes sobre a meditação de *metta*, incluindo os escritos de Jack Kornfield (1993) e Jon Kabat-Zinn (1990).

Diferentemente de outros exercícios de meditação, este envolve o foco em emoções e imagens específicas. Primeiramente, este tipo de exercício pode evocar sentimentos diferentes daqueles que você deseja explorar. Pode até trazer alguma frustração. Isso não é problema. Da melhor forma que puder, permita-se ser gentil e paciente consigo mesmo. Você está explorando ideias e práticas que podem ser muito novas e diferentes. A gentileza e paciência que você tem condições de dirigir a si mesmo diante da frustração podem oferecer mais uma oportunidade de praticar e aprofundar sua capacidade de autocompaixão.

Ao começar, sente-se em uma cadeira com recosto vertical ou em uma almofada de meditação. Assim como faria em um exercício meditativo de atenção plena, traga sua atenção ao fluxo respiratório. Faça os pequenos ajustes necessários para ficar tão confortável quanto possível. À medida que o exercício prossegue, se precisar ajustar a postura de tempos em tempos, está tudo bem. Traga sua atenção para o fluxo da respiração. Tanto quanto possível, sem julgamento, apenas observe a respiração enquanto inspira e expira. Traga sua consciência para o ato físico de respirar e simplesmente acompanhe o fluxo respiratório, momento a momento.

Forme uma imagem de si mesmo na mente. Imagine que está sentado nesta mesma postura. Você pode se imaginar como criança. Nesta imagem, você é inocente e digno de amor e compaixão. Caso não queira se imaginar como criança neste exercício, imagine-se simplesmente como é agora, porém envolvido por uma apreciação gentil e amorosa. Reconheça, apenas por um momento, que todos os seres desejam ser felizes e livres de dor. Todas as pessoas têm a motivação inata a se sentirem amadas e envolvidas em gentileza e aceitação. Perceba que não há problema em você desejar ser feliz e livre de sofrimento. Ao fazê-lo, comece a repetir silenciosamente a seguinte frase: "Que eu seja preenchido com gentileza amorosa. Que eu esteja bem. Que eu fique em paz e à vontade. Que eu seja feliz". Mantenha a imagem de si mesmo em mente ao repetir isso. Deixe que o ritmo da repetição flua com a respiração. Deixe-se envolver suavemente neste exercício, mas com um espírito de imobilidade. Permita que seu "coração" se abra ao sentido dessas palavras. Ao prosseguir neste exercício, misture o sentimento de ser amado e mantido em gentileza incondicional com o fluxo das próprias palavras. Sempre que sua mente divagar, um comportamento inevitável da mente, dirija-a suavemente de volta para a frase, imagem e sentimento de amor. "Que eu seja preenchido com gentileza amorosa. Que eu esteja bem. Que eu fique em paz e à vontade. Que eu seja feliz." É natural que as distrações cheguem e partam. Pratique a aceitação calorosa de si mesmo enquanto procede neste exercício e permita-se retornar delicadamente a atenção para a repetição tantas vezes quanto necessário. Quando o tempo que separou para este exercício tiver passado, simplesmente pare a frase. Ao expirar, abandone também a imagem de si mesmo e o foco deliberado nos sentimentos de cordialidade e compaixão. Deixe-se simplesmente estar com o fluxo da respiração; inspire, sabendo que está inspirando, e expire, sabendo está expirando. Ao expirar, abra os olhos e termine o exercício.

Tarefa

A meditação da gentileza amorosa pode ser exercitada regularmente como forma de tarefa de casa e como método de busca de um treinamento contínuo da mente compassiva. Este exercício pode durar 10 ou 15 minutos por dia, mas pode ser praticado por períodos de até uma hora ou mais de cada vez. É mais útil que os pacientes mantenham uma prática regular diária do que um ou dois períodos mais longos e intensos de meditação, sem que, com isso, seja estabelecida uma prática confiável e regular. Eles podem praticar primeiramente com um guia gravado, lembrando-se e seguindo as diretrizes escritas fornecidas aqui. É útil monitorar a prática diária dos pacientes e as observações que surjam sobre a prática. Eles podem preencher o Formulário 7.1, a fim de explorar mais a prática da gentileza amorosa.

Possíveis problemas

Muitos pacientes podem achar difícil dirigir a compaixão para si mesmos. Experiências vividas durante o desenvolvimento, como abuso, trauma ou negligência, podem levá-los a associar a experiência da aceitação compassiva à vergonha, ao perigo ou a outras emoções desagradáveis. Vários passos podem ser úteis para auxiliá-los a abordar a autocompaixão quando a ideia da compaixão em si evocar ansiedade.

A análise do desenvolvimento e o compartilhamento da conceituação do caso podem ser úteis em tais situações. O terapeuta pode começar o processo com psicoeducação, revisando a ideia de que os seres humanos aprendem a relacionar certos eventos do ambiente a uma ativação dos sistemas detectores de ameaças. O terapeuta pode explicar que, frequentemente, as pessoas desenvolvem comportamentos de segurança ou esquiva em resposta à ativação desses detectores de ameaças.

O terapeuta e o paciente podem revisar o histórico de eventos e relações durante o desenvolvimento que contribuíram para o temor da compaixão. Juntos, eles podem isolar os comportamentos de segurança e esquiva que foram desenvolvidos em resposta a esse histórico.

O terapeuta tem a possibilidade de usar uma análise funcional das respostas durante a sessão. Novas respostas podem ser planejadas e ensaiadas na sessão, colocando-se grande ênfase no ato de o terapeuta validar as respostas emocionais e ensinar a autovalidação em relação às emoções difíceis que surgirem. Primeiramente, o paciente tem condições de aprender a empregar uma orientação atenta a essas experiências para observar e se desligar das cognições baseadas em vergonha e de ataque a si mesmo. A partir deste ponto, a meditação da gentileza amorosa pode ser praticada por curtos períodos durante a sessão, seguida de uma avaliação (*debriefing*). O terapeuta e o paciente podem, então, praticar na sessão a percepção de pensamentos e emoções, nomeando os afetos e respondendo com uma fala autocompassiva.

Referência cruzada com outras técnicas

O exercício de gentileza amorosa está claramente relacionado com toda a gama de exercícios baseados na atenção plena que foram aqui apresentados. O exercício de atenção plena respiratória, em particular, pode servir como introdução para os estágios iniciais da meditação da gentileza amorosa. Os exercícios de treinamento da mente compassiva que se seguem neste capítulo são adaptações e desenvolvimentos modernos do treinamento da compaixão, e todos eles possuem alguma relação com a prática da meditação de *metta* encontrada na prática da gentileza amorosa.

Formulário

Formulário 7.1: Perguntas a Serem Feitas Após Completar sua Primeira Semana Praticando o Exercício da Gentileza Amorosa.

TÉCNICA: IMAGINAÇÃO DO EU COMPASSIVO

Descrição

A TFC tem como propósito treinar os pacientes no desenvolvimento de múltiplos aspectos da compaixão, inclusive atenção, pensamento e comportamento compassivos (Gilbert, 2009). As técnicas baseadas em imagens mentais se sobressaem entre aquelas que são aplicadas nesta abordagem. Apesar de tais métodos de visualização não serem uma extensão formal do treinamento budista, podemos ver as raízes da imaginação compassiva em várias tradições budistas. As escolas budistas vajrayana tibetana e japonesa adotam uma variedade de técnicas que usam a imaginação para identificar-se com diversas imagens simbólicas de personagens mitológicos. Cada um desses personagens representa um aspecto envolvendo perspectiva saudável, sabedoria, compaixão ou ação efetiva. O propósito dessas técnicas é conectar-se por meio das experiências com qualidades que conduzem à libertação do sofrimento. Por exemplo, um praticante de meditação pode formar uma imagem de um *bodisatva** da compaixão em sua mente e imaginar sua respiração se movendo com o ritmo da respiração daquela pessoa. Os detalhes e cores da roupa e da fisionomia do personagem mitológico podem ser vivamente imaginados. Em tais visualizações durante o período de meditação, o praticante pode até adotar a postura e os gestos manuais da figura imaginária e tentar acessar uma experiência emocional profunda de compaixão.

Os exercícios encontrados na TFC não invocam necessariamente a iconografia religiosa ou espiritual. Na verdade, parte da inspiração dos exercícios do eu compassivo provém de uma adaptação de exercícios de atuação para intervenções em saúde mental, de forma que os clínicos possam contatar e se relacionar melhor com os estados afetivos de seus pacientes (Gilbert, 2009). O exercício do eu compassivo se destina a capacitar os pacientes a se engajarem em uma forma multissistemática de dramatização, na qual podem guiar-se rumo ao conhecimento experiencial da autocompaixão.

A autocompaixão e a autovalidação emocional se destinam a facilitar a mudança de um sistema de processamento emocional focado em ameaças para a ativação de uma noção percebida de segurança que emerge no sistema de regulação emocional, tranquilizador e focado na afiliação. Isso é alcançado por meio da imaginação. Da mesma forma que imaginar cenas de sexo pode ativar a resposta sexual, mentalizar imagens compassivas pode ativar a resposta compassiva. A resposta compassiva inclui processos de tranquilização que envolvem afiliação (Gilbert, 2009). Assim, a prática de imaginar o eu compassivo é um método direto de busca de regulação emocional. O exemplo a seguir foi baseado na TFC (Gilbert, 2009) para uso na regulação emocional e foi modificado de acordo com os propósitos da TEE.

Questão a ser proposta/intervenção

"Como seria seu eu compassivo ideal? Que qualidades você associaria a uma pessoa compassiva? Como seria sua postura, caso você fosse tão sábio, emocionalmente forte e gentil quanto possível? Qual seria a sensação de praticar o perdão e descontrair-se?

* N. de R.: Seres de sabedoria elevada que são preparados para ser um buda por meio de um processo de aprofundamento do sentimento de compaixão.

Qual seria sua expressão facial, se pudesse permanecer amoroso e tranquilo, mesmo diante de desafios estressantes?"

Exemplo

Ao começar, permita que parte de sua consciência se estabeleça no fluxo da respiração entrando e saindo do corpo. Feche os olhos. Sinta-se livre para fazer os ajustes necessários para sentir-se confortável sentado onde está. Durante este exercício, você pode achar útil fazer esses pequenos ajustes de vez em quando. Isto é perfeitamente natural e aceitável durante o exercício. Mais uma vez, traga sua atenção para o fluxo respiratório. Não é necessário ajustar o ritmo da respiração ou criar qualquer padrão ou estado específico. Simplesmente permita que a respiração aja sozinha. Ao inspirar, saiba que está inspirando. Ao expirar, saiba que está expirando. Trazendo a atenção para as plantas dos pés, sinta sua conexão com o chão. Sinta-se sentado sobre a cadeira, com as costas eretas e apoiadas. Dando-se mais alguns momentos, permita-se inspirar a atenção em seu corpo como um todo. Em seguida, traga a atenção para os sons que estão na sala. [Pausa por alguns segundos.] Agora, traga a atenção para os sons que estão logo além da sala. [Pausa por mais alguns segundos.] Após alguns momentos, preste atenção nos sons que estão ainda mais distantes. Em seguida, preste atenção nos olhos – olhos através dos quais tem olhado para fora há tanto tempo quanto consegue se lembrar. Dando-se alguns momentos, permita-se perceber quantas histórias diferentes você contou para si mesmo sobre a pessoa que olha através desses olhos. Há tantos aspectos diferentes de quem somos, cada um competindo por atenção e controle do comportamento, momento a momento. Da próxima vez que inspirar naturalmente, inspire a atenção em todo o seu corpo. Ao deixar-se abandonar com a próxima expiração, traga novamente a atenção, com os olhos fechados, para sua imaginação. Neste momento, permita que os aspectos mais compassivos, calorosos e afetuosos de seu eu estejam presentes. Usando a imaginação nos próximos instantes, comece a elaborar uma imagem de seu eu compassivo. Permita que sua expressão facial comece a refletir a gentileza e a sabedoria intuitiva que todos possuímos. Você pode fazê-lo deixando que seus lábios se curvem suavemente em um semissorriso. Ao fazê-lo, neste momento, você está adotando uma expressão de compaixão. Permita que sua mente componha regular e gradualmente uma imagem do seu eu compassivo. Vamos dar a essa imagem características particulares. Essa imagem possuirá sabedoria. Essa imagem possuirá força. Essa imagem será piedosa. Essa imagem irradiará cordialidade. Durante este exercício, neste exato momento, você tem a liberdade de permitir que sua imaginação reine livremente. Esta imagem do eu compassivo não precisa parecer com "você" da forma como imagina que você aparenta no seu dia a dia. A imagem do eu compassivo pode se parecer com alguém de seu passado ou com um personagem fictício ou mitológico, ou pode envolver uma combinação de aspectos significativos para você. De tempos em tempos, assim como nos exercícios de atenção plena, sua atenção pode divagar dessa imagem. Da melhor forma que puder, ao notar que sua mente divagou, traga suave e gentilmente sua atenção de volta ao inspirar. Como você quer que a imagem de seu eu compassivo seja? Ela é uma versão sua? É a imagem de uma pessoa? É uma imagem da força da natureza como uma onda? É uma imagem feminina ou masculina? Como esse eu compassivo soa? Imagine que esteja olhando através dos olhos desse eu compassivo. Neste momento, você é um ser profundamente caloroso, amoroso, forte e compassivo. Reconheça a calma e a sabedoria que possui. Dê-se um momento para sentir as sensações físicas que acompanham a ascensão de uma mente compassiva. Reconheça a força e a qualidade de cura de uma gentileza vasta e profunda. Reconheça que essa cordialidade e gentileza, essa poderosa compaixão, existem dentro de você como um abundante reservatório de força. Fique com esta imagem por alguns minutos. Pelo tempo que for necessário, permita-se reconhecer e sentir que é, de fato, capaz de grande gentileza. Da próxima vez que inspirar naturalmente, traga a mera atenção ao fluxo da respiração para dentro do corpo. Ao expirar, permita-se deixar de lado a imagem do eu compassivo. Ao inspirar, você sabe que está inspirando. Ao expirar, você sabe que está expirando. Traga a atenção para as plantas dos pés. Em seguida, traga a atenção para o alto da cabeça. Agora, traga a sua atenção para tudo o que há no meio. Em seguida, traga a atenção para os sons que há na sala. [Pausa por alguns segundos.] Agora, traga a atenção para os sons que estão logo além da sala. [Pausa por mais alguns segundos.] Após alguns momentos, traga a atenção para os sons que estão ainda mais distantes. Da próxima vez que expirar naturalmente, permita-se abandonar o exercício por completo. Dê-se alguns momentos e, quando estiver pronto para deixar que os olhos se abram, deixe-se suavemente estabelecer em sua consciência cotidiana, permitindo-se talvez levar um pouco dessa compaixão consigo ao longo do dia. (Baseado e adaptado a partir de exercícios de Gilbert, 2009.)

Tarefa

Este exercício pode ser praticado de maneira estruturada e meditativa em intervalos particulares do dia ou da semana. Os pacientes podem decidir separar uma certa quantidade de tempo para praticar o exercício em tais casos. Alternativamente, eles podem praticá-lo enquanto desempenham suas atividades diárias, sempre que uma oportunidade surgir. Desse modo, podem generalizar de modo gradual o acesso à mente compassiva e tornar-se mais capazes de contatar uma perspectiva compassiva e autovalidadora. Os pacientes podem também preencher o Formulário 7.2, a fim de explorar mais o eu compassivo.

Possíveis problemas

Para alguns pacientes, dedicar-se a exercícios de autocompaixão pode evocar o senso de autoconsciência ou mesmo associações com vergonha e autorrecriminação. Isso pode decorrer de elementos de seu histórico interpessoal de aprendizado ou de relações familiares difíceis, ligadas a abuso, negligência ou outras fontes de abandono e vergonha. Assim, recomenda-se que o terapeuta que apresenta tais técnicas mantenha consistentemente um ritmo lento neste trabalho, enfatizando a validação emocional. O questionamento socrático e a exploração guiada de emoções e pensamentos que surgirem ao longo do processo de treinamento da mente compassiva podem ser um componente necessário do processo terapêutico. Por exemplo, um paciente relata que se sente "constrangido" ao conceber a imagem de um eu compassivo. Neste caso, o terapeuta pode começar validando a resposta emocional, explicando que uma forma nova e diferente de exercício como esta pode desencadear naturalmente emoções como constrangimento ou timidez. O terapeuta pode então passar a inquirir sobre os pensamentos automáticos que chegam naquele momento na sessão. Se o paciente relatar pensamentos autocríticos ou baseados em vergonha, como "vou fazer papel de bobo" ou "não consigo fazer isso", o terapeuta pode escolher revisar formas alternativas e compassivas de pensar. Por exemplo, o paciente diz a si mesmo: "Sinto-me um pouco constrangido, mas estou seguro e posso usar alguns instantes para ver qual a sensação de ter autocompaixão".

Quando os pacientes se envolvem no treinamento de generalização, como a aplicação informal do exercício do eu compassivo, é importante que reservem sua atenção para o que estão de fato fazendo em suas vidas diárias. O terapeuta deve revisar com os pacientes as situações nas quais seria seguro e funcional dedicarem a atenção à prática de mente compassiva ou baseada na atenção plena. Por exemplo, pode ser perfeitamente aceitável passar o aspirador de pó no quarto de hóspedes enquanto mantém uma visão imaginária do eu compassivo. É possível, porém, que haja problemas ao permitir que uma porção significativa da atenção seja direcionada à imagem mental compassiva ao dirigir em meio ao trânsito urbano durante o dia.

Referência cruzada com outras técnicas

O exercício de imaginar o eu compassivo tem relação direta com os exercícios de gentileza amorosa e redação de cartas compassivas. Este exercício começa com a fundamentação na atenção plena e tem relação com o exercício de atenção plena respiratória. O exercício de imaginar o eu compassivo pode ser usado como forma de prática de generalização e também tem relação clara com os exercícios do espaço de 3 minutos de manejo da respiração e atenção plena na cozinha.

Formulário

Formulário 7.2: Perguntas a Serem Feitas Após Completar Sua Primeira Semana de Imagens Mentais do Eu Compassivo.

TÉCNICA: REDAÇÃO DE CARTAS COMPASSIVAS

Descrição

Várias formas de psicoterapia empregam técnicas que consistem em o paciente escrever cartas e narrativas (Pennebaker e Seagal, 1999; Smyth e Pennebaker, 2008). Esses exercícios podem assumir uma variedade de formas e propósitos, inclusive redigir uma carta para a fonte de um esquema (Leahy, 2003b; Young et al., 2003), escrever uma carta a uma pessoa, sem enviá-la, para expressar emoções reprimidas (Mahoney, 2003) e outras formas de exposição narrativa que utilizem a escrita expressiva. Este exercício usa o simples ato de escrever uma carta para treinar o paciente a acessar e estabelecer uma perspectiva mais compassiva e consciente. A prática de escrever cartas compassivas foi adaptada a partir de um exercício similar da TFC (Gilbert, 2009, 2010) e de um exercício desenvolvido por Neff (Gilbert, 2009; Neff, 2003).

A prática de escrever cartas compassivas pode ser exercitada como forma de tarefa de casa ou ter lugar durante a sessão. Solicita-se que o paciente escreva uma carta para si mesmo a partir de sua mente compassiva, refletindo gentileza consigo mesmo, um senso de humanidade comum e atenção plena (Neff, 2009). Gilbert (2009) sugere que a prática da redação de cartas compassivas pode infrarregular o sistema emocional focado em ameaças e reduzir a ansiedade, assim como as emoções e os pensamentos automáticos baseados em julgamento.

O Formulário 7.3 é uma versão para tarefa de casa da redação de cartas compassivas e contém instruções detalhadas. É prescrito como exercício do tipo faça-você-mesmo; entretanto, é recomendável que o terapeuta revise e apresente esta técnica de forma cuidadosa, mesmo se estiver sendo usada como tarefa de casa.

Questão a ser proposta/intervenção

"Você pode imaginar um amigo gentil e sábio, que tenha por você infinita compaixão, amor e aceitação? O que esse amigo lhe diria quando você começasse a sentir vergonha e se atacar? Você pode se lembrar que todos temos arrependimentos, temores e lutas? Você pode tomar uma posição de distância em relação ao fluxo de pensamentos e emoções para reconhecer que seu sofrimento o conecta ao resto da humanidade, sabendo que todo ser humano sente dor, culpa e arrependimento? Se um amigo querido fizesse sugestões úteis acerca de como você poderia agir para viver uma vida significativa e saudável, qual seria o tom e a qualidade sensorial dessas sugestões? Um amigo sábio, forte e afetuoso buscaria trazê-lo para baixo ou erguê-lo para que pudesse florescer e viver?"

Exemplo[2]

Ao darmos início a este exercício, permita-se um momento para trazer diligentemente a atenção para o fluxo da respiração. Sem nenhum objetivo particular, observe o ritmo e fluxo da respiração entrando e saindo do seu corpo. Traga a atenção para os pés sobre o chão, para os glúteos na cadeira, para a coluna ereta e apoiada e para o alto da cabeça. Permita-se perceber as sensações físicas que se apresentarem neste momento. Ao inspirar, você sabe que está inspirando. Ao expirar, você sabe que está expirando. Diante de você, há lápis e papel. Temos tempo suficiente para fazer este exercício no ritmo adequado para você, e provavelmente será melhor se não tivermos pressa. É hora de você se conectar com um aspecto sábio, gentil e complacente de si mesmo e falar por meio dele. Não há necessidade de pressa.

Você pode se lembrar da prática de imaginar e experimentar o eu compassivo. Se for útil, ao começar, você pode formar essa imagem em sua mente. Imagine-se como uma pessoa gentil, emocionalmente forte e resiliente e como uma presença amorosa e receptiva. Esta é a voz que você trará para escrever a carta hoje. Você escreverá a partir desta perspectiva compreensiva, receptiva e ampla. Assim, estamos entrando em contato com uma sabedoria com a qual você nasceu, dando-lhe voz.

Ao começar, lembre-se do simples ato de se autovalidar. Há muitas boas razões para o sofrimento que está vivenciando. Seu cérebro e sua mente emergiram e se desenvolveram durante milhões de anos de vida evoluindo neste planeta. Você não foi criado para lidar com as pressões e complexidades particulares de nosso meio social atual. Seu histórico de aprendizado apresentou fortes desafios e situações que lhe causaram dor. Você pode se abrir para uma compreensão compassiva de que sua luta é parte natural da vida e que não é sua culpa?

Tome um momento para dar um passo atrás e observar o fluxo de pensamentos e sentimentos que emergem, momento a momento. Mantenha este processo de desdobramento dos eventos mentais diante de você e reconheça a fugacidade dos conteúdos de sua mente.

Tanto quanto puder, conecte-se com a gentileza e o cuidado básicos que traria a um amigo querido. Você pode ter arrependimentos ou ter adotado comportamentos que o

[2] O exercício a seguir é adaptado dos exercícios de redação de cartas compassivas desenvolvidos por Gilbert (2009) e Neff (2003).

deixaram se sentindo culpado. Você pode ter metas que ainda precisa alcançar. Você pode ter muita raiva de si mesmo e adotar um discurso de ataque em relação a si próprio. Se estivesse escrevendo esta carta a um amigo verdadeiramente querido, uma pessoa por quem tivesse grande consideração, o que gostaria de dizer? O que escreveria na carta? Você não validaria o sofrimento de seu amigo? Você não se esforçaria para que ele soubesse que, o que quer que tenha feito, ainda é digno de amor e de gentileza? Você não tentaria ajudar seu amigo a encontrar formas de agir, levar a vida com um estado de mais bem-estar e significado?

Ao escrever, pense nas ações compassivas que poderia empreender, a fim de melhorar a sua situação atual. Que tipo de atenção compassiva você poderia trazer para sua própria vida agora? De que forma você pode ser tão compreensivo e paciente quanto possível consigo mesmo?

Nos próximos minutos, permita-se compor uma carta compassiva que dê voz a seu eu compassivo. Quando você terminar, leremos a carta juntos e refletiremos sobre o exercício.

Tarefa

Este exercício de redação de cartas (Formulário 7.3) pode ser praticado durante a sessão ou designado como tarefa de casa. Caso seja usado como tarefa, o terapeuta deve explicar detalhadamente o exercício e começar o processo durante a sessão. O formulário oferece uma versão autoaplicável das instruções. Há vantagens em realizar este exercício como tarefa de casa. Como isso pode levar mais tempo do que uma sessão permite, passar a redação da carta como tarefa de casa pode dar ao paciente tempo suficiente para se envolver profundamente com o exercício, sem pressa.

Possíveis problemas

Muitos pacientes podem ter tido experiências em seus históricos pessoais que contribuem para o medo ou aversão à autocompaixão ou para um olhar positivo de si mesmo. Eles podem ter passado por abuso na infância, grave rejeição ou vergonha, lembranças traumáticas ou comportamentos ausentes ou invalidantes por parte dos pais. Consequentemente, ativar uma voz compassiva pode ser difícil ou evocar temores de ser punido. O terapeuta pode questionar sobre lembranças que impeçam a autocompaixão ou sobre as crenças que levam a resistir a esta experiência. Por exemplo, o paciente pode dizer: "Na verdade, eu não mereço isso. Sou mau". Uma investigação posterior pode levar ao exame das experiências que ocasionaram o surgimento dessa crença e determinar se o paciente trataria uma criança com desprezo e constrangimento. O terapeuta pode perguntar: "O que seria diferente, se você tivesse sido capaz de direcionar compaixão e gentileza a si mesmo?".

Muitos pacientes podem associar autocompaixão com autoindulgência e acreditar que uma autocrítica severa é necessária para impulsioná-los em direção a grandes feitos (Neff, 2003). Neste caso, o terapeuta pode aplicar a análise funcional desses pressupostos, a partir de técnicas de reestruturação cognitiva ou intervenção baseada na desfusão. A psicoeducação pode também ser útil em tais casos. De fato, observou-se que a autocompaixão está correlacionada com maior iniciativa pessoal e satisfação com a vida (Neff, 2003; Neff, Rude et al., 2007). De acordo com Neff (2009),

> indivíduos autocompassivos são motivados a alcançar objetivos, mas esta meta não é guiada pelo desejo de melhorar a autoimagem. Em vez disso, ela é impulsionada pelo desejo

compassivo de maximizar o próprio potencial e bem-estar. (p. 8)

Referência cruzada com outras técnicas

Conforme notamos, a atenção plena é frequentemente considerada um elemento ou precursora da autocompaixão (Gilbert, 2009; Neff, 2009). Assim, a atenção plena respiratória e os exercícios de generalização baseados na atenção plena podem ajudar a preparar o paciente para se dedicar ao exercício de redação de cartas compassivas. Este exercício é parte do mesmo processo de treinamento da mente compassiva encontrado nos exercícios de gentileza amorosa, do outro compassivo e de imaginação do eu compassivo. Além disso, a autovalidação e outras técnicas de validação podem também ser úteis.

Formulário

Formulário 7.3: Redação de Carta Autocompassiva.

CONCLUSÕES

O treinamento da mente compassiva se baseia no conhecimento de que os seres humanos evoluíram para reagir a gentileza e afiliação e de que a compaixão ativa diretamente a sua capacidade de tranquilização. Apesar de algumas destas técnicas serem variações de práticas pré-científicas, as evidências da neurociência dos afetos, psicologia social e teoria da evolução sugerem que treinar a autocompaixão pode aumentar a capacidade de regulação emocional do paciente. A TFC apresenta ao clínico um modelo específico que envolve três modos de regulação emocional: detecção de ameaças, foco no incentivo/recurso e foco na afiliação. Esse modelo é um esclarecimento e uma simplificação da variedade de teorias de regulação dos afetos atualmente em discussão, muitas das quais são tratadas neste livro. As técnicas focadas na compaixão são compatíveis com a variedade de métodos de regulação emocional oferecidos aqui, e a integração entre atenção plena, disposição e autocompaixão pode servir como alicerce para um trabalho contínuo de regulação emocional, independentemente da modalidade terapêutica específica que estiver sendo empregada.

8

COMO MELHORAR O PROCESSAMENTO DAS EMOÇÕES

A terapia focada nas emoções (TFE; Greenberg, 2002) é uma terapia de curta duração baseada em evidências e que emergiu a partir da tradição da psicoterapia humanística. Com base nas teorias da emoção e do apego, a TFE propõe que a relação psicoterápica em si desempenha uma função de regulação emocional, como um "laço regulador dos afetos" (Greenberg, 2007). Os processos hipoteticamente envolvidos nessa relação condizem com elementos de outras abordagens delineadas até aqui, incluindo aceitação, empatia, foco no presente e ativação de sistemas tranquilizadores de afiliação inerentes aos seres humanos. O conceito de esquema emocional também está de acordo com a perspectiva da TFE de Greenberg a respeito das emoções (Leahy, 2003b). Toda a premissa de Greenberg consiste em cultivar a inteligência emocional e um conjunto cada vez maior de técnicas de regulação emocional em resposta a experiências emocionais desafiadoras por meio da relação terapêutica. Isso condiz inteiramente com as metas da terapia do esquema emocional (TEE), pois esta responde a conjuntos específicos de crenças e estratégias metaexperienciais sobre como alguém poderia se relacionar com as suas emoções. Além disso, tanto a TEE quanto a TFE reconhecem a função adaptativa da experiência emocional como processamento de informações. Por exemplo, a teoria da TFE sustenta que a emoção possui conteúdo cognitivo relacionado e que ativá-la pode levar a um entendimento mais claro de seu conteúdo (Greenberg, 2002).

Na TFE, a relação terapêutica é concebida como processo central no qual a mudança torna-se possível na psicoterapia. De acordo com Greenberg e Watson (2005), a relação terapêutica opera de duas formas principais. Primeiro, a relação resulta diretamente na regulação emocional por meio da função de uma díade tranquilizadora. O paciente pode generalizar e interiorizar as experiências que surgirem dentro dessa díade, resultando em maior capacidade de autotranquilização. Segundo, a relação terapêutica também serve como contexto no qual o paciente pode experimentar o aprofundamento emocional e incrementar habilidades específicas necessárias para uma regulação emocional efetiva.

O terapeuta da TFE trabalha de forma altamente cooperativa, oscilando entre guiar a experiência emocional do paciente e acompanhar as direções emocionais às quais ele se encaminha (Greenberg, 2002). As técnicas comumente colocam o terapeuta no papel de "treinador emocional" (Gottman, 1997), facilitando o aumento gradual da capacidade do paciente de regular as emoções e tolerar estados afetivos difíceis.

A cognição é vista como componente do processamento emocional geral na TFE, mas não é considerada o único papel regulador (Greenberg, 2002). Dentro desse paradigma, as emoções podem influenciar as cognições, assim como estas podem influenciar as emoções. As emoções em si podem até ser usadas para regular outras emoções. Na TFE, "considera-se que a avaliação e a emoção ocorrem simultaneamente para gerar significados emocionais" (Greenberg, 2007). De fato, Greenberg e Safran (1987) sugerem que a emoção seja "uma síntese de alto nível dos afetos, da motivação e do comportamento" (Greenberg, 2002, p. 10). Esta conceituação do funcionamento cognitivo-afetivo integrado e interdependente pode ser entendida como uma forma de inteligência emocional. Como resultado, o treinamento emocional pode ser considerado como treinamento do desenvolvimento da inteligência emocional e intensificação do processamento emocional adaptativo.

O conceito de inteligência emocional (IE) foi definido como a habilidade do indivíduo de se relacionar com as emoções em várias dimensões (Greenberg, 2002; Mathews, Zeidner e Roberts, 2002; Mayer e Salovey, 1997), incluindo identificação, expressão, avaliação e compreensão das emoções, geração de sentimentos emocionais, regulação das emoções em si e nos outros e uso do conhecimento das emoções. Este conceito da IE foi largamente popularizado pelo *best-seller Inteligência emocional*, de Daniel Goleman, embora o autor dê os créditos a Mayer e Salovey como pioneiros da conceituação (Goleman, 1995). O modelo de Mayer e Salovey afirma que a IE consiste em um sistema de inteligência que se relaciona com o processamento de emoções (Mayer, Salovey e Caruso, 2000). Este modelo sugere que a IE funciona de forma análoga às funções da inteligência geral, levando a métodos de avaliação, teorias do desenvolvimento e crescente corpo de pesquisas sobre o tema (Mathews et al., 2002). Ciarrochi, Mayer e colaboradores propuseram uma definição clínica aplicada da IE que é relevante para as técnicas de regulação emocional (Ciarrochi, Forgas e Mayer, 2006; Ciarrochi e Mayer, 2007). Desta perspectiva, a IE representa

> a extensão pela qual alguém é capaz de adotar um comportamento consistente com valores no contexto de emoções difíceis ou pensamentos emocionalmente carregados. (Ciarrochi e Bailey, 2009, p. 154)

As técnicas que se seguem neste capítulo são parcialmente derivadas da TFE e almejam a intensificação do processamento emocional dos pacientes. Fortalecendo a IE, eles podem vir a ser mais capazes de compreender sua experiência emocional e estar vinculados com suas emoções de forma mais flexível e adaptativa.

TÉCNICA: COMO AUMENTAR A CONSCIÊNCIA DAS EMOÇÕES

Descrição

Se os pacientes começarem a trabalhar com seu processamento emocional e talvez transformá-lo, o primeiro passo importante é praticar e incrementar a habilidade de perceber e seletivamente dar atenção a suas emoções. Conforme vimos, as práticas de atenção plena podem servir como introdução útil à descentralização e observação das experiências internas. Além do cultivo da consciência atenta, pode ser útil que os pacientes pratiquem a habilidade de observar, descrever e explorar sua experiência das emoções.

A TFE sugere várias maneiras pelas quais os pacientes podem começar a prática de prestar atenção em sua experiência emocional (Eliot, Watson, Goldman e Greenberg, 2003; Greenberg, 2002). Os pacientes podem começar a atentar para as sensações físicas e questionar em que lugar do corpo experimentam a emoção. Por exemplo: "Quando fico ansioso, percebo que meus ombros ficam tensos e meus dentes parecem ranger". Eles podem dar nome às emoções, identificar os pensamentos relacionados à experiência emocional e examinar a função das emoções em suas vidas (Greenberg, 2002). A TFE também distingue entre emoções primárias e secundárias: as primárias representam respostas emocionais diretas a estímulos no mundo, enquanto as secundárias representam emoções sobre outras emoções. Distinguir esses elementos do processamento emocional é parte importante do treinamento emocional da TFE.

Dois formulários incluídos neste livro oferecem formas de os pacientes ensaiarem o aumento da consciência emocional: o Formulário 2.3, Diário de Emoções (Greenberg, 2002), e o Formulário 8.1, que contém uma série de perguntas baseadas na TFE para os pacientes responderem sozinhos (Greenberg e Watson, 2005). As questões específicas da implementação desses formulários são discutidas posteriormente na seção Tarefa.

Para ajudar a dar estrutura, confiabilidade e possibilidade aos pacientes de repetição à prática de aumentar a consciência emocional, o terapeuta da TFE usa rotineiramente o Diário de Emoções (Greenberg, 2002). Essa ferramenta fornece uma forma simples de os pacientes identificarem as situações e emoções que surgem diariamente. O terapeuta pode pedir que seus pacientes permitam que uma parte de sua atenção seja direcionada às emoções a cada dia. Os pacientes devem aprender a dar atenção às pistas físicas internas para perceberem as emoções. As pistas externas também são importantes, e os pacientes podem aprender a aumentar a atenção à experiência emocional em certas situações que provocam habitualmente uma resposta emocional. Quando se tornam conscientes das emoções, os pacientes podem usar o Diário de Emoções para anotar quais delas se apresentam em cada dia.

O Formulário 8.1, Perguntas a Serem Feitas para Incrementar a Consciência Emocional, é um esboço direto e passo a passo das questões e respostas almejadas na intensificação da experiência emocional. Ele apresenta uma série de questões do cotidiano que os pacientes podem fazer a si mesmos. Eles registram as respostas às questões e então as revisam com o terapeuta na sessão. Essas questões ressaltam vários aspectos do processamento emocional que, para muitos pacientes, podem não estar comumente associados às emoções. Por exemplo, pergunta-se ao paciente sobre as experiências físicas que ele associa às emoções, o nome que dá a elas e os pensamentos que as acompanham. Além disso, pergunta-se se ele experimenta emoções mistas; caso afirmativo, solicita-se que identifique tais emoções. Pede-se que identifique as necessidades pessoais relacionadas com essas emoções e as urgências comportamentais envolvidas na experiência emocional. Assim, a variedade de aspectos do processamento emocional que compreende dimensões da IE pode ser ensaiada e fortalecida por meio de treinamento.

Questão a ser proposta/intervenção

"Usando os cinco sentidos (visão, audição, olfato, paladar e tato), o que você percebe no ambiente em torno de si? Voltando sua consciência para dentro, que sensações físicas você percebe neste momento no seu corpo? Em que lugar de seu corpo você experimenta sensações que relaciona a suas emoções agora? Se tivesse de nomear – pôr o nome em um sentimento –, que emoção seria? Quais pensamentos que passam por sua mente você associa à emoção? Que necessidades ou desejos você associa a esse estado emocional? Que impulsos de ação chegam com essa emoção? É uma emoção claramente definida ou você está experimentando uma mistura de emoções? Se sim, que nomes têm as emoções que está sentindo?"

Exemplo

O exemplo a seguir envolve uma paciente que reclamava de sua inabilidade para se concentrar no trabalho. Apesar de esse ser o problema que afirmava ter, ela parecia bastante triste e assustada com o tratamento contra um câncer de pulmão pelo qual seu pai passava. A paciente raramente queria que sua reação ao tratamento do pai estivesse na agenda da terapia.

Paciente: Nesta semana, foi muito difícil concentrar-me no trabalho e fazer qualquer coisa porque tenho passado por muito estresse.

Terapeuta: Estresse?

Paciente: Sim, acho que estava com a doença do meu pai na cabeça durante toda a semana e, com isso, fica difícil fazer alguma coisa. Estou muito preocupada se vou ou não vou conseguir cumprir meus prazos. Meu chefe é realmente exigente, e eu simplesmente não sei o que há de errado comigo para não conseguir criar coragem e terminar o trabalho.

Terapeuta: Faz muito sentido que seu pai esteja em sua mente, não? Eu sei que ele está passando por um tratamento médico difícil e realmente desafiador. Sei, particularmente por causa de nossa discussão da semana passada, que você está muito preocupada.

Paciente: Eu só queria que isso tudo não atrapalhasse o meu trabalho.

Terapeuta: Sim, entendo. Nossas emoções de fato aparecem com horário próprio e, quando chegam, às vezes exigem muito de nós. O que você está sentindo agora?

Paciente: Agora?

Terapeuta: Sim. Como você poderia descrever o que está sentindo neste exato momento?

Paciente: Não tenho certeza. Às vezes, não sei o que estou sentindo. Apenas fico estressada e não quero sentir absolutamente nada.

Terapeuta: Suponho que seja natural tentar calar ou afastar sentimentos com os quais seja difícil conviver. Às vezes, acho, fazemos isso mesmo sem saber. Vejamos se podemos nos sintonizar com sua experiência emocional neste momento. Tudo bem?

Paciente: Sim, só que não tenho certeza de como fazer isso.

Terapeuta: Tudo bem. Podemos revisar os passos juntos. Então, neste momento, o que percebe no ambiente em torno de si, usando todos os cinco sentidos?

Paciente: Bem, escuto os carros passando do lado de fora. Sinto meu peso sobre a cadeira. Ao olhar em volta, vejo a luz e as sombras na sala. É desse tipo de coisa que está falando?

Terapeuta: Sim, é exatamente disso que estou falando. Trazendo agora sua atenção para dentro, que sensações físicas você percebe em seu corpo?

Paciente: Acho que sinto um pouco de tensão na garganta. Agora que você falou disso, percebo uma pequena pressão nas têmporas. Na verdade, sinto como se fosse chorar.

Terapeuta: Então, estas são sensações que podem estar conectadas a alguma emoção?

Paciente: Sim.

Terapeuta: Que nome você daria à emoção que está sentindo neste momento?

Paciente: Quando paro e me deixo senti-la, estou simplesmente muito triste. Sinto muito.

Terapeuta: Não há problema em estar triste. Sei que esta está sendo uma época muito difícil para você, com tudo o que está enfrentando. Quando a tristeza chega, que pensamentos passam por sua cabeça? Está bem se falarmos sobre esses pensamentos por alguns instantes?

Paciente: Sim, claro. Acho que simplesmente não quero ter de ver meu pai passar por esses tratamentos. Ele é tão forte e positivo, e isso é simplesmente tão devastador para ele. Não quero isso.

Terapeuta: Claro que não. Suas emoções, sua reação a isso, são muito naturais e humanas.

Tarefa

Os pacientes podem trabalhar com quaisquer dos formulários incluídos nesta seção. O Diário de Emoções (Formulário 2.3) é mais fundamental, toma menos tempo e pode ser particularmente útil como introdução ao trabalho sobre a consciência emocional. Uma vez que este exercício se concentra em perceber e dar nome às emoções, pode ser particularmente efetivo para os pacientes com alexitimia.

O formulário Perguntas a Serem Feitas para Incrementar a Consciência Emocional (Formulário 8.1) envolve um processo mais minucioso e exige um pouco mais de tempo para ser preenchido. Esse exercício pode ser prescrito como tarefa de casa a pacientes para os quais o trabalho com a consciência das emoções tenha sido apresentado na sessão e servir como uma sequência do Diário de Emoções.

Ambas as tarefas de casa devem ser apresentadas na sessão, sendo que terapeuta e paciente trabalham com o formulário juntos como exemplo pelo menos uma vez. As tarefas podem ser designadas por uma semana ou mais, para que o paciente tenha tempo suficiente de praticar, aplicar e generalizar as habilidades envolvidas nesses formulários.

Possíveis problemas

Os formulários e conceitos discutidos nesta seção podem parecer muito simples e básicos para clínicos e outros que tenham empregado algum tempo na exploração de suas respostas emocionais. Os pacientes que se apresentam com história de trauma ou que incluem na história de seu desenvolvimento um ambiente familiar emocionalmente invalidante têm probabilidade de apresentar um padrão habitual de esquiva das experiências emocionais (Wagner e Linehan, 2006; Walser e Hayes, 2006). Além disso, a esquiva dos afetos é um aspecto da esquiva experiencial, hipoteticamente um processo central envolvido em muitas formas de psicopatologia (Hayes et al., 1996). Focalizar e identificar emoções pode provocar grande dose de ansiedade e desencadear esforços de esquiva ou resistência.

As técnicas para incrementar as experiências emocionais são como um conjunto de bonecas russas. Dentro de cada uma das perguntas permanece um mundo de outras perguntas e associações. Por exemplo, ao perguntar ao paciente "que necessidades você associa a esta emoção?", o terapeuta tem chance de descobrir uma variedade de pensamentos automáticos, esquemas, pressupostos mal-adaptativos e padrões de esquiva emocional. Como resultado, o terapeuta precisa alcançar um equilíbrio cuidadoso ao aplicar a descoberta guiada para lidar com a experiência emocional e ao moldar um novo padrão de resposta emocional no paciente. O terapeuta deve normalizar a experiência emocional do paciente, validar seu processamento emocional e orientá-lo a questionar a natureza da emoção, bem como as cognições relacionadas a ela.

Referência cruzada com outras técnicas

As estratégias de aumento da consciência emocional estão associadas a muitas técnicas diferentes, em particular aquelas baseadas na atenção plena. O treinamento da atenção plena pode prover o paciente com as habilidades de descentralização, o que será útil para aumentar a consciência emocional. A meditação da abertura de espaço é particularmente útil como exercício preparatório para trabalhar com as emoções. O exercício do espaço respiratório de 3 minutos pode também ser útil para abrir um campo de consciência no qual o paciente examine de perto suas respostas emocionais. As técnicas baseadas nos esquemas emocionais (exame das crenças de perigo, vergonha, culpa, incompreensão, exclusividade, necessidade de controle) podem ser úteis para examinar as crenças e estratégias invocadas ao abordar emoções. Além disso, o Registro de Pensamentos Emocionalmente Inteligentes (descrito a seguir) pode também ser útil para aumentar a consciência das emoções.

Formulários

Formulário 2.3: Diário de Emoções.
Formulário 8.1: Perguntas a Serem Feitas para Incrementar a Consciência Emocional.

TÉCNICA: REGISTRO DE PENSAMENTOS EMOCIONALMENTE INTELIGENTES

Descrição

O Registro de Pensamentos Disfuncionais, de Beck, tornou-se uma técnica crucial na terapia cognitiva. Esse registro de pensamentos oferece um formato estruturado para os pacientes se dedicarem à reestruturação cognitiva, identificando a situação que incita uma emoção; nomeando e medindo o grau da emoção; identificando os pensamentos automáticos e o grau de crença no pensamento; dando respostas alternativas ou racionais (e o grau de crença); e avaliando a emoção resultante. Por exemplo, um paciente que diga a si mesmo "não suporto sentir ansiedade" pode usar técnicas de reestruturação para identificar um pensamento alternativo, como "sou forte o bastante para suportar isso, no fim das contas".

Fazer o paciente preencher o registro de pensamentos disfuncionais é uma técnica útil, mas, ao trabalhar com alguém com problemas de regulação emocional e tolerância aos afetos, o terapeuta pode buscar almejar processos diferentes de mudança do conteúdo das cognições. Conforme temos sugerido, é possível usar uma variedade de processos para lidar com as emoções, como contato atento com o presente, aceitação radical, nomeação e esclarecimento das emoções, compromisso com metas valorizadas, experimentos comportamentais, técnicas do esquema emocional, desfusão cognitiva e treino de relaxamento. Isso pode parecer muito para um terapeuta e um paciente conciliarem juntos.

O objetivo do Registro de Pensamentos Emocionalmente Inteligentes é fazer os pacientes se perguntarem a respeito de algumas questões que tratam de uma variedade desses processos, os quais são envolvidos em uma abordagem abrangente para trabalhar com as emoções. O propósito do Registro de Pensamentos Emocionalmente Inteligentes é ser usado com pacientes que já tenham sido apresentados a conceitos como atenção plena e aceitação. Em vez de buscar exclusivamente mudanças cognitivas, a série de questões delineada nessa técnica pretende trazer à consciência dos pacientes a experiência do presente, de forma que desenvolvam maior capacidade de permanecer na presença das experiências difíceis, enquanto realizam ações na busca de uma vida bem vivida. Como o Registro de Pensamentos Disfuncionais, o Registro de Pensamentos Emocionalmente Inteligentes busca oferecer um formato claro e utilizável para a prática da tarefa de casa, esperando o desenvolvimento e generalização de habilidades particulares.

O Registro de Pensamentos Emocionalmente Inteligentes é conceituado a partir de uma perspectiva particular sobre pensamentos e sentimentos. O uso desse registro de pensamentos pressupõe que os eventos internos (como pensamentos e emoções) são menos conceitos estáticos do que parte de um fluxo contínuo de ação, tendo lugar naquele momento. O Registro de Pensamentos Emocionalmente Inteligentes almeja trazer à atenção do paciente sua experiência de momento a momento, fora da presença direta do terapeuta, generalizando essa experiência por meio do exercício diário da tarefa. De um certo ponto de vista, o Registro de Pensamentos Emocionalmente Inteligentes é um exercício de atenção plena aplicada. Ao utilizá-lo, o paciente pratica a descentralização de eventos angustiantes em sua mente, trazendo-se gradualmente para uma relação diferente com as experiências internas que parecem causar sofrimento. As questões apresentadas na próxima seção e o exemplo clínico esclarecem as especificações da intervenção.

Questão a ser proposta/intervenção

As questões que formam a estrutura do Registro de Pensamentos Emocionalmente Inteligentes estão relacionadas com exercícios experimentais fundamentais das terapias cognitivas e comportamentais de terceira geração, bem como com o formato do Registro de Pensamentos Disfuncionais. A folha de exercícios em si começa com uma breve instrução para que os pacientes possam ser lembrados das orientações do terapeuta na sessão. Assim como o Registro de Pensamentos Disfuncionais tradicional, o Registro de Pensamentos Emocionalmente Inteligentes começa pedindo que os pacientes percebam e estabeleçam a situação em que se encontram durante a experiência de emoções perturbadoras.

Durante o período subsequente de auto-observação e investigação, os pacientes devem praticar a aplicação da "aceitação radical", na qual adotam uma postura de observação diante da experiência. Ao fazê-lo, examinam e experimentam a realidade não da forma como temem, acreditam ou insistem que ela seja, mas simplesmente como ela é, naquele instante, momento a momento.

Cada conjunto sucessivo de perguntas estimula os pacientes a verem a experiência a partir desta perspectiva consciente e desfundida, enquanto examinam suas respostas físicas, emocionais, cognitivas e comportamentais.

Apesar de este exercício não ser explicitamente voltado para a reestruturação cognitiva, ele inevitavelmente envolve mudar a forma e função das cognições do paciente. Se qualquer mudança no conteúdo dos pensamentos for verificada, recomenda-se que o terapeuta ajude a mudança dos pensamentos a ir em direção a uma perspectiva equilibrada, receptiva e fortalecida, em lugar de enfatizar uma abordagem exclusivamente "racional".

Processos que podem estar envolvidos neste exercício incluem adotar perspectivas, nomeação dos afetos, descentralização, cultivo da atenção plena, promoção da desfusão cognitiva, exposição aos afetos, reestruturação cognitiva e compromisso com a busca comportamental de metas valorizadas.

O terapeuta pode fazer as seguintes perguntas na sessão, referindo-se ao Registro de Pensamentos Emocionalmente Inteligentes:

- *Passo 1*: "O que está acontecendo em torno de você, no seu ambiente, neste momento? Onde você está? Quem está com você? O que você está fazendo? O que percebe no ambiente que o está afetando?"
- *Passo 2*: "Às vezes, nossa resposta a algo em nosso ambiente pode ser sentida no corpo, como um 'frio na barriga', por exemplo. Trazer a atenção, da melhor forma possível, para essas sensações pode ser útil. Desenvolver consciência e sensibilidade a essas experiências pode exigir prática; então, se você não perceber nada em particular, permita-se simplesmente ter essa experiência, enquanto tem alguns instantes para poder observar o que ocorre. Nesta situação, que sensações físicas você percebe que experimenta no corpo? Em que lugar do corpo você tem essas sensações? Quais são as qualidades de tais sensações?"
- *Passo 3*: "Dar nomes às emoções usando 'palavras emocionais' pode ser útil. Que 'palavra emocional' descreveria e 'rotularia' melhor a emoção que você está sentindo neste momento? O quão intensamente você diria que está sentindo a emoção? Se tivesse de avaliá-la em uma escala de 0 a 100, sendo 100 o sentimento mais intenso possível e 0 a ausência total desse sentimento, qual seria o valor?"
- *Passo 4*: "Que pensamentos estão passando por sua cabeça nesta situação? Pergunte a si mesmo: 'O que está passando por minha cabeça agora? O que minha mente está me dizendo?'. O que está surgindo em sua cabeça nesta situação? O que esta situação diz a seu respeito? O que ela sugere sobre seu futuro? Da melhor forma possível, perceba o fluxo de pensamentos que se desdobram em sua mente nesta situação. Quais pensamentos estão chegando?"
- *Passo 5*: "Aprendemos a tentar livrar-nos ou afastar-nos de coisas que parecem ameaçadoras ou desagradáveis. Isso faz muito sentido. Contudo, as tentativas de suprimir ou eliminar pensamentos e sentimentos angustiantes, às vezes, torna-os muito mais fortes. Então, por um momento, aproveite a oportunidade de aprender a ficar com a experiência tal como ela é. Seguindo o fluxo da sua respiração neste momento, tanto quanto puder, abra espaço para o que quer que venha a se desdobrar diante de sua mente."
- *Passo 6*: "Agora que você percebeu e se permitiu experimentar mais plenamente

as sensações, as emoções e os pensamentos que apareceram nesta situação, qual seria a melhor reação neste momento? Adotando uma atitude atenta e 'emocionalmente inteligente', você pode reconhecer que tais pensamentos e sentimentos são eventos mentais, e não a realidade em si. Trabalhando com o terapeuta, você pode aprender muitas formas de reagir a pensamentos e sentimentos que provocam sofrimento. Eis algumas perguntas para fazer a si mesmo e que você pode praticar ao longo da próxima semana:

- 'Quais são os custos e benefícios de acreditar nesses pensamentos?'
- 'Como poderia agir, se realmente acreditasse nisso?'
- 'Como poderia agir, se não acreditasse nisso?'
- 'O que poderia dizer a um amigo que estivesse enfrentando esta situação?'
- 'Que necessidades estão envolvidas neste evento e como posso cuidar melhor de mim mesmo agora?'
- 'Posso observar com atenção plena esses eventos em minha mente, escolher um plano de ação e agir de forma que atenda minhas metas?'"

• *Passo 7*: "Faça a si mesmo as seguintes perguntas:
  - 'Como posso perseguir melhor minhas próprias metas e valores nesta situação?'
  - 'Há algum problema a ser resolvido para eu poder viver minha vida de forma mais significativa e valorosa?'
  - 'Como posso interagir com os outros nesta situação de uma forma efetiva e que seja condizente com minhas metas e meus valores?'
  - 'Esta situação exige uma resposta comportamental? Alguma atitude precisa ser tomada?'
  - 'Não fazer nada é uma opção?'
  - 'Como posso cuidar de mim mesmo da melhor forma possível nesta situação?'"

Exemplo

Terapeuta: Você descreveu várias situações da última semana durante as quais o seu medo de vômito foi muito problemático. Parece que isso passou bastante por sua cabeça enquanto seus filhos brincavam, não?

Paciente: De fato. Muitas das crianças na creche tiveram gripe recentemente e eu não conseguia deixar de pensar que um de meus filhos voltaria para casa com uma virose estomacal. Eu realmente perdi o controle.

Terapeuta: E se um deles de fato voltasse para casa com uma virose estomacal, o que você temia que ocorresse?

Paciente: Bem, temia que eles vomitassem, claro. Então, eu teria de lidar com isso, o que me deixaria maluca, e eu simplesmente não sei se aguentaria.

Terapeuta: Eu sei que esse pensamento "não sei se aguentaria" apareceu junto com muita ansiedade no passado.

Paciente: Com certeza, mas eu acho que é *verdade*. Que tipo de mãe não consegue lidar com seus filhos vomitando?

Terapeuta: Então, quando esse pensamento surge, ele vem acompanhado, e isso significa problemas, não é? Então, agora parece que você está tendo o pensamento de que é, de alguma forma, uma mãe defeituosa.

Paciente: Claro que sou! Não estaríamos tendo esta conversa se eu não fosse.

Terapeuta: Sabe, parece que há muita coisa surgindo neste momento, então eu gostaria de usar parte de nossa sessão como oportunidade de praticar uma nova forma de trabalhar com esses pensamentos e sentimentos.

Paciente: O que quer dizer?

Terapeuta: Como parte de nossa agenda para a sessão de hoje, você possivelmente lembra que discutimos apresentar um novo exercício prático de autoterapia. Por que não damos uma olhada nesse exercício agora e ensaiamos juntos na sessão? Tudo bem?

Paciente: Claro. Estou simplesmente buscando algo para tirar este sentimento de mim.

Terapeuta: Bem, não tenho certeza de que estejamos pretendendo "tirar os sentimentos" agora. Na verdade, parte de nosso trabalho será permitir que alguns desses sentimentos e pensamentos permaneçam aqui, na sala, enquanto trabalhamos juntos. Você se lembra do nosso trabalho inicial de atenção plena?

Paciente: Sim, claro. Ainda pratico o exercício de "atenção plena respiratória" toda manhã. Mas só por 15 minutos. Você vai me pedir para simplesmente "aceitar" esses sentimentos?

Terapeuta: Você está certa, aceitar os sentimentos faz parte disso, mas há algo mais que podemos fazer. Às vezes, a aceitação é passiva, bastando deixar que as coisas tomem seu rumo. Mas, às vezes, a aceitação pode ser muito ativa. Ela pode consistir em ver as coisas claramente como são, ao mesmo tempo em que nos envolvemos profundamente com o que é mais importante em nossas vidas.

Paciente: Sim, eu me lembro disso, e tem me ajudado um pouco quando vou pegar as crianças.

Terapeuta: Então, essa "disposição para sentir as coisas mais plenamente" foi *de fato* útil?

Paciente: Eu disse "um pouco"! (*risos*) mas... Sim, tem me ajudado.

Terapeuta: Certo, então, aqui estamos, neste consultório, às 14h, e estamos discutindo seu medo de que seus filhos vomitem.

Paciente: Sim, odeio até o simples fato de pensar nisso.

Terapeuta: Faz sentido. Então, você poderia, por favor, descrever brevemente a situação na qual você se encontra e que está ativando os pensamentos e temores de vomitar?

Paciente: Estou sentada com meu terapeuta e estamos falando sobre o meu medo de vômito. São 14h, e mais tarde vou ter de buscar meus filhos na creche.

Terapeuta: Então, como vimos, às vezes, a primeira coisa a se fazer para trazer nossa consciência de forma mais plena para nossa experiência é verificar quais as sensações que se apresentam no corpo.

Paciente: Como o exercício de "escaneamento corporal"?

Terapeuta: Sim, mas desta vez estamos verificando nossa experiência em "tempo real", a fim de podermos treinar a consciência para realmente "estar" com a experiência neste momento, enquanto vivemos nossas vidas. Então, trazendo sua atenção da melhor forma possível para a presença de sensações em seu corpo neste momento, que sensações físicas você percebe que experimenta no corpo?

Paciente: Sinto que meu fôlego está curto, como se houvesse uma pressão no meu peito.

Terapeuta: Bom. Você conseguiu notar isso bem rápido. Agora, sem tentar mudar ou alterar a experiência, você estaria disposta a simplesmente se permitir ficar com o sentimento de fôlego curto e pressão no peito, enquanto prosseguimos com o exercício?

Paciente: Sim, é possível. De qualquer forma, as sensações não vão embora mesmo! (*Risos.*)

Terapeuta: (*rindo com a paciente*) Foi uma observação bem aguçada. Agora, dando-se um momento para abrir espaço de verdade para esta experiência e permiti-la, que "palavra emocional" descreveria e "rotularia" melhor esta emoção que você está sentindo neste momento?

Paciente: Palavra emocional? Quer dizer, o nome de uma emoção?

Terapeuta: Sim, exatamente isso.

Paciente: Bem, então seria "ansiedade". Definitivamente, é uma sensação de "ansiedade", ou talvez também poderíamos chamá-la de "medo".

Terapeuta: Bom, você conseguiu dar nome à experiência bem claramente, não?

Tarefa

Os passos do Registro de Pensamentos Emocionalmente Inteligentes (Formulários 8.2 e 8.3) mais bem apresentados durante a sessão como um processo interativo. Em vez de simplesmente entregar os Formulários 8.2 ou 8.3 ao paciente e revisar os passos, é melhor que o terapeuta aprenda e pratique os passos e perguntas antecipadamente e, de forma gradual, trabalhe com as questões incluídas no formulário durante a sessão. O propósito da folha de exercícios é perceber, distanciar, nomear, permitir e alterar a relação do indivíduo com experiências difíceis, à medida que ele se move para uma ação efetiva. Frequentemente, as metáforas na prática de uma nova habilidade podem ser úteis. Por exemplo, o terapeuta pode oferecer a seguinte observação: "Quando aprendemos uma nova habilidade, às vezes, é útil repetir e 'superaprender'. Então, esta folha de exercícios pode oferecer uma estrutura para praticar o engajamento com a experiência de uma nova maneira. Se você estivesse aprendendo a tocar violino, poderia praticar escalas ou exercícios. Se estivesse aprendendo a jogar golfe, poderia ir ao clube de golfe. Você pode pensar no Registro de Pensamentos Emocionalmente Inteligentes como esses exercícios: um processo simples que pode repetir de maneira frequente, para poder aprender algo novo e importante".

Possíveis problemas

O Registro de Pensamentos Emocionalmente Inteligentes é um exercício que pode se tornar fundamental na forma de trabalhar com os pacientes, mas não é uma ferramenta "simples" para uma terapia simplista. O uso desta técnica presume que terapeuta e paciente começaram a trabalhar com os conceitos de aceitação e disposição. Além disso, algum treinamento preliminar no cultivo da atenção plena é altamente recomendado. Uma relação terapêutica ativa, vital, empática e cooperativa também é fundamental para o uso efetivo desta técnica.

Os pacientes que tiverem intensas dificuldades de tolerância aos afetos podem mostrar alguma resistência inicial a certos aspectos desta técnica. Primeiro, trazer consciência às sensações físicas pode, na verdade, intensificar inicialmente a experiência da ansiedade. Esse é um passo normal, e talvez necessário, mas precisa ser tratado de forma compassiva, ainda que direta, por parte do terapeuta. Ao usar o Registro de Pensamentos Emocionalmente Inteligentes, o terapeuta está de fato orientando os pacientes a permanecerem na presença de eventos internos diante dos quais eles possam ter algum tipo de reação "fóbica". Isso pode refletir algum processo esquemático subjacente, alexitimia ou tendência generalizada de esquiva experiencial. Qualquer que seja a força que move essa tendência, o objetivo do terapeuta, em tais casos, é criar um contexto receptivo, seguro, empático e cooperativo, dentro do qual os pacientes possam vir a observar as sensações perturbadoras aumentarem e diminuírem.

Segundo, os pacientes podem não desejar permitir que a experiência ocorra exatamente como ela é, naquele momento. Isso pode ser visto como um exemplo *in vivo* da tendência de esquiva experiencial que pode estar causando muitas das lutas apresentadas pelo paciente. Apesar de essa resistência ter chance de ser considerada um "problema potencial", é, na verdade, uma manifestação do problema maior. O Registro de Pensamentos Emocionalmente Inteligentes oferece uma estrutura para que os pacientes gradualmente tratem dessa tendência de esquiva e a superem, engajando-se de modo efetivo em suas experiências. Parte da meta do terapeuta é atingir o equilíbrio entre moldar suave e gradativamente o envolvimento efetivo por parte dos pacientes e manter, de forma consistente, uma abordagem estruturada não conivente com as tentativas de esquiva.

Terceiro, pacientes que creem fortemente nos pensamentos problemáticos, que dão ouvidos a eles ou que demonstram fusão cognitiva com estes podem ter dificuldade de escapar da armadilha de ter que debater a "veracidade" de tais pensamentos. Isso pode levar o terapeuta bem-intencionado a se emaranhar mais ainda no conteúdo cognitivo dos seus pacientes, caindo na armadilha de discutir pensamentos e aumentar o controle que estes têm sobre o comportamento. As técnicas de reestruturação cognitiva demonstraram eficácia em certas aplicações e são um aspecto do Registro de Pensamentos Emocionalmente Inteligentes. Todavia, esta técnica enfatiza a adoção de uma relação com os pensamentos e sentimentos muito diferente daquela frequentemente mantida pelos pacientes que fazem terapia cognitivo-comportamental (TCC). Usando a descentralização e a desidentificação, os pacientes são estimulados a se envolver com (e questionar) seus pensamentos quase como uma "brincadeira". Mudando a relação ou ponto de vista que têm do fluxo de pensamentos e sentimentos, o ato da reavaliação cognitiva pode ser almejado, tratando-se não apenas da estrutura dos pensamentos automáticos negativos, mas também de sua função. O grau em que padrões problemáticos de pensamentos exercem controle sobre os comportamento e afetam a habilidade dos pacientes de viver uma vida significativa e compensadora é uma meta mais central para o Registro de Pensamentos Emocionalmente Inteligentes do que simplesmente uma aproximação do pensamento racional.

Até aqui, discutimos problemas relativos aos pacientes na implementação desta técnica. Há também problemas no uso do Registro de Pensamentos Emocionalmente Inteligentes que podem começar com o terapeuta. Para usar essa técnica de modo efetivo, vários fatores relativos ao terapeuta e à terapia devem estar presentes. É muito recomendável que o terapeuta que utiliza técnicas baseadas na atenção plena e na disposição tenha desenvolvido e mantido ele mesmo uma prática pessoal de treinamento em atenção plena. Esse elemento do treinamento e preparação do terapeuta foi enfatizado em várias formas de TCC de terceira geração (Roemer e Orsillo, 2009; Segal et al., 2002). Além disso, o Registro de Pensamentos Emocionalmente Inteligentes objetiva fazer parte de uma abordagem cuidadosa da terapia, que envolve uma conceituação de caso plenamente desenvolvida. Tanto o terapeuta quanto o paciente são melhor servidos por um curso terapêutico que consiste em o terapeuta ter a compreensão clara e convincente dos padrões de esquiva experiencial, apresentação dos sintomas, fatores de manutenção e atenuação envolvidos na expressão dos sintomas, bem como o histórico de aprendizado do paciente e o entendimento tão claro quanto possível dos esquemas emocionais do indivíduo. Ademais, a compreensão das metas valorizadas pelo paciente e seu grau de compromisso com elas também seria útil. Sem esse entendimento mais amplo, importar esta técnica para uma forma autônoma tradicional de TCC não seria ideal.

Referência cruzada com outras técnicas

O Registro de Pensamentos Emocionalmente Inteligentes está relacionado com aumento da consciência emocional, técnicas de atenção plena, nomeação de afetos, identificação de esquemas emocionais e muitas outras técnicas apresentadas neste livro. Esse registro diário de pensamentos tem o objetivo de resumir e oferecer uma prática generalizadora para o ato humano de regular emoções por inteiro, envolvendo, como é necessário, consciência com atenção plena, aceitação, autocompaixão, comportamentos consistentes com os valores, reestruturação cognitiva e uma consciência emocionalmente inteligente dos esquemas emocionais.

Formulários

Os Formulários 8.2 e 8.3 apresentam duas variações do Registro de Pensamentos Emocionalmente Inteligentes. A primeira é bem mais longa e fornece uma descrição abrangente de cada uma das perguntas. Essa versão longa é destinada a ser usada durante a primeira ou nas duas primeiras sessões de trabalho com o Registro de Pensamentos Emocionalmente Inteligentes, guiando de forma suave e abrangente os pacientes por meio de perguntas que o terapeuta pode fazer na sessão. Isto oferece uma oportunidade para os pacientes ensaiarem e generalizarem o trabalho realizado durante as sessões. Uma vez que o paciente tenha demonstrado compreensão dos passos envolvidos, ele pode passar para a versão curta (8.3), que oferece versões breves de cada pergunta, com menos explicações dos passos empreendidos.

Formulário 8.2: Registro de Pensamentos Emocionalmente Inteligentes (versão longa).
Formulário 8.3: Registro de Pensamentos Emocionalmente Inteligentes (versão curta).

CONCLUSÕES

Essas técnicas, inspiradas na TFE e na TCC integrativa, focalizam diretamente os esforços dos pacientes para incrementar o seu processamento emocional. Os métodos descritos têm base no conceito da relação terapêutica como laço intrínseco de regulação dos afetos (Greenberg, 2007). Nesse contexto, vários processos descritos ao longo deste livro podem estar em ação, como a consciência com atenção plena, autocompaixão, cultivo da disposição e mudança dos esquemas emocionais. Os formulários e exercícios apresentados aqui podem ser usados para focar o treinamento da regulação emocional dos pacientes, especificamente em vários elementos da reestruturação ou trabalho com os esquemas emocionais.

Cada prática descrita nas técnicas deste capítulo prioriza claramente a melhora do processamento emocional em um formato passo a passo. Essas ferramentas são fornecidas de modo que não tranquem os terapeutas em um modo particular de conceituação de caso e que não estejam ligadas a nenhuma modalidade teórica específica. Os terapeutas devem aplicar o seu próprio julgamento clínico quanto à integração das técnicas e o seu trabalho de amplificação da inteligência emocional à formulação do caso e ao plano de tratamento que tiverem desenvolvido para cada paciente.

9

REESTRUTURAÇÃO COGNITIVA

Conforme indicamos no Capítulo 1, a regulação emocional pode incluir qualquer intervenção que afete a intensidade e o desconforto da experiência emocional e o grau de prejuízo. Assim, a terapia cognitiva pode ser vista como um conjunto de intervenções relevantes para a regulação emocional. De fato, o fundamental livro *Cognitive therapy and the emotional disorders*, de Beck (1976), reflete o reconhecimento de que os processos cognitivos podem levar à experiência emocional, mantê-la ou exacerbá-la. Já houve um debate considerável quanto ao fato de os estilos ou processos cognitivos serem ou não um fator de vulnerabilidade na depressão e ansiedade. Por exemplo, uma vez que a depressão esteja em remissão, os pacientes anteriormente deprimidos não são diferentes dos controles que nunca estiveram deprimidos, no sentido de endossar pensamentos automáticos ou atitudes disfuncionais (Miranda e Persons, 1988). Isso levanta a questão de as distorções ou os vieses cognitivos serem simplesmente uma parte da depressão – um tipo de "epifenômeno" – ou um fator predisponente. Contudo, outras pesquisas demonstram que tais vieses ou distorções são vulnerabilidades latentes – são dependentes do humor. Quando preparadas por meio da indução de afetos, essas distorções cognitivas se tornam manifestas em pacientes previamente deprimidos que estejam em remissão (Ingram, Miranda e Segal, 1998; Miranda, Gross, Persons e Hahn, 1998). Outras pesquisas demonstram vulnerabilidade de longo prazo do estilo interpretativo a futuros episódios depressivos e maníacos (Alloy, Abramson, Safford e Gibb, 2006; Alloy, Reilly-Harrington, Fresco, Whitehouse e Zechmeister, 1999). Ademais, o "estilo cognitivo" de ruminação é também um indicador de futuros episódios depressivos (Nolen-Hoeksema, 2000; Roelofs et al., 2009). Condizente com o esboço de Gross da regulação emocional, a reestruturação cognitiva é uma efetiva estratégia "antecedente" de regulação emocional (Gross, 1998a, 1998b; Gross e Thompson, 2007). Modificando a interpretação dos eventos, o indivíduo pode efetivamente reduzir o impacto emocional. Isso também condiz com a terapia do esquema emocional (TEE), no sentido de que os conceitos de durabilidade, perigo, ininteligibilidade e falta de controle podem ser modificados pela regulação das emoções, por meio da reinterpretação de eventos potencialmente estressantes. Neste capítulo, examinamos como a reestruturação cognitiva pode ser usada na regulação emocional.

Apesar de haver uma controvérsia quanto ao fato de a reestruturação cognitiva ser ou não um componente essencial da mudança de humor, há evidências consideráveis de que ela pode ser útil. O uso de técnicas da terapia cognitiva voltadas diretamente para os sintomas predispõe a melhora na terapia (Roelofs et al., 2009). A importância do papel mediador das cognições na mudança é apoiada por achados segundo os quais ganhos súbitos na terapia são precedidos por mudanças de pensamento, pacientes com ganhos súbitos (cujas cognições mudaram) mantêm as melhoras por até dois anos mais tarde e mudanças no conteúdo cognitivo medeiam os progressos nos sintomas de pânico em pacientes em tratamento com a terapia cognitivo-comportamental (TCC) (DeRubeis e Feeley, 1990; Tang e DeRubeis, 1999). Contudo, outras evidências questionam o papel mediador da mudança cognitiva nos ganhos súbitos da fobia social (Tang, DeRubeis, Hollon, Amsterdam e Shelton, 2007). Não obstante, há evidências consideráveis da eficácia da terapia cognitiva no tratamento da depressão e em todos os transtornos de ansiedade (Hofmann, Schulz, Meuret, Suvak e Moscovitch, 2006).

Uma ampla variedade de técnicas pode ser usada para ajudar o paciente a reestruturar os pensamentos disfuncionais. Um compêndio de quase 100 delas está disponível no livro *Técnicas de terapia cognitiva: manual do terapeuta*, de Leahy (2003a), bem como no *Oxford guide to behavioural experiments in cognitive therapy*, de Bennett-Levy e colaboradores (2004). Neste capítulo, escolhemos várias técnicas que podem ser facilmente usadas por pacientes em suas tarefas de autoajuda, mas o clínico interessado em auxiliá-los a lidar com questões difíceis de regulação do humor pode consultar fontes adicionais para obter mais detalhes.

TÉCNICA: DISTINÇÃO ENTRE PENSAMENTOS E SENTIMENTOS

Descrição

Muitos pacientes que possuem sentimentos intensos têm dificuldade de reconhecer que um sentimento não é o mesmo que a realidade e não é a mesma coisa que um pensamento. Isso é especialmente evidente no "raciocínio emocional", em que o paciente pode dizer a si mesmo "sinto-me simplesmente horrível. A vida é terrível". Aqui, o paciente tem um sentimento ("horrível") junto com um pensamento ("a vida é terrível"), que podem ser distinguidos dos fatos ("quais as evidências de que a vida seja terrível?"). Na terapia cognitiva, é essencial que o paciente tome um pouco de distância dos pensamentos e sentimentos, a fim de avaliá-los. Essa descentralização pode começar na primeira sessão, na qual o terapeuta auxilia o paciente a reconhecer como os pensamentos podem levar a sentimentos (e comportamentos) e a perceber que pensamentos alternativos também são possíveis, levando assim a sentimentos e comportamentos diferentes.

Questão a ser proposta/intervenção

"Imagine que está caminhando pela rua à noite, está escuro e não há ninguém por perto. Você escuta agora dois homens vindo atrás de você, andando rápido em sua direção. Você tem o pensamento 'esses caras vão me atacar'. Que tipo de sentimentos você teria? O que faria?". O paciente pode indicar que ficaria com medo e que tentaria correr. O terapeuta pode então prosseguir: "Mas imagine que você pensasse: 'São duas pessoas que estavam no mesmo congresso em que eu estava'. O que você sentiria e faria então?". O paciente poderia indicar que se sentiria mais relaxado ou mesmo curioso para encontrá-los, e simplesmente continuaria sua caminhada.

Exemplo

Terapeuta: Uma das coisas que consideramos importantes é distinguir entre pensamento e sentimento. Sentimento é uma emoção, de modo que você diz estar triste, ansioso, com medo, feliz, curioso, desesperançado ou com raiva. Não questionamos que tenha um sentimento – não faria sentido eu dizer que você não se sente triste quando me disser que se sente assim. Os sentimentos são simplesmente verdadeiros porque você me diz que tem um sentimento. Que sentimentos você tem tido recentemente?

Paciente: Sinto-me triste e um pouco desesperançado.

Terapeuta: Ok. Vejo que também reconhece que seu sentimento pode ter uma variação de intensidade; por exemplo, você mencionou estar um pouco desesperançado. Então, é possível sentir-se mais, menos ou muito desesperançado. Vamos manter em mente que a intensidade dos sentimentos varia. Agora, vejamos os pensamentos que podem fazer alguém sentir-se triste. Esses pensamentos podem ser "nunca vou conseguir o que preciso" ou "serei sempre infeliz". Também é possível ter pensamentos como "não consigo fazer nada certo". Esses são pensamentos que podem levar ao sentimento de tristeza ou à falta de esperança.

Paciente: Sim, já tive esses pensamentos algumas vezes também.

Terapeuta: Assim, um pensamento não é o mesmo que um sentimento. Podemos tomar um pensamento como "nunca faço nada certo" e testá-lo contra os fatos. Vamos tomar o pensamento: "Está chovendo lá fora". Como eu o testaria?

Paciente: Você iria lá fora e veria se ficava molhado.

Terapeuta: Certo. Coletaríamos os fatos. E poderia ou não estar chovendo. Então, quando você diz que tem o sentimento de tristeza, e ele pode estar relacionado ao pensamento "Não consigo fazer nada certo", poderíamos testar se os fatos apoiam seu pensamento. Podemos ver se há algo que você tenha feito certo. Assim, saberíamos o quão preciso é seu pensamento.

Paciente: Sim, mas eu realmente me sinto triste.

Terapeuta: Está absolutamente correto que você se sinta assim. Mas, e se descobrisse que os pensamentos que teve não são tão absolutos quanto seu sentimento? E se você acreditasse que fez muitas coisas certas?

Paciente: Acho que me sentiria muito melhor.

Terapeuta: É isso que vamos ter de analisar. Vamos ver se seus pensamentos resistiriam aos fatos. Então, estabelecemos algumas coisas. Primeiro, pensamentos e sentimentos são diferentes. Segundo, podemos testar se os pensamentos são verdadeiros. E, terceiro, pensamentos e fatos são diferentes. Também sabemos que seus pensamentos podem mudar, e isso pode modificar a forma como se sente. Assim, temos algum trabalho pela frente.

Tarefa

Pode-se passar para o paciente o Formulário 9.1 (Distinção entre Pensamentos e Sentimentos), que lista os sentimentos e os pensamentos que os acompanham. O formulário também oferece uma curta descrição da "situação", ou seja, o que está acontecendo que desencadeia os sentimentos. Além disso, o terapeuta pode pedir que o paciente indique, em uma escala de 0 a 100, a intensidade do sentimento e o grau de confiança que tem ao acreditar no pensamento.

Possíveis problemas

Alguns pacientes com senso de urgência ansiosa podem apresentar queixas de que não conseguem usar estas técnicas porque estão muito ansiosos. Neste caso, o terapeuta tem a possibilidade de ressaltar que o uso das técnicas possui precisamente o propósito de reduzir o senso de urgência e ansiedade. Contudo, técnicas mais simples de redução de estresse, como o relaxamento muscular profundo ou exercícios respiratórios, podem ser úteis para prepará-los para o uso da reestruturação cognitiva e a redução da urgência. Em alguns casos, o paciente pode dizer: "Não consigo me imaginar fazendo estas coisas quando estou transtornado. Isso não me vem à cabeça". O terapeuta pode, então, pedir que o paciente escreva três ou quatro lembretes de técnicas específicas para utilizar, a fim de poder "engatilhar" as técnicas de terapia cognitiva, em vez da urgência. Esses lembretes podem ser colocados em locais visíveis que tenham probabilidade de estar associados à urgência.

Alguns pacientes dizem que não têm pensamentos, só sentimentos. Por exemplo, o paciente diz: "Simplesmente sinto-me deprimido. Não estou pensando em nada". Neste caso, o terapeuta auxilia o paciente a identificar pensamentos, sugerindo alguns pensamentos possíveis que outros pacientes tenham tido: "Às vezes, quando estão deprimidas, as pessoas pensam [nada vai funcionar, sou um fracassado, não consigo fazer nada, não aproveito nada]" e prosseguem questionando se algum desses ou outros pensamentos lhes soa familiar. Outra possibilidade é fazer o paciente identificar as situações que desencadeiam o sentimento depressivo, e então examinar o que ele poderia estar pensando. O paciente pode anotar esses pensamentos e tentar monitorá-los durante a semana, para ver se lhe parecem familiares. Alguns pacientes são auxiliados a identificar pensamentos, se o terapeuta conseguir fazê-los focar em detalhes específicos (visuais, auditivos, olfativos, táteis) associados ao sentimento, evocando assim as pistas contextuais da emoção.

Referência cruzada com outras técnicas

Induzir imagens mentais para ativar pensamentos e sentimentos pode ser útil. Além disso, os pacientes frequentemente conseguem distinguir pensamentos de sentimentos, examinando a lista de distorções cognitivas, como no exemplo a seguir.

Formulário

Formulário 9.1: Distinção entre Pensamentos e Sentimentos.

TÉCNICA: CATEGORIZAÇÃO DOS SENTIMENTOS NEGATIVOS

Descrição

O modelo cognitivo propõe que pensamentos negativos podem ser categorizados quanto aos tipos de vieses e erros de inferência que sustentam a forma como o paciente pensa. Por exemplo, uma paciente que esteja transtornada por acreditar que um amigo pensa que ela é fracassada pode estar fazendo "leitura mental", enquanto um paciente que prevê "vou ficar sozinho para sempre" está usando previsão de futuro. É possível que esses pensamentos venham a ser verdadeiros, mas o primeiro passo é verificar se há um padrão no estilo de pensamento.

Questão a ser proposta/intervenção

"Muitas vezes, achamos que estamos tendo os mesmos tipos de pensamentos negativos que nos incomodam. Esses pensamentos podem ser verdadeiros ou falsos, e nós não saberemos o que são até coletarmos os fatos para descobrir. Mas pode ser que você esteja usando certas formas de pensar que habitualmente o deixam transtornado. Temos uma lista de vieses de pensamento comuns que as pessoas deprimidas e ansiosas apresentam e pode ser útil repassá-la para ver se você se reconhece tendo esses pensamentos." O terapeuta então apresenta ao paciente o Formulário 9.2 (Categorias de Pensamentos Automáticos) e explica cada item. O terapeuta pode, então, perguntar ao paciente se ele tem repetidamente alguma dessas formas específicas de pensamentos e questionar de que maneira isso o faz se sentir.

Exemplo

Terapeuta: Todos nós ficamos perturbados em algum momento, mas, às vezes, podemos ficar realmente transtornados e descobrir que isso está relacionado a algumas coisas que estamos pensando na ocasião. Em uma situação assim, não sabemos o quão precisos nossos pensamentos podem ser – talvez sejam verdadeiros. Mas, até este ponto, ainda não os examinamos. Tenho uma lista de algumas formas de pensamentos que consideramos associadas frequentemente à depressão e à ansiedade. Eu gostaria de repassar essa lista com você, para ver se pode reconhecer algumas de suas formas de pensar. (*O terapeuta apresenta o Formulário 9.2.*)

Paciente: Bem, dá para ver logo de cara que eu faço leitura mental. Eu estava pensando que você me achou chato.

Terapeuta: Ok. É um exemplo excelente de estilo de pensamento que poderia deixá-lo transtornado. Como o ato de pensar assim fez você se sentir?

Paciente: Bem, senti-me triste e ansioso, e fiquei preocupado que você pudesse não me querer como paciente.

Terapeuta: Você acha que também faz muito repetidamente leitura mental com outras pessoas?

Paciente: Sim. Faço muito isso com Becky, e acho que ela não me acha atraente e pensa que sou um chato.

Terapeuta: E quanto a esta aqui, "previsão de futuro"? Você faz isso também?

Paciente: Fico sempre preocupado, achando que Becky vai me deixar ou que vai achar alguém mais interessante.

Terapeuta: E como esta previsão de futuro faz você se sentir?

Paciente: Sinto-me com medo, como se não pudesse de fato contar com ela, e então acho que vou ficar sozinho para sempre.

Terapeuta: O pensamento de ficar sozinho para sempre é outra previsão de futuro, certo?

Paciente: Acho que faço muito essas coisas.

Terapeuta: Nós podemos tentar ver se você se habituou a usar certas formas de pensar e se isso está relacionado a tristeza, ansiedade e falta de esperança.

Tarefa

Pode-se dar ao paciente o Formulário 9.2 (Categorias de Pensamentos Automáticos), que lista as categorias específicas de pensamentos. Pede-se, então, que ele faça uma descrição sumária, usando o Formulário 9.3 (Formulário de Pensamentos em 4 Colunas), a fim de verificar se há um padrão de tipos de pensamentos que aparecem frequentemente e determinadas situações que evocam tais pensamentos.

Possíveis problemas

Alguns pacientes acreditam que são incapazes de categorizar um pensamento porque ele aparenta cair em mais de uma categoria. Por exemplo, "Tom vai achar que sou um fracassado" é um exemplo tanto de previsão de futuro quanto de leitura mental. Isso, na verdade, não constitui problema, porque os pensamentos podem pertencer a mais de uma categoria. Outro problema é que, implícita em um pensamento, para alguns pacientes, está a avaliação do pensamento. Por exemplo, o pensamento automático recém-citado pode "conter" uma avaliação implícita de que seria catastrófico se Tom achasse que o paciente é um fracassado. Isso pode ser diferenciado como outro pensamento subjacente que também pode ser categorizado. Finalmente, alguns pacientes relutam em categorizar os pensamentos por acreditar que são verdadeiros. Essa é uma preocupação válida, e o terapeuta deve indicar que a categorização não significa que o pensamento seja inválido, apenas que é um exemplo de forma de pensar. Os pensamentos podem então ser examinados, considerando-se os fatos ou a lógica.

Referência cruzada com outras técnicas

Outras técnicas relevantes incluem usar imagens mentais para evocar pensamentos e sentimentos, distinguindo pensamentos de sentimentos e examinando as implicações e os pressupostos dos pensamentos.

Formulários

Formulário 9.2: Categorias de Pensamentos Automáticos.
Formulário 9.3: Formulário de Pensamentos em 4 Colunas.

TÉCNICA: AVALIAÇÃO DOS CUSTOS E BENEFÍCIOS

Descrição

Os pacientes frequentemente apresentam opiniões mistas em relação aos pensamentos negativos. Alguns podem crer que suas previsões e interpretações negativas são protetoras, preparam-nos para o pior, evitam surpresas e arrependimento ou motivam-nos a alcançar metas, ou podem crer que esses pensamentos são simplesmente realistas. De fato, pode haver um grão de verdade em cada uma das crenças na vantagem do pensamento negativo. Às vezes, é útil antecipar possíveis recusas para evitar ser pego de surpresa, e, às vezes, as previsões negativas permitem que planejemos superar obstáculos ou evitá-los de antemão. O simples ato de encorajar as pessoas a pensarem positivamente não é útil e, no caso de pacientes com baixa autoestima, o tiro pode sair pela culatra. Entretanto, as crenças têm consequências, e, para modificá-las, o paciente precisa investir na ideia de que a reestruturação cognitiva pode ser útil. Assim, o terapeuta envolve o paciente em um diálogo acerca dos custos e benefícios das crenças negativas.

Questão a ser proposta/intervenção

"Algumas crenças têm consequências sobre a forma como nos sentimos, o que fazemos e como nos relacionamos com as pessoas. Vamos analisar muitos de seus pensamentos e testá-los contra os fatos. Mas, antes disso, precisamos examinar sua motivação mista quanto a essas crenças. Por exemplo, você pode pensar que algumas de suas crenças são úteis para você ou que precisa delas por certas razões. Examinar os custos e benefícios dessas crenças não significa que elas sejam certas ou erradas – isso simplesmente nos ajuda a ver o que você pode estar ganhando ou perdendo ao pensar certas coisas."

Exemplo

Terapeuta: Em que você pensa quando se sente tão triste?

Paciente: Simplesmente penso que sou um fracassado.

Terapeuta: Deve ser difícil ter esse pensamento. Às vezes, pensamos que nossos pensamentos vão nos ajudar, mesmo se forem negativos e dolorosos. Você consegue pensar em alguma vantagem que possa obter, ao pensar que é um fracassado?

Paciente: Bem, talvez, ao me criticar, eu acabe ficando mais motivado. Vou me esforçar mais. Mas não consigo pensar em nenhuma outra vantagem.

Terapeuta: E quanto às desvantagens desse pensamento?

Paciente: Ele me deixa deprimido, desesperançado e me faz pensar que vou ficar sozinho para sempre.

Terapeuta: Ok. Então se você tivesse de pesar as vantagens e desvantagens do pensamento de que é um fracassado – e dividi-las em 100 pontos –, o resultado seria 50:50, 60:40, 40:60?

Paciente: Diria que as desvantagens superam de longe as vantagens. Não sei como poderia colocar isso em números, mas eu diria 10 para as vantagens e 90 para as desvantagens.

Terapeuta: Ok. Então, as desvantagens superam as vantagens. O que mudaria se você acreditasse um pouco menos nesse pensamento?

Paciente: Acho que me sentiria muito melhor – mais esperançoso e menos deprimido comigo mesmo.

Terapeuta: E você realmente acha que se criticar tem sido motivador?

Paciente: Às vezes, pode ser – mas, na maior parte do tempo, eu me sinto pior.

Terapeuta: Você consegue fazer mais ou menos coisas quando se sente pior?

Paciente: Provavelmente, menos. Eu procrastino e penso como as coisas estão mal.

Terapeuta: Então, você poderia pensar que essa autocrítica o motiva, mas que também, às vezes, retira sua motivação.

Tarefa

Usando o Formulário 9.4 (Exame das Vantagens e Desvantagens dos Pensamentos), os pacientes podem identificar vários pensamentos negativos associados a emoções difíceis e identificar suas vantagens e desvantagens.

Possíveis problemas

Alguns pacientes podem negar que haja qualquer vantagem no pensamento negativo. É possível que tais pacientes queiram parecer racionais ou estejam tão tomados pela negatividade do pensamento e da emoção que seja difícil imaginar ganhar alguma coisa com ele. O terapeuta pode estimular esses pacientes a examinar possíveis vantagens: "Talvez, neste instante, em um momento racional e tranquilo, não pareça haver quaisquer vantagens, mas normalmente há algumas vantagens escondidas em sua mente. O que alguém poderia esperar ganhar com esses pensamentos negativos?". Se isso não funcionar, o terapeuta pode sugerir algumas vantagens possíveis: "Talvez criticar-se possa motivá-lo ou pareça realista".

Referência cruzada com outras técnicas

Alguns pacientes podem dizer que não há vantagens em seu pensamento; ele simplesmente os faz sentir miseráveis. O terapeuta pode sugerir que, às vezes, as vantagens são difíceis de ser vistas, mas podem existir algumas. Ele pode também sugerir algumas possíveis vantagens: "É possível que esse pensamento o mantenha preparado, para que não seja surpreendido?". Obviamente, é possível que não haja vantagens que possam ser identificadas. Outros pacientes afirmam que o pensamento é vantajoso. Neste caso, o terapeuta examina o que o paciente está escolhendo como consequência: "Se acredita que precisa ser perfeito, você está disposto a pagar o preço da preocupação e autocrítica?".

Formulário

Formulário 9.4: Exame das Vantagens e Desvantagens dos Pensamentos.

TÉCNICA: EXAME DAS EVIDÊNCIAS

Descrição

A crença do paciente em um pensamento pode ser modificada pelo exame das evidências que o apoiam ou refutam. A natureza do pensamento automático é que, por ser automático, frequentemente, ele passa despercebido pelo paciente. Sua credibilidade, muitas vezes, baseia-se em sua carga emocional, e o paciente que está deprimido ou ansioso tem habitualmente uma seleção enviesada das informações e desconsidera as informações contrárias. Ademais, a qualidade das evidências deve ser considerada. Por exemplo, é possível que o paciente ansioso esteja utilizando as emoções como evidência, ou focalizando um pequeno detalhe ou evento, e ignorando outras informações que pesariam contra sua crença. Além disso, a conexão lógica entre a "evidência" e o pensamento também pode ser examinada.

Questão a ser proposta/intervenção

"Muitos pensamentos nos deixam ansiosos e deprimidos. Algumas vezes, eles são válidos, mas, outras, podemos estar enxergando os eventos de modo a não usar todas as informações disponíveis. Vamos analisar este pensamento que está lhe incomodando e avaliar se as evidências ou fatos apoiam o grau em que acredita no seu pensamento. Trace uma linha vertical ao longo do centro da página; do lado esquerdo, vamos listar todas as evidências a favor do pensamento; do lado direito, todas as evidências contrárias. Ao listá-las, você não precisa acreditar 100% na evidência. Eu simplesmente gostaria de examinar todas as formas possíveis de avaliar o pensamento, para que possamos ver se é possível ter uma perspectiva diferente."

Exemplo

Terapeuta: Vejo que está pensando que nunca mais será feliz novamente. Esse é um pensamento realmente poderoso que deve estar lhe transtornando bastante. Quanto você acredita neste pensamento, usando uma escala de 0 a 100%?

Paciente: Acho que teria de dizer 95%.

Terapeuta: Então, este é um pensamento que lhe parece quase absolutamente verdadeiro neste momento. E quando acredita 95% neste pensamento, quão triste e desesperançado você se sente, usando uma escala de 0 a 100%?

Paciente: Mais ou menos o mesmo. Cerca de 95% para ambos. Às vezes, sinto-me 100% sem esperanças.

Terapeuta: Ok. Então, esse é um pensamento que o deixa triste e desesperançado; imagino que, se mudássemos o grau de crédito nesse pensamento, seus sentimentos também poderiam mudar. Isso faz sentido?

Paciente: Sim. Mas eu realmente acredito que isso é verdade. Tenho estado deprimido nos últimos 2 meses.

Terapeuta: É difícil estar deprimido desse jeito. Às vezes, contudo, nossos pensamentos podem ser em parte verdadeiros, mas não tão absolutamente quanto sentimos. Vamos dar uma olhada nas evidências que você está usando – os fatos – que o fazem pensar e sentir desta forma, e vejamos se há alguma evidência contra esse pensamento. Eu gostaria que você desenhasse uma linha vertical ao longo do centro da página, e que, do lado esquerdo, listasse as evidências a favor desse pensamento e, do lado direito, as evidências contra o pensamento. Vamos começar com as evidências que você tem de que nunca será feliz.

Paciente: Bem, estou me sentindo deprimido agora e tenho estado assim por 2 meses. Já tive problemas com depressão antes. Não tenho nenhum relacionamento agora.

Terapeuta: Ok. Vejo o quanto isso faz você ficar triste. Agora, vejamos se há alguma razão para que acredite que possa voltar a ser feliz.

Paciente: É difícil imaginar agora. Mas acho que fui feliz no passado. Há algumas coisas no trabalho que gosto de fazer.

Terapeuta: Vamos dar uma olhada em algumas coisas que fez no último mês e que lhe deram algum prazer ou senso de realização.

Paciente: Isso sempre parece enfadonho. Mas eu de fato sinto algum prazer correndo, apesar de não estar fazendo muito exercício nas últimas semanas. Apreciei o jantar com meu amigo Bill. Ele é um bom amigo, realmente cuidadoso. Gostei do programa especial na televisão sobre os parques nacionais.

Terapeuta: Ok. Vamos anotar isso como evidências de que pode sentir alguma felicidade em parte do tempo. Se não estivesse deprimido, que coisas o deixariam feliz?

Paciente: Aprender coisas novas me faz feliz. É bom crescer. E eu gostei de viajar – fiz uma ótima viagem ao Brasil no ano passado. Assistir ao futebol, especialmente com meus amigos.

Terapeuta: Ok. Podemos acrescentar essas coisas à lista. Quando olha para as evidências de que será infeliz para sempre, elas parecem estar baseadas no modo como você tem se sentido nos últimos 2 meses, que foram muito duros para você. O que você conclui em relação ao fato de ter se sentido feliz anteriormente?

Paciente: Eu já me senti melhor. Mas estou muito mal agora.

Terapeuta: Às vezes, julgamos o futuro a partir da forma como nos sentimos no momento. Mas também faz sentido tomar distância da forma como se sente e ver a capacidade de se sentir bem antes da crise recente em sua vida. E, pensando nisso, também há ocasiões agora em que você se sente bem. O que isso significa para você?

Paciente: Acho que estou me concentrando muito na situação atual.

Terapeuta: Bem, fazemos isso quando estamos incomodados, não é? Mas também acho que você pode se propor fazer algumas dessas atividades prazerosas, para ver se isso afeta o seu humor. Você pode programar fazer exercícios, ver amigos, assistir ao jogo, aprender coisas novas e mesmo planejar viajar, para ver se essas coisas ajudam um pouco.

Paciente: Isso pode ajudar. É que eu simplesmente me sinto tão para baixo agora...

Terapeuta: Sim. É difícil. Mas a sensação de falta de esperança parece se basear apenas nisso – no fato de você estar para baixo neste momento. Se observasse as evidências de que você já foi feliz anteriormente, de que há coisas que você faz – e poderia fazer ainda mais – que o deixam melhor e de que você já superou a depressão outras vezes, o que acha da ideia de que nunca será feliz novamente?

Paciente: Acho que não acredito tanto. Talvez haja esperança.

Terapeuta: Então, se você tivesse de quantificar o grau em que acredita que nunca mais será feliz, usando a escala de 0 a 100%, quanto você daria?

Paciente: Talvez 50%. Mas ainda acredito nisso, em alguma medida.

Terapeuta: Eu esperaria que uma crença forte permanecesse por algum tempo. Mas, em 10 minutos, ela mudou de 95 para 50%. Isso faz você se sentir diferente?

Paciente: Acho que me sinto mais esperançoso. Talvez eu possa mudar.

Tarefa

O terapeuta pode prescrever o Formulário 9.5 (Exame das Evidências de um Pensamento), acompanhado das seguintes instruções:

> Todo dia você pode ter pensamentos negativos sobre si mesmo, sobre sua experiência ou sobre o futuro; pode ficar preocupado sobre coisas ruins que acontecerão ou rotular-se de maneiras que sejam angustiantes para você. Use o formulário "Exame das Evidências de um Pensamento"

todos os dias, para listar as evidências a favor e contra os pensamentos. Pergunte-se se as evidências a favor do pensamento negativo baseiam-se em suas emoções ou nos fatos. Veja se tem tendência a negligenciar, descontar ou minimizar as evidências contrárias a seus pensamentos negativos. Então, pese as evidências e anote a conclusão sobre o pensamento negativo.

Possíveis problemas

Alguns pacientes usam as emoções como evidência da validade dos seus pensamentos: "Eu devo ser um fracasso porque me sinto muito deprimido". Este raciocínio emocional pode ser identificado a partir dos tipos de evidências que o paciente usa, e então ser examinado em termos da qualidade da evidência: "Se eu me sentisse exultante e pensasse que sou Deus, isso me tornaria Deus?". Outro problema é que alguns pacientes acreditam que o simples fato de acreditarem muito no pensamento lhe confere validade: "Deve ter algo de verdade, já que acredito tanto nisso". Neste caso, o terapeuta pode perguntar se há crenças fortes anteriormente sustentadas sobre religião, política, conduta convencional ou Papai Noel nas quais ele não mais acredita.

Referência cruzada com outras técnicas

Outras técnicas úteis incluem a seta descendente, o peso dos custos e benefícios e o desafio à estrutura lógica dos pensamentos.

Formulário

Formulário 9.5: Exame das Evidências de um Pensamento.

TÉCNICA: ADVOGADO DE DEFESA

Descrição

Às vezes, os pacientes reconhecem a possibilidade de existência de argumentos ou evidências contra os pensamentos negativos, mas carecem de motivação e direção para desafiá-los. Eles podem acreditar que não têm condições de desafiá-los ou avaliá-los, a menos que já acreditem que são irracionais ou extremos – eles ficam presos em um ciclo vicioso emocional: "Não posso desafiar o pensamento porque já acredito nele". O terapeuta cognitivo pode auxiliar o paciente a tomar distância da carga emocional do pensamento, considerando-o como participante de um julgamento. Com esta técnica, o paciente assume o papel de defesa do pensamento negativo, tornando-se o "advogado" cujo dever é defender o cliente – neste caso, ele próprio.

Questão a ser proposta/intervenção

"Às vezes, quando nos sentimos para baixo, é difícil afastar-nos dos pensamentos e sentimentos e adotar uma perspectiva diferente. Mas imaginemos que seus pensamentos negativos sejam parte da acusação em um julgamento – tentando considerá-lo culpado. Eles têm rotulado você de muitas formas terríveis (p. ex., preguiçoso, idiota, sem esperanças, condenado a ficar triste eternamente). Vamos usar a técnica chamada de Advogado de Defesa, na qual você desempenha o papel de um advogado muito competente e altamente motivado que *o* defende contra os pensamentos negativos. Como todo bom advogado, você não precisa acreditar em tudo o que seu cliente diz ou faz – você simplesmente tem de defendê-lo.

Então, seu trabalho, Excelência, é defender a si mesmo. Podemos começar comigo interpretando o advogado de defesa e mudar posteriormente para você. Enquanto eu interpretar o advogado de defesa, você será o promotor."

Exemplo

Terapeuta: (*citando a descrição recém-apresentada*) Vou interpretar o advogado de defesa e você, o promotor. Então, gostaria que você me acusasse com todas as queixas dos seus pensamentos negativos, como "ele é um babaca, fracassado, nunca voltará a ser feliz". Basta você começar, que eu defendo meu cliente – você.

Paciente: (*como promotor*) Vejamos. Seu cliente é idiota e preguiçoso.

Terapeuta: Você tem quaisquer evidências que apoiem essas acusações?

Paciente: Bem, o relacionamento dele com Anna não deu certo.

Terapeuta: Isso parece irrelevante para a acusação. Quase todo mundo tem um relacionamento que não dá certo, e isso inclui Anna. O promotor iria querer que concluíssemos que o mundo inteiro é idiota e preguiçoso? Anna é idiota e preguiçosa?

Paciente: (*como promotor*) Ele simplesmente estraga tudo o que faz.

Terapeuta: Os fatos não apoiam essa alegação ultrajante e ilógica. Meu cliente concluiu a faculdade, tem um emprego no qual é apreciado e recompensado, tem amigos, é um bom filho e um bom amigo para quem precisa dele. Essa acusação é absurda e não condiz com as evidências.

Paciente: Bem, ele poderia ser melhor.

Terapeuta: O promotor também. Mas ele continua cavando um buraco cada vez mais fundo para si mesmo. Vossa Excelência, eu gostaria de registrar que meu cliente tem razões para uma acusação de calúnia contra o promotor, por ele ter feito afirmações públicas maliciosas e obviamente mentirosas com a intenção de causar danos a meu cliente e à sua reputação.

Paciente: (*rindo*) Acho que entendi.

Terapeuta: Parece que seus pensamentos negativos não conseguem se sustentar diante de uma defesa forte.

Paciente: Parece verdade. Mas eu não defendo a mim mesmo.

Terapeuta: Imagine um julgamento no qual a única pessoa com permissão para falar fosse o promotor. Como seria isso?

Paciente: Totalmente injusto.

Terapeuta: Talvez seja assim que você esteja se tratando.

Tarefa

O terapeuta pode passar o Formulário 9.6 (Formulário do Advogado de Defesa) e o Formulário 9.7 (O que o Júri Pensaria?). Pode-se pedir que o paciente imagine que está assumindo o papel de defesa contra o seu pior crítico, o promotor. Ele agora tem de usar toda sua inteligência, astúcia e experiência para rebater as acusações contra si próprio. Ele deve atacar as evidências e a lógica e mostrar como as acusações feitas são injustas. Finalmente, deve examinar como um júri imparcial avaliaria esse "julgamento" e, então, examinar como ele pode estar fazendo a si mesmo acusações que não resistiriam à defesa.

Possíveis problemas

Alguns pacientes consideram a oposição vigorosa do advogado de defesa como invalidante ou condescendente. Julgamos útil apresentar esta técnica e antecipar a seguinte preocupação: "Quando desafiamos um pensamento negativo, não estamos invalidando seus sentimentos ou seu direito de pensar da forma como escolheu. Mas, se o pensamento estiver lhe causando dor, pode valer a pena ver se ele resistiria a um confronto com os fatos e a lógica. Por favor, diga-me, quando usarmos esta técnica, se está se sentindo melhor ou pior". É útil que o paciente troque de papel entre defensor e promotor e depois, novamente, defensor, a fim de praticar ambos os lados.

Referência cruzada com outras técnicas

Outras técnicas relevantes incluem a categorização da distorção dos pensamentos automáticos, o peso das vantagens e desvantagens e o peso das evidências. A técnica do duplo padrão pode ser usada de modo frequente com esta técnica.

Formulários

Formulário 9.6: Formulário do Advogado de Defesa.
Formulário 9.7: O que o Júri Pensaria?

TÉCNICA: CONSELHO QUE VOCÊ DARIA A UM AMIGO

Descrição

As pessoas ansiosas ou deprimidas são normalmente mais gentis e tolerantes com os outros do que consigo mesmas. Perguntar ao paciente que conselho ele daria a um amigo permite que ele se afaste dos pensamentos negativos e veja as coisas de modo mais objetivo. Isso é conhecido como "técnica do duplo padrão". Ademais, ativar a relação do "amigo" pode ajudar a dispersar as tendências a ser excessivamente crítico. O paciente é colocado no papel de "prestar ajuda", em vez de criticar, e pode reconhecer que ele seria menos crítico e mais solidário com um amigo (ou um total estranho) do que consigo mesmo. Além disso, o tratamento mais suave e compassivo do paciente com os outros pode levar à pergunta a respeito de por que ele teria um duplo padrão. Isso com frequência leva ao reconhecimento de que o paciente mantém para si um padrão mais crítico do que para os outros, precisamente por estar deprimido, completando assim um ciclo vicioso de depressão e ansiedade, pois ele cede à autocrítica em virtude de estar deprimido e ansioso. Esta técnica pode ser usada como pergunta direta ("que conselho você daria a um amigo?") e como *role-play*, em que o paciente interpreta o papel do amigo solidário e o terapeuta desempenha o papel do paciente necessitado.

Questão a ser proposta/intervenção

"Às vezes, somos mais cordiais e solidários com os outros do que conosco. Imagine que você tivesse um bom amigo que estivesse exatamente com o seu mesmo problema. Que conselho você lhe daria?". Alternativamente, "imaginemos que eu seja o seu bom amigo e que esteja tendo os mesmos problemas que você. Vamos fazer um *role-play*; eu vou descrever meus pensamentos e sentimentos e quero ver como você seria solidário comigo". Finalmente: "Percebi que você é mais solidário com o amigo do que consigo mesmo. Por que é assim? Como seria se você fosse tão gentil consigo quanto é com os outros?"

Exemplo

Terapeuta: Percebi que você foi muito crítica consigo mesma, rotulando-se de fracassada e idiota. Às vezes, é possível ver as coisas de forma diferente se nos imaginamos dando um conselho a um amigo que tenha um problema similar. Se sua amiga estivesse passando pelas mesmas coisas que você, que conselhos você lhe daria para ser mais solidária?

Paciente: Eu lhe diria que ela tem muitas qualidades, que é inteligente, foi para a faculdade, tem um bom emprego e seus amigos realmente a respeitam. Eu tentaria ser solidária com ela porque sei como é difícil.

Terapeuta: Isso realmente parece solidário e cuidadoso. Mas não parece ser a forma como você trata a si mesma. Você vê a diferença?

Paciente: Sim. Eu me critico constantemente. Eu não defendo a mim mesma.

Terapeuta: Dá para ver. Qual é a razão disso?

Paciente: Acho que é porque estou deprimida. Nada parece estar certo.

Terapeuta: Você pensaria que sua amiga merece seu apoio principalmente quando está deprimida?

Paciente: Acho que faz sentido.

Terapeuta: Como você acha que seria se você se tratasse como sua melhor amiga ao longo das próximas semanas?

Paciente: Acho que me sentiria melhor.

Tarefa

O paciente pode preencher dois formulários: Conselhos que Eu Daria a Meu Melhor Amigo (Formulário 9.8) e Por Que é Difícil Aceitar Bons Conselhos (Formulário 9.9). No primeiro formulário, o paciente indica (como no *role-play*) o conselho que daria a um bom amigo com um problema similar. Isso ajuda a distanciá-lo dos pensamentos negativos e a reconhecer a extremidade e injustiça desses pensamentos, bem como ativa a mentalidade de cuidado e compaixão. O segundo formulário focaliza a resistência ou as razões para não seguir o bom conselho e pede que o paciente desafie os pensamentos negativos. Por exemplo, o paciente pode dizer "não sigo o bom conselho porque estou deprimido", e a resposta construtiva a isso é "preciso de apoio quando estou deprimido. Se seguisse este conselho, eu poderia ficar menos deprimido". Outras razões para resistir a um bom conselho incluem "não mereço" ou "não acredito nisso". Respostas construtivas incluem "sou um ser humano e mereço ser tratado de forma justa – assim como outras pessoas seriam tratadas". Quando o paciente diz "mas eu não acredito na resposta construtiva", o terapeuta pode indicar que "pensar em outra forma de ver as coisas é o primeiro passo para mudar uma crença" ou perguntar sobre as razões para não acreditar na resposta construtiva (ver a discussão anterior).

Possíveis problemas

Esta técnica frequentemente leva o paciente a alegar que é mais brando com as outras pessoas do que consigo mesmo. Esta objeção à técnica é útil porque identifica esquemas subjacentes de padrões exigentes, não merecimento, de ser uma pessoa especial ou defeituosa, e ajuda a identificar as crenças sobre como alguém pode lidar melhor com a questão. Por exemplo, o paciente pode acreditar que precisa se autocriticar porque é "basicamente preguiçoso", e a crítica age como motivador. Além disso, o paciente pode objetar que ele não deve se tratar tão bem quanto trata os outros porque é defeituoso. Estas crenças esquemáticas podem ser examinadas pela utilização das técnicas deste capítulo.

Referência cruzada com outras técnicas

Todas as técnicas neste capítulo são relevantes.

Formulários

Formulário 9.8: Conselhos que Eu Daria a Meu Melhor Amigo.
Formulário 9.9: Por Que é Difícil Aceitar Bons Conselhos.

TÉCNICA: DESCATASTROFIZAÇÃO

Descrição

As respostas emocionais mais intensas são resultado da visão dos eventos como terríveis, catastróficos ou insuportáveis. Um dos alvos primários de Ellis na terapia era a crença do paciente de que os eventos eram "terríveis" (Ellis, 1962). Enquanto reconhece que muitos eventos são objetivamente difíceis ou mesmo ameaçadores à vida, o terapeuta cognitivo tenta colocar as coisas em perspectiva, a fim de evitar a reação exagerada. Por exemplo, o paciente que pensa "É terrível que meu amigo tenha cancelado nosso jantar" reagirá exageradamente, com emoções intensas, como se sua vida estivesse ameaçada. Remover a catástrofe dos eventos envolve várias estratégias. Estas incluem identificar a tendência a catastrofizar, por exemplo, monitorando pensamentos como "isso é horrível", "não consigo suportar", "é terrível" ou "não acredito que isso esteja acontecendo". Esses pensamentos emocionalmente propícios à escalada podem ser examinados em termos de custos e benefícios do pensamento catastrófico. É essencial que o paciente venha a reconhecer que a propensão à catastrofização resulta na regulação autodestrutiva do humor. Em seguida, o terapeuta pode examinar as evidências a favor e contrárias à visão de que os eventos são catastróficos, usar a técnica do *continuum* para colocar os eventos na perspectiva de outros eventos "mais ou menos ruins", mudar para um modo de resolução de problemas e estender o tempo para colocar as frustrações atuais no contexto de uma vida mais longa e significativa.

É importante ajudar o paciente a reconhecer que eventos negativos podem ser "verdadeiramente negativos" e que descatastrofizar não é necessariamente invalidar, minimizar ou desprezar. Sugerimos que o terapeuta apresente o conceito de invalidação no contexto de colocação das coisas em perspectiva, a fim de antecipar essa questão.

Questão a ser proposta/intervenção

"Parece que você está pensando e sentindo que o que está acontecendo é realmente terrível. Às vezes, quando estamos abalados, pensamos estar sendo esmagados por eventos que não podemos tolerar, que são insuportáveis. Isso, para nós, pode ser parte da ansiedade e da depressão. Talvez seja útil verificar se podemos colocar esses eventos em perspectiva para que você determine se eles poderiam ser menos terríveis e possivelmente mais controláveis. Isso não significa que seus sentimentos são inválidos ou que o que está acontecendo está correto ou não é importante. Significa simplesmente que podemos ser capazes de ver as coisas a partir de uma perspectiva na qual elas ainda sejam negativas, mas não tão terríveis para você."

Exemplo

Terapeuta: Parece que você está se sentindo realmente transtornada com o fim do namoro, e é compreensível que você se sinta mal agora. O que será que esse rompimento está fazendo você pensar?

Paciente: Acho que minha vida é horrível. É terrível que eu esteja com 27 anos e nenhum relacionamento; todas as minhas amigas estão casadas ou em um relacionamento, e eu não tenho ninguém.

Terapeuta: Esses são pensamentos de fato angustiantes. Estou particularmente interessado no pensamento de que as coisas são "terríveis". Você pode falar mais sobre isso?

Paciente: Bem, acho que é terrível estar sozinha desse jeito.

Terapeuta: Então, quando você pensa em como isso é terrível, que tipo de sentimento vem com isso?

Paciente: Simplesmente me sinto terrível. Fico triste e sem esperanças, como se não houvesse razão para viver.

Terapeuta: Ok. Então, o pensamento de que isso é terrível faz você sentir que não vale a pena viver, deixando-a triste e sem esperanças. Mesmo sendo ruim, será que você não se sentiria diferente se não estivesse pensando que isso é horrível e que a vida é terrível? E se você pensasse que esta é uma época realmente difícil, mas com a qual você conseguirá lidar, desde que tenha alguma ajuda?

Paciente: Você está dizendo que isso não é ruim?

Terapeuta: Não, estou dizendo que é possível que seja ruim, mas, quando pensamos que é ruim, isso pode impedir que vejamos algumas possibilidades de melhorar e de nos sentirmos melhor. Tomemos a ideia de que isso é terrível. Imagine se fosse tomar a situação atual – o término de um relacionamento – e avaliar o quão ruim ela parece ser. Que valor você daria, de 0 a 100%, sendo 100% a pior coisa que alguém poderia imaginar?

Paciente: Parece ser 99%.

Terapeuta: Ok. Agora vamos traçar uma linha aqui e colocar 0 e 100%, e pôr "rompimento" em 99%. Agora, o que você consegue pensar que seja pior que 99%?

Paciente: Acho que perder minha vida – sofrendo neste processo com uma doença longa e dolorosa.

Terapeuta: Ok. Então isso seria 100%. O que você colocaria em 90 e 80%?

Paciente: (*pensando por um momento*) É difícil pensar desta forma. Tenho tendência a pensar em termos de extremos. Acho que 90% seria perder um amigo, 80% seria perder o emprego.

Terapeuta: E quanto a 50%?

Paciente: Não sei, perder algum dinheiro, talvez. Pegar uma gripe.

Terapeuta: E 25%?

Paciente: Seria difícil pensar nisso. Vejamos – discutir com alguém.

Terapeuta: Onde você colocaria ter uma doença incapacitante pelos próximos 20 anos?

Paciente: Isso teria de ser 99%.

Terapeuta: Então, parece que ter um rompimento é tão ruim quanto ter uma doença incapacitante por 20 anos. Isso parece realista?

Paciente: Acho que não.

Terapeuta: Mesmo tendo esse rompimento, quais são as coisas prazerosas e significativas que você ainda pode fazer, tanto agora quanto no futuro?

Paciente: Não sei. Ainda posso ver meus amigos, ir ao trabalho, fazer exercícios, curtir a cidade, ver minha família. Posso viajar. Talvez, no futuro, eu seja capaz de encontrar um relacionamento melhor. Acho que há muitas coisas.

Terapeuta: Então, quando coloca isso em 99% – no mesmo nível que ter uma doença incapacitante por 20 anos – e 1% abaixo de morrer lentamente com uma doença dolorosa, isso parece realista para você?

Paciente: Acho que não. Talvez eu esteja exagerando.

Terapeuta: Isso não equivale a dizer que não é difícil ou ruim ou que seja terrível. Mas parece que você vê as coisas em termos de preto-ou-branco – em vez de em tons de cinza –, e será que isso não contribui para você se sentir sobrecarregada, às vezes, com essas emoções dolorosas?

Paciente: Você pode ter razão.

Tarefa

O paciente pode preencher o Formulário 9.10 (Colocação dos Eventos em um *Continuum*) e o Formulário 9.11 (Colocação dos Eventos em Perspectiva: O que Ainda Posso Fazer).

Possíveis problemas

Muitos pacientes emocionalmente desregulados veem os eventos em termos de tudo-ou-nada. Obviamente, esse é todo o foco da técnica do *continuum*: ser capaz de ver as coisas em tons de cinza. Consequentemente, o paciente pode ter dificuldade de identificar eventos menos nocivos. O terapeuta pode auxiliar, sugerindo eventos menos "negativos": "Onde você colocaria pegar uma gripe, perder R$ 200,00, ter uma discussão com um amigo, usar sapatos apertados?". Alguns pacientes podem objetar que colocar eventos em um *continuum* é invalidante. Novamente, antecipar isso, introduzindo a técnica por meio da identificação de preocupações validadoras, pode ajudar a evitar essa dificuldade.

Referência cruzada com outras técnicas

As técnicas de ativação comportamental, como programação de atividades, previsão de prazer, melhora do momento e outras que direcionem o paciente rumo a uma mudança positiva, podem ajudar a colocar o pensamento e a emoção negativos em perspectiva.

Formulários

Formulário 9.10: Colocação dos Eventos em um *Continuum*.
Formulário 9.11: Colocação dos Eventos em Perspectiva: O que Ainda Posso Fazer.

TÉCNICA: GANHO DE TEMPO

Descrição

A ansiedade é frequentemente caracterizada por um senso de urgência: a crença de que algo terrível está prestes a acontecer ou de que é necessário ter as respostas para os próprios problemas de imediato (Ellis, 1962). Se vemos a ansiedade como resposta adaptativa a emergências e ameaças que surgiam no ambiente primitivo do homem pré-histórico, então o senso de urgência é parte adaptativa da experiência ansiosa. A habilidade imediata de fugir, evitar ou detectar perigo seria um componente valioso das respostas ansiosas a eventos que ameaçam a vida. Os pacientes que têm o senso de urgência para "se sentirem bem imediatamente" costumam recorrer a abuso de drogas ou álcool, ingestão compulsiva de alimentos ou purgação, adotar comportamento sexual outrora reprimido, exigir reasseguramento imediato ou mesmo automutilação (Riskind, 1997). Movidos por um senso de urgência, os indivíduos ansiosos buscam a gratificação imediata mais efetiva para as suas necessidades, contribuindo, com isso, para um maior senso de falta de esperanças (Leahy, 2005b).

Relacionada ao senso de urgência está a dificuldade que as pessoas têm de prever seu humor no futuro e os efeitos dos eventos (Klonsky, 2007). Assim, as pessoas creem normalmente que ficarão com humor negativo por muito tempo, após eventos negativos, e subestimam com frequência os fatores que podem levá-las a lidar melhor com isso. Parte do senso de urgência para superar o humor atual é a supergeneralização desse estado de humor no futuro, sem levar em conta os efeitos atenuantes de outros eventos positivos.

A técnica de ganho de tempo faz o paciente se concentrar na questão da urgência e tentar mudar o foco para o retardo da gratificação, antecipar uma sequência de mudanças positivas, melhorar o momento ou diminuir a sensação da iminência ou da percepção da rápida aproximação de perigo. Usando uma variedade de técnicas para reduzir a urgência, o terapeuta auxilia o paciente a tolerar os níveis atuais de estresse a partir da possibilidade de que, com o tempo, os eventos mudem e as emoções se dissipem.

Questão a ser proposta/intervenção

"Parece que você está pensando que precisa se sentir melhor imediatamente em virtude do fato de se sentir muito mal agora. Pode ser que sua necessidade de se sentir melhor imediatamente, na verdade, torne-o mais ansioso, mergulhando-o ainda mais em um senso de emergência de que as coisas estão piorando. Podemos enxergar o tempo de uma forma diferente, para ver se podemos reduzir esse senso de urgência. Há várias questões que podemos considerar. Primeiro, o que você vê como consequência do seu senso de urgência e emergência? Segundo, se tomamos os eventos atuais e a forma como você se sente, é possível que venha a se sentir melhor em relação a estas coisas, dentro de algumas horas ou alguns dias? Isso já aconteceu antes? Terceiro, que coisas poderiam acontecer nas próximas horas ou nos próximos dias que poderiam fazê-lo se sentir melhor? Talvez haja algumas ações que você possa planejar e executar, a fim de fazer uma mudança para o futuro. Quarto, talvez tenhamos condições de identificar algumas alternativas para você pensar ou fazer que possam acalmá-lo. Podemos dar uma olhada em uma lista de atividades prazerosas e relaxantes que você poderia fazer agora, de modo a melhorar o presente. E se você fizesse algumas dessas coisas?"

Exemplo

Terapeuta: Percebi que você tem, às vezes, um senso de urgência de tal modo que precisa se sentir melhor imediatamente. E então, às vezes, você bebe mais, come de modo compulsivo ou contata pessoas para obter reasseguramento. Você percebeu esse senso de urgência?

Paciente: Sim. Parece acontecer regularmente. Sinto-me terrível e acho que não consigo suportar; então, preciso fazer alguma coisa.

Terapeuta: É quase como se você estivesse com pânico por se sentir mal agora. O que fez você se sentir tão mal na noite passada?

Paciente: Simplesmente pensei que iria ficar sozinha para sempre e que nunca iria encontrar alguém.

Terapeuta: E o que você fez?

Paciente: Tomei alguns copos de vinho, então comecei a me embriagar e fiquei desorientada.

Terapeuta: Então, parece que você pensou que realmente precisava encontrar alguém agora ou saber que encontraria alguém, aí você agiu dessa forma diferente. Mas será que poderíamos ver isso de outra forma e descobrir uma maneira de desligar esse senso de urgência que você está sentindo?

Paciente: Seria ótimo. Mas a sensação é tão ruim quando acontece...

Terapeuta: Bem, é por isso que precisamos focar nisso. Você pode ver que as consequências de sentir que há uma emergência têm sido caras para você. Uma coisa para se ter em mente é como podemos ganhar tempo – afastarmo-nos do fato de sentirmo-nos mal agora e encontrar formas de sentirmo-nos bem no futuro. Por exemplo, você está mal quanto a se sentir sozinha na terça à noite, mas como será que você se sentirá quando estiver no trabalho na quarta pela manhã? Seus sentimentos mudam?

Paciente: Sim. Senti-me melhor na quarta. Estava com minhas amigas no trabalho e focando no que tinha de fazer.

Terapeuta: Ok. Então, podemos ver que o sentimento muda. Tomemos a ideia de ficar sozinha para sempre. Este é um pensamento que você já teve antes. Mas você também não teve uma série de relacionamentos após esses sentimentos de falta de esperança?

Paciente: Sim. No ano passado, sentia-me desse jeito e então conheci Erik, e estive bem por um tempo.

Terapeuta: Então, seus sentimentos não duram para sempre, e as coisas de fato mudam. É importante ter em mente que você pode se sentir diferente quando os eventos mudam. Mas você pode não saber disso na terça à noite. Assim, uma coisa que você pode fazer é "esticar o tempo" e reconhecer que os eventos mudam, os sentimentos mudam e você muda. Por que será que você pensou que precisava saber com certeza na terça à noite como sua vida seria no futuro? É quase como se estivesse dizendo que não saber com certeza seria terrível.

Paciente: Frequentemente, penso dessa forma. Tenho essa sensação de que preciso saber com certeza. Mas daí não consigo saber e penso que vai ser terrível.

Terapeuta: Há muitas coisas que não sabemos com certeza que acabam dando certo. Então, isso pode ser um viés em sua forma de pensar. Lembro que você me disse, no mês passado, que pensou que seria despedida, e isso pareceu realmente urgente; então, seu chefe disse que estava fazendo um bom trabalho. Um senso de urgência é um sentimento comum para você.

Paciente: É por isso que sempre entro em pânico.

Terapeuta: Também estou pensando em coisas que você poderia fazer neste momento para melhorar o presente e se sentir melhor ou diferente nessas noites solitárias de terça-feira. Por exemplo, e se você tivesse um plano para se sentir calma? Isso poderia incluir tomar um banho de espuma na banheira, escutar música, exercitar-se, assistir a um filme, acessar o Facebook e muitas outras coisas – algo como um menu do que fazer agora até que algo melhor apareça.

Paciente: Pode ser uma boa ideia.

Tarefa

Pode-se prescrever o seguinte para o paciente: "Identifique exemplos de senso de urgência, liste os desencadeadores e o que você faz e sente na ocasião. Liste os custos e benefícios de ter o senso de urgência. Você está equiparando o senso de urgência com um mau resultado garantido? Isso faz sentido? Você já esteve errado no passado? Sua resposta ao senso de urgência é mais problemática do que o que de fato ocorre? Liste as previsões que você faz, que dão espaço ao senso de urgência, e liste razões pelas quais os eventos podem mudar ou melhorar. Pergunte a si mesmo: 'Como vou me sentir a respeito disso em algumas horas, durante um dia, uma semana, um mês, um ano?'. Use o Formulário 9.12, Como Superar a Urgência, como um guia para ajudá-lo a ganhar perspectiva. Existem de fato algumas razões para que sinta-se melhor ou pior? Que coisas você pode fazer para melhorar o momento e se distrair de seu senso de urgência?"

Possíveis problemas

Alguns pacientes se sentem tão esmagados pela intensidade das emoções que podem ter dificuldade de pensar em possíveis alternativas para a urgência. A redução do estresse e as técnicas de meditação de atenção plena podem ser úteis para reduzir a intensidade emocional, antes de considerar técnicas cognitivas para lidar com a urgência.

Referência cruzada com outras técnicas

Aceitação, técnicas da terapia comportamental dialética (TCD) e técnicas de redução do estresse podem ajudar a reduzir a urgência.

Formulário

Formulário 9.12: Como Superar a Urgência.

CONCLUSÕES

Neste capítulo, oferecemos várias técnicas úteis para ajudar os pacientes a lidarem com as emoções por meio do manejo de seus pensamentos. Uma lista mais completa, com descrições minuciosas, pode ser encontrada no livro *Técnicas de terapia cognitiva: maual do terapeuta* (Leahy, 2003a). A regulação emocional pode ser melhorada pela mudança da avaliação da situação, minando assim a intensificação da emoção. De fato, fornecer um conjunto de técnicas de terapia cognitiva que possam ser usadas diariamente, a fim de antecipar as situações mais perturbadoras, oferece aos pacientes a oportunidade de descobrir que é possível tornar-se imunes contra o estresse, o qual evoca as emoções que eles lutam para regular.

Apesar de a reestruturação cognitiva não ser vista por alguns como técnica relevante para a regulação emocional, sugerimos que ela tem possibilidade de ser uma técnica primordial para este fim. De fato, a desregulação emocional pode ser atenuada, uma vez que os pacientes tenham acesso a estratégias cognitivas mais efetivas de interpretação dos eventos, incluindo a sua própria emoção. Assim, os pacientes que se encontram transtornados por serem "rejeitados" podem utilizar uma ampla variedade de técnicas de reestruturação cognitiva para lidar com os eventos, incluindo descatastrofização, visão dos eventos em perspectiva, não personalizar e examinar interpretações alternativas. Essa reestruturação pode ajudar a diminuir a intensidade emocional, o que, em alguns casos, é suficiente para que outras técnicas de regulação emocional não sejam necessárias. Alternativamente, pode-se ver a reestruturação cognitiva como parte do arsenal terapêutico a ser reforçado com outras técnicas descritas neste livro. Nossa abordagem, ao longo deste texto, visa fornecer ao clínico ampla variedade de técnicas e permitir que ele tenha a flexibilidade de escolher o que for ideal em determinada situação.

10

REDUÇÃO DO ESTRESSE

O conceito de "estresse" está no centro das pesquisas sobre regulação emocional há quase meio século. O endocrinologista Hans Selye (1974, 1978) identificou a síndrome de adaptação geral como sequência de reações ao estresse. O estresse foi definido por ele como uma reação do organismo a um agente estressor (ou estímulo relativo a ele) que incluía componentes fisiológicos e cognitivos. De acordo com Selye, a síndrome de adaptação geral compreende três fases: alarme, resistência e exaustão. Durante a fase do alarme, o organismo reage tanto lutando quanto fugindo (ou, em alguns casos, "paralisando"), por meio da ativação do eixo hipotalâmico-hipofisário-suprarrenal (HHSR) e da secreção de cortisol. Isso marca a mobilização da reação à ameaça. Durante a fase de resistência, o organismo tenta lidar ativamente com o estresse, mobilizando recursos, energia e comportamento para resolver ativamente os problemas enfrentados. Por fim, após a mobilização contínua de recursos e o manejo, o organismo começa um processo de descompensação durante a fase de exaustão, marcado por falha das respostas defensivas e de manejo, problemas digestivos, fadiga, agitação e irritabilidade.

A experiência do estresse ativa o sistema nervoso simpático, levando a uma liberação de noradrenalina, que estimula os órgãos, intensifica os processos respiratórios e o ritmo cardíaco, aumenta a força e a energia disponíveis para os músculos e prepara o organismo para lutar ou fugir. O sistema simpático adrenomedular também ativa adrenalina e noradrenalina, afetando de forma redundante ritmo cardíaco, transpiração, força muscular e outras funções (Aldwin, 2007; Gevirtz, 2007). O eixo HHSR é um sistema ativado mais lentamente em resposta ao estresse. O eixo HHSR ativa primeiro o hipotálamo, que secreta hormônio liberador de corticotrofina, que, por sua vez, estimula a hipófise, liberando hormônio adrenocorticotrófico, o qual ativa o córtex suprarrenal e libera corticosteroides. A atividade prolongada do HHSR suprime os sistemas imunes, causa exaustão ao indivíduo e pode resultar em maior vulnerabilidade a doenças. Um considerável volume de pesquisas apoia a visão de que há diferenças individuais significativas na reação ao estresse, incluindo vulnerabilidade a uma criação problemática pelos pais, agentes estressores ambientais e reação a ambientes solidários (Belsky e Pluess, 2009).

Lazarus expandiu o modelo do estresse, incorporando as avaliações cognitivas implícitas no comportamento (Lazarus e Folkman, 1984). De acordo com esse modelo, há avaliações primárias e secundárias de manejo. A avaliação primária refere-se à avaliação da natureza da ameaça, enquanto a secundária reflete a avaliação da própria habilidade de lidar com a situação (Lazarus, 1999). Por exemplo, digamos que alguém tivesse de levantar um objeto de 25 kg. O indivíduo pode reconhecer que o objeto a ser levantado pesa 25 kg, mas ele também reconhece que é capaz de levantar uma carga de 50 kg. Nesse exemplo, o estresse resultante seria baixo. Contudo, se avaliasse que só conseguiria levantar 20 kg, ele experimentaria um estresse maior.

Outros modelos do estresse propõem que expectativas, ciclos autorreguladores de *feedback* e outros mecanismos e processos sustentam a experiência do estresse. Uma visão acerca da emoção é que ela ajuda o indivíduo a restabelecer prioridades (Simon, 1983). Expandindo essa visão, Carver e Scheier (2009) propuseram um modelo cibernético da autorregulação que inclui a identificação do propósito do indivíduo (meta, padrão e valor de referência), uma função "comparativa" (que contrasta dados com metas ou propósitos) e a função do resultado (mecanismos comportamentais e de manejo) (Carver e Scheier, 1998). O modelo cibernético enfatiza os ciclos de *feedback* que continuamente se autocorrigem e ajudam a modular a adaptação ao estresse. A emoção está ligada às expectativas e comparações que os indivíduos fazem, de forma que as correções para aumentar o esforço são ativadas por discrepâncias de que não se esteja alcançando as metas, ao passo que diminuições do esforço resultam quando se excedem os objetivos. Isso leva à ocorrência "contraintuitiva" de "deslizar sem esforço"; ou seja, quando o indivíduo excede as metas e sente prazer, há um decréscimo de esforço. Assim, as expectativas ajudam a definir a experiência do estresse e as reações ativadas para manejá-lo.

Uma parte integral da regulação emocional é a capacidade de tolerar e reduzir o estresse. O modelo dos esquemas propõe que as crenças sobre controlabilidade, perigo, prejuízo e duração da emoção podem exacerbar a desregulação emocional. Reduzir o estresse por meio de uma variedade de técnicas comportamentais pode ter um impacto positivo nesse processo, indicando ao indivíduo que as emoções podem ser controladas; elas são temporárias, inofensivas e não prejudiciais. O estresse pode ser gerado cognitivamente, antecipando-se experiências negativas e interpretando as experiências atuais de forma ameaçadora ou negativa. O estresse pode também ser o resultado de demandas externas, problemas e conflitos de relacionamento. Condições fisiológicas, como falta de sono ou enfermidade, e condições ambientais, como barulho ou multidões, podem causar estresse. Independentemente da fonte, o estresse afeta o corpo, ativando a reação de luta ou fuga. Com a ativação do sistema nervoso simpático, um indivíduo apresenta aumentos no ritmo respiratório, na tensão muscular, nos batimentos cardíacos e na pressão sanguínea, enquanto o fluxo de sangue para as extremidades é reduzido.

O processo que compete dentro do corpo com a reação de estresse é a reação de relaxamento. A reação de relaxamento ativa o sistema nervoso parassimpático, colocando efetivamente um freio nas mudanças fisiológicas que acompanham a reação de luta ou fuga. A reação de relaxamento pode ser ativada por exercícios de relaxamento.

Outro componente crucial do estresse é a administração do tempo e a percepção cronológica do indivíduo. Riskind propôs que a percepção do tempo é um fator da percepção de ameaças e da habilidade de manejo (Riskind, 1997; Riskind, Black e Shahar, 2009). De acordo com o seu "modelo de vulnerabilidade iminente", os indivíduos ansiosos percebem um estímulo ameaçador como se ele estivesse se aproximando rapidamente, reduzindo a habilidade de adaptar o seu comportamento, resolver problemas ou simplesmente "sair da frente". A ansiedade pode ser reduzida pela avaliação da velocidade do estressor "iminente", identificando cada evento que teria de acontecer antes do "impacto" e considerando estratégias alternativas de manejo que possam mitigar o efeito do estímulo ameaçador. Além disso, a imaginação, que permite a "redução de velocidade" do movimento do estímulo ameaçador, pode também reduzir a ansiedade e o estresse.

O senso de urgência pode ter um impacto grave no estresse. Por exemplo, sobrecarregar-se de compromissos, ter dificuldades de priorizar tarefas, dificuldades de "largar" uma tarefa para assumir outra, múltiplas tarefas e enxergar o tempo como insuficiente pode afetar significativamente o estresse. Os pacientes que se sentem sobrecarregados com frequência veem as tarefas que precisam fazer como vagas, incontroláveis e até perigosas, resultando em um senso tanto de urgência como de desamparo. Ademais, as exigências de "respostas imediatas" levam a um contínuo senso de apreensão, pânico e emergência. Para tratar dessas questões de urgência e do senso de estar sobrecarregado, indicamos como os pacientes podem reavaliar o senso de pressão do tempo e reduzir o estresse por meio de um gerenciamento realista do tempo.

TÉCNICA: RELAXAMENTO MUSCULAR PROGRESSIVO

Descrição

Assim como o corpo tem uma reação de estresse, há também a capacidade de reação de relaxamento. Uma das habilidades fundamentais de relaxamento é o relaxamento muscular progressivo, desenvolvido por Edmund Jacobson há mais de 60 anos (E. Jacobson, 1942). O estresse psicológico é acompanhado por um aumento na tensão física. Contudo, muitas pessoas não têm consciência da tensão corporal. Cultivando primeiramente uma consciência dessa tensão e então aprendendo a relaxar os músculos do corpo, os pacientes podem reduzir o estresse. No relaxamento muscular progressivo, os pacientes tensionam e relaxam cada um dos principais grupos musculares em sequência no corpo, da cabeça até os pés: testa, olhos, boca, mandíbula, pescoço, ombros, costas, tórax, bíceps, antebraços, mãos, abdome, quadríceps, panturrilhas e pés. Cada um dos músculos é tensionado por 4-8 segundos, com a plena consciência da tensão por parte dos pacientes. O grupo muscular é então relaxado, e os pacientes focam sua consciência plena na sensação de relaxamento. Contrastando os estados de tensão e relaxamento, os pacientes cultivam a consciência de ambos. Este exercício deve ser praticado por 10 a 15 minutos, duas vezes ao dia.

Questão a ser proposta/intervenção

"Uma forma de diminuir o estresse é o relaxamento. Mas o relaxamento é uma habilidade que necessita ser cultivada pela prática. Uma das técnicas fundamentais de relaxamento é o relaxamento muscular progressivo. O estresse afeta o corpo, causando aumento de tensão muscular. Frequentemente, não temos consciência dessa tensão. Livrando-nos da tensão muscular, podemos diminuir o estresse e desencadear a reação de relaxamento do corpo. Uma forma de fazê-lo é tensionar cada grupo muscular principal do corpo, da cabeça aos pés, um de cada vez. Ao tensionar cada grupo muscular principal, traga sua consciência plena para a tensão naquela parte do corpo. Então, relaxe a tensão e traga total consciência para a ausência de tensão e quaisquer outras sensações prazerosas que sentir."

Exemplo

Terapeuta: Como esteve seu humor esta semana?

Paciente: Estressado.

Terapeuta: O que você está fazendo para administrar o estresse?

Paciente: Meu médico prescreveu uma medicação para mim, mas ela me deixa muito cansado para me concentrar no trabalho.

Terapeuta: Outra forma de lidar com o estresse é praticar o relaxamento. O estresse afeta fisicamente o corpo, causando um aumento de tensão muscular. Relaxando essa tensão, podemos reduzir o estresse.

Paciente: Na verdade, agora que você mencionou isso, meu pescoço e meus ombros estão duros.

Terapeuta: A maioria de nós concentra a tensão nos ombros e acima deles. Gostaria de ensinar a você uma técnica de relaxamento chamada relaxamento muscular progressivo. Vamos progressivamente contrair e então soltar cada um dos principais grupos musculares no corpo, da cabeça até os pés. Mantenha a tensão por 5 segundos e solte-a por 5 segundos. Ao tensionar cada grupo muscular, gostaria que trouxesse toda a sua consciência para a tensão. Após soltar a tensão, gostaria que trouxesse sua consciência plenamente para as sensações que vivencia naquele grupo muscular. Quando contrair os músculos, diga silenciosamente para si mesmo "contrair", e, ao soltar a tensão, diga silenciosamente "relaxar". (*Instrui-se o paciente a como proceder com cada grupo muscular.*)

Tarefa

O terapeuta deve instruir os pacientes a praticarem o exercício duas vezes por dia, por 10 a 15 minutos, usando o Formulário 10.1 (Instruções para o Relaxamento Muscular Progressivo) como guia. As instruções para o exercício podem ser revisadas.

Possíveis problemas

Alguns pacientes relatam sentir cãibra em algum músculo. Nesse caso, deve-se informá-los que a tensão deve ser exercida de forma suave, e não intensa. Outros podem tentar fazer o exercício rapidamente, sem permitir que o relaxamento seja vivenciado no momento. Pode-se recomendar que prolonguem o período de tensão e relaxamento e que concentrem-se nas suas sensações. Sensações comuns incluem sentir alternadamente um aperto e uma soltura, relaxamento, calor, formigamento e aperto. Os pacientes podem relatar que tentaram executar a técnica enquanto estavam estressados e ela foi ineficaz. Nesse caso, o terapeuta deve enfatizar que o relaxamento é uma habilidade que requer prática. Uma vez que a habilidade é desenvolvida com a prática em situações de relativamente pouco estresse, ela pode ser usada de modo mais efetivo em situações de estresse elevado.

Referência cruzada com outras técnicas

Técnicas correlatas incluem a prática de conscientização, respiração diafragmática e autotranquilização.

Formulário

Formulário 10.1: Instruções para o Relaxamento Muscular Progressivo.

TÉCNICA: RESPIRAÇÃO DIAFRAGMÁTICA

Descrição

Quando o corpo experimenta estresse, a respiração é superficial e rápida. A respiração ocorre no tórax em vez de no abdome. Quando a respiração está rápida e superficial, mais oxigênio é "soprado para fora", e a concentração de oxigênio no sangue (e no cérebro) é reduzida, resultando em mais tentativas de ganhar oxigênio por uma respiração profunda e intensa. Isso pode resultar na síndrome da hiperventilação e aumentar ainda mais a ansiedade. Alguns pacientes erroneamente acreditam que precisam "respirar profundamente", o que apenas exacerba o ciclo de hiperventilação, com frequência resultando em tontura, sensação de pânico, sensação de asfixia e maior agitação ansiosa.

A respiração superficial e rápida estimula o sistema nervoso simpático, que é ativado quando estamos ansiosos. Com cada inspiração, o tórax e as costelas se expandem. Já a respiração lenta a partir do abdome ou diafragma ativa o sistema nervoso parassimpático, o que traz uma reação de relaxamento. A cada inspiração, o diafragma se expande, e o tórax permanece relativamente parado.

Questão a ser proposta/intervenção

"A forma como respiramos afeta o modo como nos sentimos. Quando estamos estressados ou ansiosos, respiramos superficial e rapidamente pelo tórax. Esse tipo de respiração estimula o sistema nervoso simpático, o sistema de luta ou fuga do corpo. Se estamos relaxados e começamos a respirar dessa forma, podemos induzir algumas das sensações físicas de ansiedade. Quando estamos relaxados, respiramos lenta e profundamente pelo diafragma. Esse tipo de respiração ativa o sistema nervoso parassimpático, que põe um freio no sistema de luta ou fuga do corpo. Em outras palavras, a respiração diafragmática ativa a reação de relaxamento do corpo. Todavia, esse tipo de respiração é uma habilidade. Quanto mais você pratica respirar dessa forma, mais efetivamente consegue usá-la para se acalmar."

Exemplo

Terapeuta: Você está se sentindo ansioso?

Paciente: Sim. Como você sabe?

Terapeuta: Você está respirando rapidamente e pelo tórax. Esse tipo de respiração está associado à ansiedade.

Paciente: Não sabia que havia diferentes tipos de respiração.

Terapeuta: Sim, há a respiração relaxada e a respiração ansiosa. A forma como respira afeta como você se sente.

Paciente: O que é respiração relaxada?

Terapeuta: Quando estamos relaxados, respiramos lenta e profundamente pela barriga ou diafragma. Observe. Quando inspiro, o meu abdome se expande, e encolhe quando expiro. Meu tórax não se move. Quando respiramos desse jeito, desencadeamos a reação de relaxamento do corpo.

Paciente: Não sei se entendi totalmente.

Terapeuta: Eu gostaria que você se deitasse e colocasse este livro sobre o peito. (*O paciente se deita.*) Agora eu gostaria que você respirasse da forma como normalmente respira. (*O paciente respira.*) Percebi que enquanto você respira, o livro sobre o seu peito está subindo e descendo. É porque você está respirando pelo tórax, e não pelo abdome. Agora, coloque o livro sobre o seu estômago e imagine que está inspirando, a cada vez, na forma de uma bengala; cada fôlego entra pelo seu nariz e sai suavemente a partir do seu abdome. Veja se o livro vai subir no seu abdome. Faça uma tentativa, eu vou lhe dar o *feedback*.

Tarefa

O paciente pode praticar a respiração diafragmática todo dia por pelo menos 10 minutos, usando o Formulário 10.2 (Instruções para a Respiração Diafragmática) como guia.

Possíveis problemas

Os pacientes podem continuar a respirar pelo tórax, em vez de pelo abdome. Por essa razão, é recomendável que o terapeuta observe-os praticar esta técnica na sessão de terapia, antes de passá-la como tarefa de casa. Alguns pacientes relatam que se sentem mais ansiosos ao usar a técnica, e alguns podem começar a hiperventilar. Esta não é uma reação incomum ou perigosa, e a técnica adequada de respiração deve ser praticada na sessão até ser suficientemente dominada para ser praticada em casa. Os pacientes também podem estar hiperventilando como regra geral; a hiperventilação, por sua vez, pode ser intensificada se eles inspirarem profundamente ou bocejarem. Por exemplo, uma paciente percebeu que tendia a prender a respiração quando ficava ansiosa e que precisava se lembrar de "continuar respirando".

Referência cruzada com outras técnicas

Técnicas correlatas incluem o relaxamento muscular progressivo, autotranquilização, atenção plena e imagens mentais positivas.

Formulário

Formulário 10.2: Instruções para a Respiração Diafragmática.

TÉCNICA: AUTOTRANQUILIZAÇÃO

Descrição

A capacidade de se autotranquilizar é uma importante habilidade de regulação emocional. Ela envolve usar os cinco sentidos (paladar, tato, audição, olfato e visão) para ajudar a tornar toleráveis as emoções negativas intensas. Por exemplo, o estresse que um indivíduo experimenta quando trabalha para cumprir um prazo pode ser atenuado ouvindo música clássica e tomando uma xícara de chá.

Muitos pacientes com dificuldade de regulação emocional não aprenderam a se tranquilizar ao vivenciar emoções negativas intensas, particularmente se a expressão das emoções negativas na infância era desprezada ou punida pelos pais. Carecendo dessas habilidades, eles podem depender dos outros para tranquilizá-los ou buscar escapar do sofrimento emocional de formas disfuncionais. Alternativamente, alguns pacientes podem relutar em se autotranquilizar porque acreditam que não são dignos de gentileza e cuidado, ou porque acreditam que os outros deveriam tranquilizá-los. Na terapia comportamental dialética (TCD; Linehan, 1993b), os pacientes aprendem a se autotranquilizar como parte do treinamento de habilidades de tolerância ao sofrimento. As habilidades são ensinadas com o objetivo declarado de tornar suportável a dor insuportável, em vez de removê-la completamente.

Questão a ser proposta/intervenção

"Emoções negativas intensas são inevitáveis na vida. Em lugar de tentar evitá-las a qualquer custo, é importante desenvolver habilidades para torná-las suportáveis. Uma forma de tornar o sofrimento tolerável é praticar a autotranquilização. Isso envolve o uso dos cinco sentidos para atenuar a dor emocional. Em outras palavras, quando se autotranquiliza, você traz a consciência para os seus sentidos de paladar, tato, olfato, audição e visão. Fazemos conosco o que poderíamos fazer por um amigo que estivesse irritado. Por exemplo, eu poderia me autotranquilizar descansando em uma cadeira confortável, sentado em frente à lareira, escutando música relaxante e afagando meu gato."

Terapeuta: Parece que foi uma semana estressante. Você tem trabalhado 12 horas por dia.

Paciente: Bem, não tenho escolha. Estamos perto do prazo e preciso concluir o trabalho.

Terapeuta: Que habilidades você pode usar para reduzir o seu estresse?

Paciente: Nenhuma. Não tenho tempo de ir à academia de ginástica ou sair com meus amigos.

Terapeuta: Uma habilidade que pode ser útil é a autotranquilização, enquanto estiver trabalhando. Use os seus sentidos para acalmar-se – visão, audição, olfato, tato e paladar. Isso não vai eliminar o estresse, mas vai atenuá-lo um pouco.

Paciente: Bem, estou no escritório. Não posso acender um incenso. O que você propõe?

Terapeuta: Há formas discretas de se autotranquilizar. Você poderia colocar uma loção aromática em sua mesa e ouvir música. O que acha? Estaria disposta a tentar?

Paciente: Vale a pena tentar. Também poderia comprar flores e colocar na minha mesa.

Tarefa

O paciente pode revisar a lista de atividades autotranquilizadoras sugeridas e praticá-las.

Possíveis problemas

O paciente pode relatar que a autotranquilização não funcionou. Neste caso, o terapeuta deve esclarecer o que eles querem dizer com "funcionar". Não é incomum que os pacientes pratiquem a habilidade com a expectativa de eliminar o sofrimento, em lugar de atenuá-lo. O terapeuta deve enfatizar que a meta da autotranquilização é tornar a dor emocional tolerável, e não eliminá-la.

Referência cruzada com outras técnicas

Técnicas correlatas incluem programação de atividades, gerenciamento do tempo, relaxamento muscular progressivo e respiração diafragmática.

Formulário

Formulário 10.3: Autotranquilização.

TÉCNICA: PROGRAMAÇÃO DE ATIVIDADES E PREVISÃO DE PRAZER

Descrição

A ativação comportamental é, há muito tempo, um componente dos tratamentos comportamentais da depressão e ansiedade (Martell et al., 2010; Rehm, 1981) com consideráveis evidências de sua eficácia independente (Cuijpers, van Straten e Warmerdam, 2007; Sturmey, 2009). De uma perspectiva comportamental, o estresse pode ser visto como a inabilidade de produzir consequências positivas, a redução do valor compensador das consequências, o aumento de experiências adversas ou a não contingência do comportamento e das consequências. Colocado de forma mais simples, isso significa que a depressão (e também a ansiedade e o estresse) pode resultar da dificuldade de obter experiências compensadoras, da falta de habilidades para obter essas recompensas, do aumento das experiências desagradáveis e da percepção ou realidade de que não se pode afetar os resultados. Dessa perspectiva, diminuir o estresse envolveria o seguinte:

1. Identificação de possíveis comportamentos compensadores.
2. Aumento do valor das recompensas (p. ex., aumentando a frequência, intensidade ou saliência).
3. Redução das experiências negativas.
4. Incremento da percepção de controlabilidade dos resultados (contingência).

Muitas dessas metas podem ser alcançadas pela programação de atividades e previsão de prazer. Na seção anterior, identificamos o uso da ativação comportamental na autotranquilização, focando o presente. Nesta seção, concentramo-nos na ativação comportamental ao longo de uma semana, um mês ou um ano. Esta proposta é baseada na visão de que grande parte do estresse pode ser consequência da falta de perspectiva futura que identifique possíveis atividades que sejam controláveis no futuro. De fato, pode-se afirmar que a saída está adiante.

Questão a ser proposta/intervenção

"Às vezes, quando estamos estressados, sentimos que há muito pouco que esperar. Podemos focar em como nos sentimos mal naquele momento e deixar de apreciar que há atividades possíveis à vista. Outra parte de nosso estresse está em não planejarmos atividades, e, assim, as coisas simplesmente acontecem. Uma forma de lidar com isso pode ser planejar atividades para o dia, a semana ou o mês seguinte, de forma que você tenha algumas metas positivas para alcançar. Vou pedir que planeje algumas atividades para a próxima semana, programando-as para horários específicos. Quando for pensar nessas atividades, vou pedir que considere quanto prazer você acha que obterá e quanto senso de domínio terá. Podemos pensar em 'domínio' como a sensação de estar realizando algo. Também vou pedir que registre o que, de fato, você faz e quanto prazer e domínio você de fato vivencia."

Exemplo

Terapeuta: Uma forma de lidar com o estresse é ter algo para alcançar. Por exemplo, pense no amanhã. O que você poderia esperar?

Paciente: Eu não penso desse jeito. Só fico emaranhado na forma como me sinto agora.

Terapeuta: Sim, e isso é um problema que podemos resolver. Por exemplo, e se você tivesse algumas coisas positivas pelas quais ansiar hoje, amanhã e nesta semana? Cada dia – algo positivo. E se então você pensasse nessas coisas positivas todo dia? Como seria isso?

Paciente: Muito diferente da maneira como sou. Acho que poderia me sentir mais otimista.

Terapeuta: Se você planejar coisas positivas e levá-las adiante – realizá-las de fato –, você pode se sentir mais otimista, com mais controle de sua vida e menos emaranhado nos sentimentos do presente. Você seria capaz de fazer as coisas acontecerem para você. Quanto mais coisas positivas você planejar e concretizar, menos estresse e ansiedade vivenciará.

Paciente: Parece uma boa ideia. Mas como posso saber se vai funcionar?

Terapeuta: Você só poderá saber se tentar por um tempo e ver o que acontece.

Tarefa

Solicita-se que o paciente complete o Formulário 10.4, Programação Semanal de Atividades: Previsão de Prazer e Resultado Real. Ao revisar a tarefa de casa, o terapeuta e o paciente podem examinar em que ponto este exagerou ou negligenciou a previsão de prazer ou domínio. As atividades com maior nível de prazer podem ser incorporadas nos menus de recompensa e prescritos com mais frequência, enquanto aquelas com baixo nível de prazer e domínio podem ser eliminadas ou ter sua frequência diminuída nas futuras atividades planejadas.

Possíveis problemas

Alguns pacientes têm dificuldades de identificar atividades positivas no futuro porque o seu humor deprimido ou ansioso do momento os leva a crer que nada será prazeroso. Neste caso, o terapeuta pode indicar o seguinte: "Quando está para baixo, é provável que pense que nada pode fazer você se sentir melhor. Há algumas formas de ver isso. Primeiro, você pode simplesmente fazer estas atividades e descobrir se suas previsões são precisas. Às vezes, as pessoas descobrem que as coisas acabam sendo melhores do que o esperado, o que pode ser estimulante. Segundo, pode ser que estas atividades não sejam tão prazerosas quanto outrora. Você pode pensar nisso em termos de praticá-las até que se tornem prazerosas. É como fazer exercícios: pode levar um tempo para ver os resultados". Outro problema comum com a programação de atividades é que os pacientes podem ter pensamentos disfuncionais negativos enquanto realizam a atividade. Por exemplo, um paciente ficava pensando: "Que babaca eu sou para ter de fazer esse tipo de coisa para me sentir melhor". Identificar pensamentos negativos ou mesmo ruminações sobre as atividades pode ser útil para reduzir as consequências adversas da previsão de prazer. Novamente, consideramos útil usar a analogia com o exercício físico: "Se você quisesse voltar a ficar em forma, você se acharia um babaca por ter de se exercitar um pouco mais?". Fazer atividades prazerosas pode ser reinterpretado como "cuidado consigo mesmo", "afirmação dos seus direitos de ter prazer" e "tomar o controle de sua vida".

Referência cruzada com outras técnicas

Outras técnicas relevantes incluem autotranquilização, menu de recompensas e gerenciamento do tempo.

Formulário

Formulário 10.4: Programação Semanal de Atividades: Previsão de Prazer e Resultado Real.

TÉCNICA: GERENCIAMENTO DO TEMPO

Descrição

Muito do estresse que um indivíduo vivencia pode ser resultado do sentimento de falta de controle sobre o tempo e as atividades. Os pacientes estressados queixam-se frequentemente de que não têm tempo para fazer as coisas ou que não há tempo para atividades prazerosas. Na maioria dos casos, estão adotando um papel reativo, apenas respondendo aos estímulos. Por exemplo, o paciente vai ao trabalho e simplesmente se envolve com a primeira atividade que lhe vem à cabeça. O tempo não é planejado ou controlado e nada é priorizado. Também não é incomum o paciente optar por se dedicar a atividades com prioridade relativamente baixa porque são mais fáceis ou agradáveis. O gerenciamento do tempo o ajuda a estabelecer prioridades, identificar o desvio de seu comportamento, realizar automonitoramento e autocontrole, designar um tempo adequado para os trajetos e tarefas, planejar com antecedência e obter tempo para autorrecompensas.

Questão a ser proposta/intervenção

"Você parece se sentir sobrecarregado ao longo do dia e não consegue realizar as coisas importantes que tem para fazer. Talvez possamos examinar como você pode gerenciar o tempo um pouco melhor. A primeira coisa a se descobrir é o que é muito importante, razoavelmente importante e pouco importante. Precisamos, primeiro, estabelecer essas prioridades. Então, precisamos identificar o que você está fazendo que é pouco importante, ou seja, o 'desvio' das atividades de maior importância. Finalmente, precisamos estabelecer a quantidade adequada de tempo para cada atividade, permitindo algum tempo compensador e livre de estresse entre elas."

Exemplo

Terapeuta: Parece que você está perdendo muito tempo no trabalho e sentindo que não consegue fazer as coisas. Vamos aplicar a administração do tempo.

Paciente: Ok. Eu realmente preciso lidar melhor com o meu tempo.

Terapeuta: Certo. Vamos começar fazendo uma lista das atividades mais importantes a fazer.

Paciente: Ok. Preciso responder os *e-mails* destes clientes e trabalhar no projeto.

Terapeuta: Parece ser um trabalho essencial no seu emprego. Agora, como você está se desviando de suas tarefas e perdendo tempo?

Paciente: Bem, eu navego na internet, dou uma olhada em vários *sites* de notícias e até pesquiso os preços de várias coisas – na realidade, coisas que não compro. Também mando *e-mails* e mensagens de texto para os amigos.

Terapeuta: Bem, essas coisas podem ser divertidas, mas elas tomam tempo do trabalho. Quanto tempo você acha que está desviando e desperdiçando desse jeito?

Paciente: Provavelmente 3 horas por dia.

Terapeuta: Então, poderiam ser 15 horas por semana – mais de 700 horas por ano, provavelmente. Como você se sente em relação a isso no final do dia, quando desperdiça tempo desse jeito?

Paciente: Bastante desagradável. Como se não conseguisse fazer as coisas.

Terapeuta: Ok. Então vamos ficar de olho nos comportamentos que o desviam das tarefas que você mencionou. Talvez você possa tomar nota deles e trazer na próxima semana. Agora, e quanto às atividades com maior prioridade? Você poderia realizá-las primeiro? Assim, você faz as coisas mais importantes e pode até se dar uma folga como recompensa por ter feito o que é prioritário.

Nota: Além de identificar as atividades de prioridade alta, média e baixa e prescrevê-las, o terapeuta pode perguntar se o paciente está se dando tempo suficiente para fazer as coisas ou se deslocar para ir e voltar do trabalho. Alguns pacientes reclamam que se sentem continuamente apressados, apenas porque programam atividades em excesso. Outros têm dificuldade de "finalizar" uma atividade, achando às vezes difícil deixá-la. Reservar tempo suficiente para trajetos e atividades e limitar a quantidade de tempo para realizar as tarefas pode auxiliar a gerenciar melhor o tempo.

Tarefa

Utilizando os Formulários 10.5, 10.6, 10.7 e 10.8, os pacientes podem preencher uma lista de atividades de prioridade alta, média e baixa, examinar sua programação de atividades para ver como estão de fato usando o tempo e identificar e eliminar comportamentos que os desviam das tarefas. Além disso, é possível identificar atividades divertidas do menu de recompensas, que podem ser usadas para compensar o envolvimento com comportamentos de prioridade mais alta. Por exemplo, navegar na internet por 10 minutos pode ser uma recompensa após uma hora de trabalho.

Possíveis problemas

Alguns pacientes acham que ficam tão absorvidos em comportamentos que os desviam das tarefas e que teriam dificuldade de se libertar. O terapeuta pode examinar os prós e contras (a curto e a longo prazo) dessas atividades, fazer *role-play* para ajudar os pacientes a desafiarem seus pensamentos sobre essas atividades e usar sistemas de alarme (um relógio, cronômetro ou alarme de computador) para alertá-los dos comportamentos durante ou fora das tarefas. Outros pacientes procrastinam atividades de alta prioridade. O treinamento antiprocrastinação pode ser útil. O terapeuta e o paciente identificam prós e contras de adotar o comportamento de alta prioridade, examinam crenças sobre o quão desagradável e difícil ele será, desenvolvem contratos consigo mesmos para cumpri-los e experimentam adotar comportamentos focados por curtos períodos.

Referência cruzada com outras técnicas

Outras técnicas relevantes incluem previsão de prazer e programação de atividades.

Formulários

Formulário 10.5: Lista de Prioridades.
Formulário 10.6: Automonitoramento de Comportamentos Desviados das Tarefas.
Formulário 10.7: Planejamento.
Formulário 10.8: Antiprocrastinação.

TÉCNICA: RELAXAMENTO E IMAGENS MENTAIS POSITIVAS

Descrição

Uma forma de diminuir o estresse e as emoções negativas é focar a própria consciência em imagens mentais positivas e relaxantes. Com frequência, não é possível deixar fisicamente a situação que evoca sofrimento. Contudo, com o uso de relaxamento e imaginação positiva, é possível escapar mentalmente de situações que evoquem sofrimento. O uso de imagens mentais tem condições de nos afetar emocional e fisicamente. Imaginando-se em uma situação relaxada e positiva, um relaxamento real pode ser vivenciado. Para ser efetiva, a cena deve ser visualizada de forma tão detalhada e envolvendo tantos sentidos quanto possível. Por exemplo, ao imaginar uma cena na praia, é importante imaginar o calor do sol, a areia quente, o som das ondas e gaivotas e o cheiro do mar e do bronzeador. O indivíduo deve tentar imaginar a si mesmo relaxando nessa cena. Pode ser um lugar que exista de fato ou completamente imaginado. É importante praticar a visualização em ocasiões de relativamente pouco estresse, para que isso possa ser usado de modo efetivo em períodos de grande sofrimento. Assim como as outras habilidades de tolerância ao sofrimento tratadas neste capítulo, as habilidades de visualização ficam mais fortes com a prática regular.

Questão a ser proposta/intervenção

"Nem sempre é possível abandonar uma situação desagradável. Todavia, usando a visualização, é possível deixá-la mentalmente. Em sua imaginação, você pode criar uma cena perfeitamente relaxante e segura. Forme-a tão vívida quanto puder, colocando todos os sentidos em ação. Por exemplo, quando estiver aflito, posso imaginar que estou em uma "casa da árvore" à noite. Vejo as estrelas entre os galhos. Escuto os grilos cantando; as folhas sussurram com a brisa. Imagino que estou sentado, sentindo-me completamente relaxado. Ao trazer minha consciência para essa cena e experimentá-la em minha imaginação, diminuo o meu sofrimento."

Exemplo

Neste exemplo, o terapeuta ajuda um paciente que tem medo de espaços fechados a lidar com uma tomografia que está prestes a fazer.

Terapeuta: Você parece bastante estressado com a tomografia. Pensei que poderíamos usar algum tempo para planejar algumas estratégias de manejo que você possa usar durante o exame.

Paciente: Não há muito o que eu possa fazer. Devo ficar imóvel, portanto, não posso usar o relaxamento muscular progressivo. Tampouco acho que possa usar a respiração profunda.

Terapeuta: Quando não é possível abandonar fisicamente uma situação angustiante, você pode deixá-la com o uso da imaginação. Durante o exame, você pode criar um lugar relaxante e confortável e imaginar que está nele. Que lugar é relaxante e seguro para você?

Paciente: Eu sempre me sinto relaxado na praia.

Terapeuta: Ok. Ótimo. Feche os olhos. Tente imaginar o cenário da praia com tantos detalhes quanto possível. Dê vida à cena, usando tantos sentidos quanto puder. O que você percebe com seus cinco sentidos – visão, tato, audição, olfato e paladar?

Paciente: Sinto a areia sob os meus pés e o sol no meu rosto. Ouço as ondas e crianças rindo. Sinto cheiro de bronzeador.

Terapeuta: Certo, muito bem. Permaneça com esta imagem e traga sua consciência para o relaxamento que você sente.

Paciente: Na verdade, estou começando a me sentir um pouco relaxado.

Terapeuta: Concentre-se nos sentimentos de relaxamento. Se você tiver dificuldade de relaxar, diga a si mesmo: "Estou abandonando a tensão". Lembre-se dos detalhes: as imagens, os cheiros, os sons. Você pode retornar para esse lugar quantas vezes quiser. Mantenha em mente que o uso da visualização para relaxar é uma habilidade. É importante praticá-la com regularidade, para que possa usá-la mais efetivamente em períodos angustiantes. Quando é o exame?

Paciente: Na próxima sexta-feira.

Terapeuta: Isso lhe dá bastante tempo para praticar. O lugar mais fácil de praticar é deitado na cama. Você pode praticar à noite, antes de dormir, e pela manhã, antes de se levantar.

Tarefa

Como tarefa de casa, os pacientes podem praticar a imagem de uma cena relaxante e trazer a consciência para esta experiência, usando o Formulário 10.9 como guia.

Possíveis problemas

Os pacientes em sofrimento podem ter dificuldade para sustentar o foco na cena imaginada. Para esses indivíduos, o exercício pode ser modificado de forma que a visualização seja guiada. Neste caso, o terapeuta pode pedir que os pacientes escrevam uma descrição detalhada da cena relaxante e da experiência imaginada de estar no local. A descrição pode, então, ser lida e gravada tanto pelos pacientes quanto pelo terapeuta, para que eles a usem como exercício guiado de visualização. Alguns pacientes experimentam disforia quando imaginam cenas positivas. Pensamentos comuns são: "eu apreciava isso e agora não aprecio mais" ou "estou só imaginando as coisas sem vivenciá-las". Novamente, o terapeuta pode enfatizar que praticar uma ampla variedade de habilidades de autoajuda tem chances de aumentar a probabilidade de os pacientes se envolverem de fato com essas atividades positivas, incluindo algumas imaginadas na visualização.

Imagens mentais e visualização podem ser concebidas como o primeiro passo para desenvolver planos e concretizar soluções.

Referência cruzada com outras técnicas

Técnicas correlatas incluem foco na respiração, menu de recompensas e programação de atividades.

Formulário

Formulário 10.9: Instruções para o Uso da Imaginação Positiva.

TÉCNICA: RELAXAMENTO DE ALEXANDER EM POSIÇÃO DEITADA

Descrição

A técnica de Alexander (TA) é um método para se livrar de tensões desnecessárias no corpo e na mente, por meio da descoberta de hábitos impróprios de movimentos e atenção e pela aplicação da consciência direta e do relaxamento seletivo para mudar tais hábitos. O treinamento tradicional da TA consiste em um encontro entre o paciente e um professor de TA, o qual lhe apresenta uma série de exercícios simples, envolvendo consciência corporal, economia de movimentos e movimentos mais eficientes nas tarefas diárias. Apesar de ser uma disciplina mais educativa do que médica, a TA tem eficácia demonstrada na redução da experiência do estresse e dos sintomas médicos relativos ao estresse (Jones, 1997; Little et al., 2008).

Historicamente, a TA tem sido usada por artistas, como atores e músicos; além disso, o trabalho com a TA é incluído no currículo de algumas das mais importantes instituições de educação musical, como a Juilliard School, em Nova York, e a Royal College of Music, em Londres. A ênfase da TA no contato com o presente e no uso da consciência para reduzir o estresse levou algumas de suas técnicas e de seus princípios a serem adotados por formas de psicoterapia experiencial, como a terapia da Gestalt (Tengwall, 1981). Apesar de a TA compartilhar certas similaridades conceituais com a meditação e o treinamento da atenção plena, ela não tem qualquer ligação direta com nenhuma filosofia espiritual ou teoria específica da cognição. Trata-se de uma série focada de técnicas que podem ser usadas para ajudar a promover o relaxamento e o manejo do estresse e contribuir para maior relaxamento, melhor postura e movimentos mais eficientes quando praticada junto com outras técnicas de atenção plena e de relaxamento.

O exercício apresentado aqui é uma variação da prática fundamental de autoajuda da TA, conhecida como técnica de Alexander em posição deitada. A prática é um exercício enganosamente simples de relaxamento de 20 minutos que, em certos aspectos, assemelha-se a uma prática de ioga ou meditação. Os proponentes da técnica de Alexander em posição deitada relatam que a prática regular deste método de relaxamento profundo pode resultar em maior nível de energia, menos estresse vivenciado e movimentos e funcionamento mais eficientes nas atividades diárias (American Society for the Alexander Technique, 2006). Este breve exercício envolve menos pensamentos, material conceitual e até esforço físico do que muitas das técnicas até aqui apresentadas. Ele é particularmente apropriado para pacientes que experimentam tensão física ou dor crônica como parte dos sintomas apresentados.

Questão a ser proposta/intervenção

"Você se dá a oportunidade de relaxar profundamente de alguma forma no dia a dia? Você já se sentiu com baixa energia ou teve a experiência física de estar esgotado como resultado do estresse ou de sobrecarga? Você estaria disposto a praticar um breve exercício de relaxamento por cerca de 20 minutos diários na próxima semana ou como parte de nosso trabalho? A técnica de Alexander em posição deitada é um exercício simples de relaxamento que consiste em não fazer nada, tanto quanto possível, por cerca de 20 minutos. Esta prática consiste em ficar deitado, adotando uma postura simples e relaxante, concebida para usar a gravidade e o equilíbrio natural do corpo de forma a propiciar repouso e recuperação profundos para o corpo e a mente. A prática pode ser aprendida em poucos minutos e exercida, se você julgar útil, durante anos."

Exemplo

Paciente: Esta foi uma semana insuportável em casa, com todo o trabalho que preciso fazer no computador para administrar nosso negócio de família. Sinto que não posso relaxar nesses dias.

Terapeuta: De fato, parece que você tem muito trabalho e pouco tempo para lidar com tudo isso. Você disse que não pode relaxar. O que você faz para relaxar?

Paciente: Bem, normalmente faço exercícios, leio ou converso com um amigo. Às vezes, ultimamente, até tentei fazer alguns exercícios de meditação que vimos, mas nenhum deles de fato consegue me fazer relaxar.

Terapeuta: Parece que você está se esforçando bastante, não apenas em seu negócio de família e em seus relacionamentos, mas para tentar fazer a coisa certa para relaxar.

Paciente: Sim, realmente.

Terapeuta: Conforme discutimos, fazer exercícios, ler, socializar-se e até meditar, tudo isso pode contribuir para relaxar, mas também podem, às vezes, ser menos efetivos e envolver uma quantidade razoável de esforço.

Paciente: Sei o que você quer dizer.

Terapeuta: Gostaria de usar algum tempo de nossa sessão de hoje para apresentar uma forma de relaxamento muito simples e que realmente envolve não fazer nada, tanto quanto possível, mas traz profunda sensação de descanso e relaxamento físico. Tudo bem?

Paciente: Claro. Parece de fato uma boa ideia, se puder ajudar.

Terapeuta: (*Usa as instruções dadas no Formulário 10.10 para a técnica de Alexander em posição deitada.*)

Tarefa

A técnica de Alexander em posição deitada (Formulário 10.10) pode ser praticada por 20 minutos diariamente como tarefa de casa. É possível também praticá-la em intervalos mais curtos, particularmente para lidar com o estresse durante longos períodos de trabalho.

Possíveis problemas

Há muitos aspectos da TA em posição deitada que podem deixar alguns pacientes física ou mentalmente desconfortáveis. Se o exercício envolver dor ou desconforto sérios, os pacientes devem sentir-se livres para abandoná-lo a qualquer momento e informar o terapeuta. Não há razão especial para pensar que este seria o caso, mas, como o exercício envolve levantar-se e deitar no chão e repousar em uma posição específica, é importante ter certeza de que os pacientes usem sua própria sensibilidade para praticar de maneira que a técnica funcione para eles. Além do mais, demonstrar este exercício pode ser incomum em muitos consultórios, porque ele envolve deitar-se sobre um cobertor. É necessário ter espaço físico suficiente para isso, obviamente. Mais do que apenas o espaço físico, deitar-se no chão em estado de profundo descanso pode ser algo que os pacientes não tenham costume de fazer no consultório do terapeuta. Em alguns casos, o terapeuta pode optar por demonstrar de modo breve, mas paciente, a postura e a técnica envolvidas, bem como sugerir que os pacientes comecem o exercício sozinhos como tarefa de casa.

Assim como outros exercícios de relaxamento, a técnica de Alexander em posição deitada pode não levar diretamente ao relaxamento. Se os pacientes relatarem que o exercício "não está funcionando", o terapeuta deverá lembrá-los que desenvolver a habilidade do relaxamento aplicado demanda tempo e prática. O terapeuta pode usar técnicas da terapia cognitiva (TC) para identificar e desafiar os pensamentos automáticos que acompanham essa aparente falta de resultados. Não é incomum que os pacientes adormeçam durante a técnica de Alexander em posição deitada. Esse problema pode ser tratado por meio da adoção da prática com os olhos abertos, até que os pacientes se tornem suficientemente fluentes na aplicação da técnica para entrar em estado de repouso sem adormecer.

Referência cruzada com outras técnicas

A técnica de Alexander em posição deitada pode ajudar os pacientes a desenvolverem destreza em atenção seletiva, relaxamento e postura estáveis, os quais estão envolvidos nas práticas de meditação sentada, como a atenção plena respiratória ou o exercício de abrir espaço. Por envolver descanso e relaxamento profundos, é uma prática complementar valiosa para os pacientes que estiverem praticando relaxamento muscular progressivo. Aqueles que tiverem dominado a técnica de Alexander em posição deitada e o espaço respiratório de 3 minutos ou o espaço de 3 minutos de manejo da respiração podem misturar essas duas práticas para obter uma breve e relaxante dose de atenção plena e redução do estresse, em intervalos regulares, durante períodos de estresse prolongado.

Formulário

Formulário 10.10: Instruções para a Técnica de Alexander (Posição Deitada).

TÉCNICA: INTENSIFICAÇÃO DAS EXPERIÊNCIAS POSITIVAS PELO USO DA ATENÇÃO PLENA

Descrição

As experiências emocionais positivas são necessárias para amortecer o impacto das negativas. Ainda assim, para muitos pacientes com dificuldades de regulação emocional, as experiências positivas parecem transitórias ou insignificantes. Fatores que podem desviá-los das experiências emocionais positivas incluem preocupação, pensamentos sobre a duração da experiência e crença de não ser digno de ter experiências positivas. Para que os pacientes obtenham o máximo benefício das experiências emocionais positivas, é importante que estejam conscientes delas. Em outras palavras, os pacientes precisam trazer sua consciência plenamente para as experiências positivas enquanto elas estão acontecendo e deixar passar os pensamentos que distraem.

Questão a ser proposta/intervenção

"Para obter o máximo benefício das experiências positivas, é importante estar consciente delas enquanto estão acontecendo ou trazer plena atenção para elas. Com frequência, estamos fisicamente presentes em eventos positivos, mas mentalmente afastados. Como resultado, não os aproveitamos tanto. Por exemplo, você pode ir a uma aula de ioga, mas passar toda a aula se preocupando com um problema. Como resultado, sua habilidade de apreciá-la é diminuída. Trazendo a consciência dos pensamentos de volta para a aula, a sua experiência se torna mais agradável."

Exemplo

O terapeuta revisa o diário de atividades prazerosas do paciente, prescrito e preenchido como tarefa de casa.

Terapeuta: Não parece que você tenha apreciado bastante nenhuma destas atividades. Você acha que havia algo interferindo em sua habilidade de apreciá-las?

Paciente: Não sei bem o que você quer dizer.

Terapeuta: Bem, às vezes, fazemos as coisas por prazer. Apesar de estarmos fisicamente presentes nessas atividades, mentalmente não estamos. Em outras palavras, os pensamentos nos levam para fora da situação.

Paciente: É verdade. Passei a maior parte da semana preocupado com o exame que tenho de fazer na próxima semana. Não consegui me concentrar de verdade em nenhuma das coisas que fiz.

Terapeuta: Então, parece que as preocupações interferiram em sua apreciação dessas atividades. Para obter o máximo benefício das experiências positivas, é importante focar sua consciência nelas. É importante praticar o abandono dos pensamentos, como preocupações, que reduzem nosso prazer.

Paciente: Como posso fazer isso?

Terapeuta: Transferindo a atenção de seus pensamentos para o que estiver acontecendo no momento. Então, por exemplo, se você está em uma partida de tênis, concentre-se nos jogadores e no som da bola. Quando o foco de sua consciência se desviar para as preocupações, traga-o de volta.

Tarefa

Como tarefa de casa, os pacientes podem praticar o hábito de trazer a consciência para atividades prazerosas.

Possíveis problemas

Os pacientes podem ficar frustrados com a dificuldade de sustentar a atenção em eventos positivos. O terapeuta deve enfatizar que a habilidade de focar a consciência na experiência presente exige prática. Adicionalmente, o terapeuta deve normalizar a tendência da mente a divagar. A respiração consciente pode ser incluída na tarefa de casa como método para aumentar a consciência do presente. Além disso, alguns pacientes encaram as experiências positivas como triviais. Neste caso, o terapeuta pode indagar a eles o que a vida seria, se nunca mais pudessem vivenciar nenhuma dessas experiências cotidianas "triviais".

Referência cruzada com outras técnicas

Técnicas correlatas incluem atenção plena, imagens mentais compassivas e menu de recompensas.

Formulário

Nenhum.

TÉCNICA: MANEJO DE FISSURAS E IMPULSOS: SURFAR SOBRE OS IMPULSOS

Descrição

Fissuras, impulsos e desejos que não sejam imediatamente satisfeitos são formas de sofrimento. Uma vez que ceder a eles pode ser contrário aos interesses do indivíduo, é importante desenvolver a habilidade de tolerá-los. Agir de acordo com impulsos e fissuras reforça ou fortalece estes, removendo o desconforto e trazendo prazer a curto prazo. Por exemplo, uma fissura não atendida para usar cocaína é desconfortável. Se o indivíduo cede a ela e usa a droga, elimina o sofrimento e experimenta uma elevação momentânea do humor, e ambos reforçam a fissura por cocaína. Atender aos impulsos e desejos repetidamente fortalece a crença comumente sustentada de que são irresistíveis.

Surfar sobre o impulso é uma técnica baseada na atenção plena para a prevenção de recaídas, um tratamento para adicções desenvolvido para ajudar o paciente a superar os impulsos para usar drogas ou álcool (Daley e Marlatt, 2006). Contudo, essa técnica pode também ser usada efetivamente para tratar de outros impulsos, incluindo o de comer compulsivo, automutilar-se e agir de acordo com a emoção. Surfar sobre os impulsos baseia-se na ideia de que eles são fenômenos limitados no tempo. Sem a oportunidade de agir de acordo com eles, os desejos normalmente não duram muito tempo. Assim como as emoções atingem um pico de intensidade e então decaem, o mesmo ocorre com as fissuras, os impulsos e os desejos. Tentar suprimir um impulso ou lutar contra ele apenas intensifica sua força. Em outras palavras, "lutar contra o impulso só faz alimentá-lo". Na prática de surfar sobre os impulsos, o paciente adota uma postura consciente diante deles e os observa de forma imparcial e não julgadora. Em lugar de lutar contra eles, o paciente os observa aumentar e diminuir. Ele experimenta o impulso como uma onda, surfando nela até que esta se acalme.

Questão a ser proposta/intervenção

"Os impulsos e fissuras podem ser angustiantes quando não podemos ou não devemos satisfazê-los. Por exemplo, se estou de dieta, não é de meu interesse satisfazer minha fissura por bolo de chocolate. Em vez disso, preciso tolerá-la. Às vezes, as fissuras parecem irresistíveis, mas não o são. O fato é que as fissuras e os impulsos passam com o tempo. Assim como ondas, eles atingem seu pico de intensidade e então decaem. Se pensarmos neles dessa forma, podemos simplesmente navegar ou surfar a onda do impulso até a praia. Quando estiver tendo um impulso, traga-o para sua consciência e observe-o sem julgamento. Não tente afastá-lo ou bloqueá-lo."

Exemplo

Neste exemplo, o terapeuta ensina um paciente com transtorno de compulsão alimentar a surfar sobre os impulsos.

Terapeuta: Você diz que tem dificuldades de superar seus impulsos para comer compulsivamente.

Paciente: Sim, eles são irresistíveis.

Terapeuta: Você cedeu a todo impulso que teve durante a semana?

Paciente: Não. É verdade, não cedi.

Terapeuta: Mas você pensa que eles são irresistíveis. Esta é uma crença comum – de que os impulsos sejam irresistíveis. Ceder a eles repetidamente pode fortalecer essa crença. Eles podem parecer irresistíveis caso nos peguem de surpresa, e, então cedemos a eles sem perceber. O segredo é trazê-los à consciência, tornando-nos mais cientes deles, para podermos escolher como reagir.

Paciente: Ok. Mas o que devo fazer quando tiver um impulso?

Terapeuta: Uma opção é simplesmente sobreviver a ele ou surfar sobre ele. Quanto tempo você acha que dura um impulso para comer?

Paciente: Não sei. Parece durar indefinidamente, mas acho que isso é impossível.

Terapeuta: Você já teve o impulso para comer compulsivamente em um momento que não podia agir assim? Quanto tempo durou?

Paciente: Tive uma vez, esta semana, durante uma videoconferência. Depois que terminou, o desejo tinha passado. Acho que isso durou uns 20 minutos.

Terapeuta: É importante estar ciente de que os impulsos são limitados no tempo. Eles são como ondas, atingem um pico de intensidade e então retrocedem. Em vez de ser atingido pela onda, imagine-se surfando sobre ela. Não lute ou resista a ela. Abandone a tensão no seu corpo e respire. Simplesmente deixe-a passar.

Tarefa

Como tarefa de casa, o paciente pode praticar surfar em seus impulsos de adotar um comportamento disfuncional específico. Para aumentar a probabilidade de sucesso e desenvolver um senso de domínio, pode-se instruir o paciente a começar a prática com impulsos de baixa intensidade e, então, progredir para impulsos mais intensos.

Possíveis problemas

O paciente pode carecer de consciência suficiente de seus impulsos para praticar esta técnica. Em outras palavras, o paciente pode estar cedendo a eles de forma impulsiva antes de ter consciência de sua existência. Nesse caso, o terapeuta deve pedir que o paciente monitore os seus impulsos, no esforço de cultivar maior consciência deles. O paciente deve monitorar frequência, intensidade e duração dos impulsos. Monitorando esses fatores, obterá informações valiosas quanto ao que está desencadeando os impulsos e em que contextos eles são mais intensos. Com esse conhecimento, o paciente pode praticar surfar sobre os impulsos de forma gradativa, começando com os de menor intensidade. Alternativamente, ele pode praticar a técnica naqueles impulsos que não seriam problemáticos, a fim de ganhar domínio do método. Por exemplo, o paciente pode praticar surfar sobre os impulsos de falar, dançar ou satisfazer a curiosidade.

Referência cruzada com outras técnicas

Técnicas correlatas incluem experimentar a emoção como uma onda, observar e descrever emoções e atenção plena.

Formulários

Nenhum.

CONCLUSÕES

O manejo do estresse tem uma longa história na psicologia, estendendo-se desde o século XIX em uma variedade de formatos de autoajuda. Neste capítulo, ressaltamos várias técnicas de manejo do estresse que podem ser úteis na regulação emocional e para reduzir a probabilidade de eventos estressantes no futuro. Técnicas como gerenciamento do tempo, planejamento de atividades, elaboração de menus de recompensas e autotranquilização no presente podem contrabalançar o estresse atual e reduzir o impacto de eventos no futuro. Além das técnicas descritas aqui, o manejo do estresse pode também incluir orientações alimentares, exercícios regulares, massagem, o uso da dança e de válvulas de escape criativas como forma de expressão e redução do estresse e o emprego do diário das emoções e da assertividade. Ademais, muitos pacientes podem experimentar o estresse como resultado de reações hostis aos eventos. Todas as técnicas anteriores podem ser incluídas no tratamento mais abrangente do estresse.

11

CONCLUSÕES

Neste livro, examinamos nove "estratégias" para a regulação emocional. O que elas têm em comum e como seriam integradas em uma abordagem abrangente? Neste capítulo final, tentamos demonstrar como uma abordagem integrada dos esquemas emocionais pode oferecer uma estratégia flexível e abrangente de regulação emocional para uma questão clínica comum: lidar com o término de uma relação íntima.

Começamos com uma consideração sobre as teorias de integração das emoções, como a distinção proposta por Gross, entre manejo antecedente e resposta e a teoria unificada de Barlow. Os vários capítulos deste livro tratam de diferentes estratégias de manejo – algumas delas se concentram no manejo antecedente (como a reestruturação cognitiva), outras, nas estratégias de resposta (como atenção plena, aceitação e redução do estresse). Sugerimos que um modelo abrangente dos esquemas emocionais possa incorporar as importantes distinções propostas por Gross, bem como as implicações de uma teoria unificada das emoções, conforme aquela descrita por Barlow. Em particular, a terapia do esquema emocional (TEE) propõe que a adaptação evolutiva e a universalidade são componentes fundamentais das emoções, mas que elas também são objeto das cognições e, portanto, podem ser socialmente concebidas de forma que as crenças sobre durabilidade, falta de controle, legitimidade e outras dimensões tenham possível impacto na suprarregulação (*upregulation*) ou infrarregulação (*downregulation*) das emoções. A TEE ajuda a identificar a teoria que os pacientes têm das emoções e suas teorias e estratégias sobre controle emocional. Tais crenças sobre as emoções podem ser modificadas pela aplicação das muitas técnicas descritas neste livro.

Talvez a forma mais clara de resumir este argumento seja examinar quais crenças e estratégias podem ser utilizadas ao se confrontar o rompimento de uma relação. Um modelo abrangente é mostrado na Figura 11.1. Considere dois indivíduos – Andy, uma pessoa adaptativa, e Carl, uma pessoa confusa – e que cada um foi independentemente informado que a "pessoa amada" rompeu com eles. Andy, adaptativo, reconhece que tem várias emoções: tristeza, raiva, ansiedade, confusão e mesmo um pouco de alívio. Ele também acredita que ter muitas emoções diferentes não é autocontraditório, e sim reflete a complexidade dos relacionamentos humanos. Ele normaliza suas emoções, expressa-as de forma discreta a seu amigo, Frank, e acredita que não precisa que tudo seja claro e simples. Assim, ele não rumina. Ele percebe que é um período estressante, então, pratica rela-

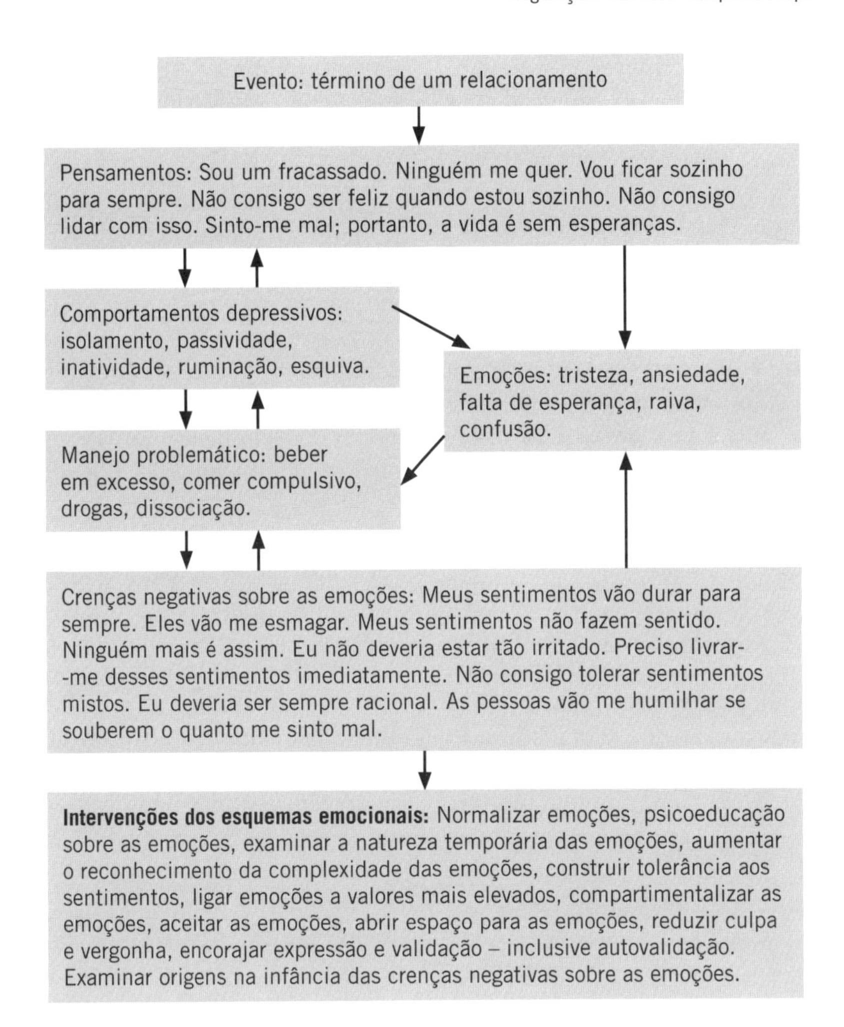

Figura 11.1 Conceituação do esquema emocional.

xamento, vai a uma aula de ioga, programa atividades prazerosas e aceita a validação imperfeita que seu amigo ocasionalmente lhe oferece. Andy não rumina em relação ao relacionamento porque não acha que isso ajude; ele consegue tolerar os sentimentos mistos e confusos, em parte porque os vê como temporários e em parte porque ter sentimentos mistos faz sentido para ele. Às vezes, tem o impulso para beber mais do que o normal, mas ele consegue surfar sobre a onda e deixar o impulso chegar e partir. Ele ocasionalmente dá um passo atrás e observa a si mesmo e os outros e não tem o senso de urgência para "fazer as coisas acontecerem". Sente-se triste, mas também oferece a si mesmo afirmações compassivas e de suporte, lembrando-se de que ele é o tipo de pessoa que deseja ser e que merece amor e apoio, e está disposto a dar esse amor e apoio a si mesmo. Ele pensa em metas e valores no longo prazo: espera encontrar um relacionamento melhor no futuro, valorizando o fato de que aprecia compromisso e amor e reconhece que pode ter de ficar infeliz por um tempo. Ele pode deixar o sentimento vir e ir embora porque sabe que precisa passar por isso para superar a situação. Andy é realmente uma pessoa adaptativa e tem a sabedoria de usar as técnicas descritas neste livro.

Contudo, Carl, confuso, não é tão afortunado. Ele tem muitos dos esquemas emocionais negativos que delineamos. Acredita que deveria sentir-se apenas de uma maneira e não consegue entender ou aceitar seus sentimentos mistos. Ele rumina enquanto se isola e permanece inativo. Ele precisa de uma resposta, de clareza e certeza, e exige justiça da vida. Sente-se envergonhado de sua vulnerabilidade emocional e tranquiliza-se tomando uma bebida – e então mais outra. Quando a tristeza vem, crê que deve livrar-se dela imediatamente, então ele come guloseimas e *fast food* e passa horas vendo pornografia. Ele tem medo de chorar, mas finalmente chora, ativando ainda mais sua crença de que é patético e fraco. Ele se odeia e acredita que mostrar compaixão e amor consigo mesmo é mais um sinal de fraqueza. Não consegue aceitar suas emoções e insiste que a sensação é muito ruim. Quando vê seu amigo Tom, despeja suas queixas sobre o rompimento e fica cada vez com mais raiva, porque Tom "não o entende". Ele diz ao amigo: "É fácil pra você". Quando Tom tenta mostrar empatia, Carl continua reclamando: "Não seja condescendente comigo!". Como Carl tem dificuldade para dormir, bebe até adormecer e acorda de manhã com ressaca, que ele trata com uma bebida para acordar e muitas xícaras de café *espresso* durante o dia. Ele parou de se exercitar, diz que tem de esperar até se sentir melhor para poder sair e ver amigos ou voltar à ginástica para ficar novamente em forma. Carl acredita que suas emoções estão no comando e desistiu de tentar.

Como essas duas histórias ilustram, os pacientes podem demandar assistência em muitos níveis e estágios de desregulação emocional. Andy, uma pessoa adaptativa, já está usando os esquemas adaptativos, aceitando as emoções, recebendo validação imperfeita, ativando-se para adotar comportamentos positivos, usando uma mente compassiva consigo mesma, esclarecendo e afirmando suas metas e seus valores, assim como está comprometido a viver uma vida com propósito. Ele está tomando todos os passos para legitimar suas emoções, age, apesar dos sentimentos, e dá apoio a si mesmo. Provavelmente, não será nosso paciente. Ele não precisará de nós.

Carl, contudo, uma pessoa confusa, precisa de nossa ajuda. Ele precisa examinar a teoria pejorativa sobre suas próprias emoções. Carl tem muitas das crenças negativas sobre as emoções que esboçamos. Ele teme as emoções, sente-se envergonhado, acredita que é fraco e inferior por causa de seus sentimentos, pensa que estes não fazem sentido e não consegue aceitar ou tolerar seus sentimentos mistos. Ele acredita que tem de suprimir – eliminar – os sentimentos dolorosos e passa a adotar comportamentos desadaptativos, como beber, isolar-se, culpar-se e ruminar. Ele é um bom candidato para tudo aquilo de que este livro trata.

Então, como podemos ajudar Carl? Ele precisa direcionar a mente compassiva para si mesmo, a fim de poder ajudar a legitimar suas necessidades emocionais e acalmar seus sentimentos dolorosos. Ele precisa perceber que pode agir de forma oposta ao modo como se sente, que pode construir uma rede de apoio, ter mais habilidades de buscar validação e apoiar as pessoas que o apoiam. Ele pode aprender a ser consciente e a aceitar suas emoções e a si mesmo, adotando uma postura não julgadora diante da forma como se sente e aprendendo a obter o melhor de uma situação temporariamente ruim. Ele pode aprender a tolerar a ambiguidade, injustiça e autocontradição aparente dos sentimentos, enquanto esclarece um conjunto de valores que farão sua vida ter mais propósito e ser mais digna de continuar.

Para ajudar pacientes como Carl, podemos desenvolver estratégias de integração a partir da conceituação dos esquemas emocionais, ou seja, pelo reconhecimento das dificuldades que esses indivíduos estão experimentando em relação às emoções. Usando uma conceituação de caso baseada nos esquemas emocionais, o clínico e o paciente podem colaborar para desenvolver um plano de tratamento baseado tanto em estratégias antecedentes quanto na resposta, conforme mostram as Figuras 11.1 e 11.2. Nossa experiência clínica diz que não há um único conjunto de intervenções que funcione para todos os pacientes, e o terapeuta pode aumentar a efetividade da terapia por meio da flexibilidade da abordagem, sem requerer uma forte aliança com um só modelo.

Este livro é uma colaboração de três clínicos que veem pacientes regularmente. Reconhecemos, como os leitores deste livro também sabem, que cada paciente constitui uma experiência única, cada indivíduo tem um mundo único de emoções. Ajudar os pacientes a identificarem as crenças sobre suas emoções – e encorajá-los a reconhecer alternativas para que não se sintam sobrecarregados ou recorram à anestesia contra suas emoções – pode ajudá-los a viver com os sentimentos, sem medo de si mesmos. Os pacientes vêm à terapia por causa da forma como se sentem – ou porque gostariam de ter outros sentimentos. Esperamos que as ideias, as estratégias e os exemplos deste livro preparem o caminho para essa jornada.

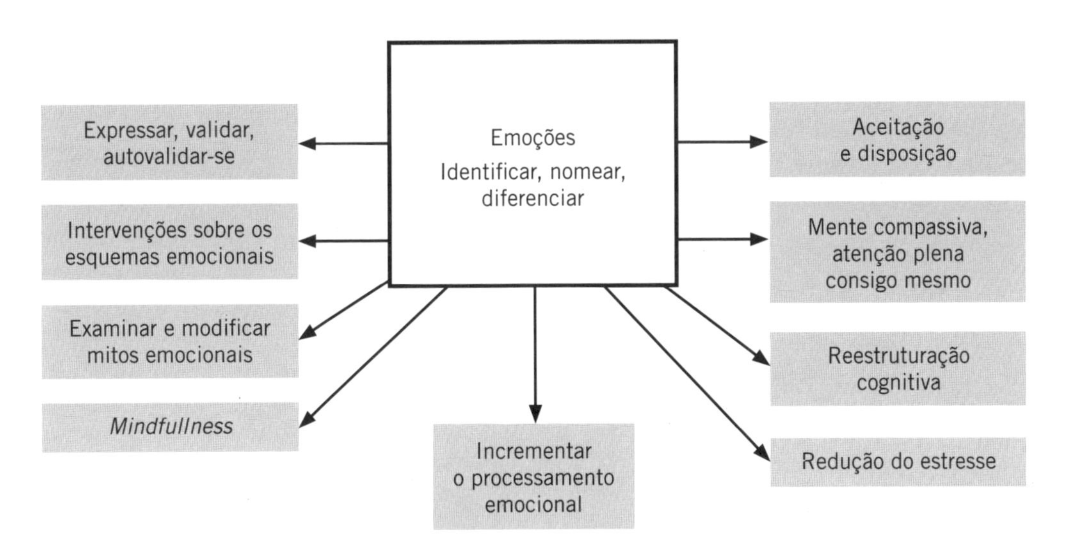

Figura 11.2 Intervenções sobre a regulação emocional.

Apêndice

FORMULÁRIOS PARA REPRODUÇÃO

FORMULÁRIO 2.1

Escala de Esquemas Emocionais de Leahy

Diretrizes: Estamos interessados em como você lida com os sentimentos e emoções – por exemplo, como você lida com sentimentos de raiva, tristeza e ansiedade ou sentimentos sexuais. Todos diferimos no modo como lidamos com esses sentimentos, logo não há respostas certas ou erradas. Por favor, leia cada sentença cuidadosamente e atribua um escore, usando a escala a seguir, conforme você lidou com os sentimentos no último mês.
Escreva o número referente a sua resposta ao lado da sentença.

Escala:

1 = muito falso	4 = levemente verdadeiro
2 = moderadamente falso	5 = moderadamente verdadeiro
3 = levemente falso	6 = muito verdadeiro

1. Quando me sinto para baixo, tento pensar em uma maneira diferente de ver as coisas. ____
2. Quando tenho um sentimento que me incomoda, tento pensar em uma razão pela qual ele não é importante. ____
3. Frequentemente penso que reajo com sentimentos que outras pessoas não teriam. ____
4. É errado ter determinados sentimentos. ____
5. Há coisas a meu respeito que simplesmente não compreendo. ____
6. Acredito que é importante me permitir chorar para deixar meus sentimentos "saírem". ____
7. Se me permitir ter alguns desses sentimentos, temo perder o controle. ____
8. Os outros compreendem e aceitam meus sentimentos. ____
9. Você não pode permitir-se ter certos tipos de sentimentos – como aqueles relacionados a sexo ou violência. ____
10. Meus sentimentos não fazem sentido para mim. ____
11. Se as outras pessoas mudassem, eu me sentiria muito melhor. ____
12. Acho que tenho sentimentos dos quais não estou de fato consciente. ____
13. Às vezes receio que, se me permitisse ter um sentimento forte, ele não iria mais embora. ____
14. Sinto vergonha de meus sentimentos. ____
15. Coisas que incomodam outras pessoas não me incomodam. ____
16. Ninguém se importa realmente com meus sentimentos. ____
17. É importante que eu seja razoável e prático em vez de sensível e aberto a meus sentimentos. ____
18. Não consigo suportar ter sentimentos contraditórios – como gostar e não gostar da mesma pessoa. ____
19. Sou muito mais sensível que as outras pessoas. ____
20. Tento me livrar dos sentimentos desagradáveis imediatamente. ____
21. Quando me sinto para baixo, tento pensar nas coisas mais importantes da vida – aquilo que valorizo. ____

(*Continua*)

Regulação emocional em psicoterapia: um guia para o terapeuta cognitivo-comportamental, de Robert L. Leahy, Dennis Tirch e Lisa Napolitano.

FORMULÁRIO 2.1

Escala de Esquemas Emocionais de Leahy (*continuação*)

22. Quando me sinto para baixo ou triste, questiono meus valores. ____
23. Sinto que posso expressar meus sentimentos abertamente. ____
24. Frequentemente digo a mim mesmo: "O que há de errado comigo?". ____
25. Vejo-me como uma pessoa superficial. ____
26. Quero que as pessoas acreditem que eu seja diferente do jeito como me sinto de verdade. ____
27. Fico preocupado com a ideia de não ser capaz de controlar meus sentimentos. ____
28. Você precisa se policiar contra certos sentimentos. ____
29. Sentimentos fortes duram apenas um curto período. ____
30. Você não pode depender dos sentimentos para saber o que é bom pra você. ____
31. Eu não deveria ter alguns dos sentimentos que tenho. ____
32. Com frequência, sinto-me anestesiado emocionalmente, como se não tivesse sentimentos. ____
33. Acho que meus sentimentos são estranhos ou esquisitos. ____
34. Outras pessoas provocam em mim sentimentos desagradáveis. ____
35. Quando tenho sentimentos conflitantes em relação a alguém, fico perturbado ou confuso. ____
36. Quando tenho um sentimento que me incomoda, tento encontrar outra coisa para pensar ou fazer. ____
37. Quando me sinto para baixo, fico sozinho e penso muito em como me sinto mal. ____
38. Gosto de ter absoluta certeza em relação a como me sinto em relação a *outra pessoa*. ____
39. Todos têm sentimentos como os meus. ____
40. Aceito meus sentimentos. ____
41. Acho que tenho os mesmos sentimentos que outras pessoas têm. ____
42. Aspiro a valores mais elevados. ____
43. Penso que meus sentimentos agora não têm *nada* a ver com o modo como fui criado. ____
44. Tenho a preocupação de que, se tiver certos sentimentos, posso ficar louco. ____
45. Meus sentimentos parecem vir do nada. ____
46. Acho que é importante ser racional e lógico em quase tudo. ____
47. Gosto de ter absoluta certeza sobre o modo como me sinto em relação a *mim mesmo*. ____
48. Foco muito em meus sentimentos ou sensações físicas. ____
49. Não quero que ninguém saiba de alguns dos meus sentimentos. ____
50. Não quero admitir que tenho certos sentimentos, mas sei que os tenho. ____

FORMULÁRIO 2.2

Quatorze Dimensões da Escala de Esquemas Emocionais de Leahy

As dimensões a seguir descrevem várias interpretações e estratégias para lidar com as emoções com base na Escala de Esquemas de Leahy. Os itens marcados entre parênteses são de escore invertido. Nota: Os itens 22 e 43 não se encaixam nas dimensões especificadas.

Validação

Item 8	Os outros compreendem e aceitam meus sentimentos.
(Item 16)	Ninguém se importa realmente com meus sentimentos.
(Item 49)	Não quero que ninguém saiba de alguns dos meus sentimentos.

Inteligibilidade

(Item 5)	Há coisas a meu respeito que simplesmente não compreendo.
(Item 10)	Meus sentimentos não fazem sentido para mim.
(Item 33)	Acho que meus sentimentos são estranhos ou esquisitos.
(Item 45)	Meus sentimentos parecem vir do nada.

Culpa

Item 4	É errado ter determinados sentimentos.
Item 14	Sinto vergonha de meus sentimentos.
Item 26	Quero que as pessoas acreditem que eu seja diferente do jeito como me sinto de verdade.
Item 31	Eu não deveria ter alguns dos sentimentos que tenho.

Visão simplista das emoções

Item 18	Não consigo suportar ter sentimentos contraditórios – como gostar e não gostar da mesma pessoa.
Item 35	Quando tenho sentimentos conflitantes em relação a alguém, fico perturbado ou confuso.
Item 38	Gosto de ter absoluta certeza em relação a como me sinto em relação a *outra pessoa.*
Item 47	Gosto de ter absoluta certeza sobre o modo como me sinto em relação a *mim mesmo.*

Valores mais elevados

Item 21	Quando me sinto para baixo, tento pensar nas coisas mais importantes da vida – aquilo que valorizo.
(Item 25)	Vejo-me como uma pessoa superficial.
Item 42	Aspiro a valores mais elevados.

Controle

(Item 7)	Se me permitir ter alguns desses sentimentos, temo perder o controle.
(Item 27)	Fico preocupado com a ideia de não ser capaz de controlar meus sentimentos.
(Item 44)	Tenho a preocupação de que, se tiver certos sentimentos, posso ficar louco.

Entorpecimento

Item 15	Coisas que incomodam outras pessoas não me incomodam.
Item 32	Com frequência, sinto-me anestesiado emocionalmente, como se não tivesse sentimentos.

(*Continua*)

FORMULÁRIO 2.2

Quatorze Dimensões da Escala de Esquemas Emocionais de Leahy (*continuação*)

Necessidade de ser racional

Item 17	É importante que eu seja razoável e prático em vez de sensível e aberto a meus sentimentos.
Item 46	Acho que é importante ser racional e lógico em quase tudo.
Item 30	Você não pode depender dos sentimentos para saber o que é bom pra você.

Duração

Item 13	Às vezes, receio que, se me permitisse ter um sentimento forte, ele não iria mais embora.
(Item 29)	Sentimentos fortes duram apenas um curto período.

Consenso

(Item 3)	Frequentemente penso que reajo com sentimentos que outras pessoas não teriam.
(Item 19)	Sou muito mais sensível do que outras pessoas.
Item 39	Todos têm sentimentos como os meus.
Item 41	Acho que tenho os mesmos sentimentos que os outros têm.

Aceitação dos sentimentos

(Item 2)	Quando tenho um sentimento que me incomoda, tento pensar em uma razão pela qual ele não é importante.
(Item 12)	Acho que tenho sentimentos dos quais não estou de fato consciente.
(Item 20)	Tento me livrar dos sentimentos desagradáveis imediatamente.
Item 40	Aceito meus sentimentos.
(Item 50)	Não quero admitir que tenho certos sentimentos, mas sei que os tenho.
(Item 9)	Você não pode se permitir ter certos tipos de sentimentos – como aqueles relacionados a sexo ou violência.
(Item 28)	Você precisa se policiar contra certos sentimentos.

Ruminação

(Item 1)	Quando me sinto para baixo, tento pensar em uma maneira diferente de ver as coisas.
(Item 36)	Quando tenho um sentimento que me incomoda, tento encontrar outra coisa para pensar ou fazer.
Item 37	Quando me sinto para baixo, fico sozinho e penso muito em como me sinto mal.
Item 24	Frequentemente digo a mim mesmo: "O que há de errado comigo?".
Item 48	Foco muito em meus sentimentos ou sensações físicas.

Expressão

Item 6	Acredito que é importante me permitir chorar para deixar meus sentimentos "saírem".
Item 23	Sinto que posso expressar meus sentimentos abertamente.

Responsabilidade

Item 11	Se as outras pessoas mudassem, eu me sentiria muito melhor.
Item 34	Outras pessoas provocam em mim sentimentos desagradáveis.

FORMULÁRIO 2.3

Diário de Emoções

Diretrizes: Para as emoções na coluna da esquerda, marque os dias nos quais você perceber que elas ocorrem. Você pode adicionar outras emoções que não estejam listadas na coluna da esquerda.

Emoção	Segunda	Terça	Quarta	Quinta	Sexta	Sábado	Domingo
Felicidade							
Interesse							
Empolgação							
Cuidado							
Afeição							
Amor							
Amado							
Compaixão							
Gratidão							
Orgulho							
Confiança							
Mágoa							
Tristeza							
Arrependimento							
Irritação							
Raiva							
Ressentimento							
Nojo							
Contentamento							
Vergonha							
Culpa							
Inveja							
Ciúme							
Ansiedade							
Medo							
Outra							

FORMULÁRIO 2.4

Emoções que Alguém Pode Ter Nesta Situação

Diretrizes: Na coluna da esquerda, liste todas as emoções diferentes que você tenha nesta situação, incluindo as desagradáveis, neutras e agradáveis. Por exemplo, você pode estar se sentindo triste, sozinho, com raiva, ansioso, confuso, indiferente, aliviado, desafiado, curioso, feliz ou outras emoções. Na coluna da direita, liste os pensamentos específicos associados a essas emoções. Por exemplo, para a emoção raiva, você pode pensar: "Eles não me respeitam". Na coluna inferior esquerda, liste outras emoções que você pode ter e o pensamento que se encaixaria com elas. Por exemplo, você pode sentir "raiva", mas outra emoção possível é "ansiedade". Que pensamentos se encaixam com "ansiedade"?

Emoções que estou sentindo	**Pensamentos**
Outras emoções que eu poderia ter	**Pensamentos**

Regulação emocional em psicoterapia: um guia para o terapeuta cognitivo-comportamental, de Robert L. Leahy, Dennis Tirch e Lisa Napolitano.

FORMULÁRIO 2.5

Custos e Benefícios de Pensar que Minhas Emoções São Anormais

Diretrizes: Na coluna da esquerda, liste as emoções que considere anormais, incomuns ou que possam deixá-lo envergonhado ou culpado. Então, nas duas colunas seguintes, liste os custos e benefícios de acreditar que essas emoções sejam anormais. O que você mudaria e como você se sentiria sobre suas emoções, se pensasse que elas não são anormais? Sua vida seria melhor ou pior? Por exemplo, você pode achar que os custos de sentir raiva são que você fica infeliz e tem mais conflitos com as pessoas, mas também pode pensar que os benefícios são que você está se defendendo.

Emoções que considero anormais	Custos	Benefícios

Regulação emocional em psicoterapia: um guia para o terapeuta cognitivo-comportamental, de Robert L. Leahy, Dennis Tirch e Lisa Napolitano.

FORMULÁRIO 2.6

Levantamento de Outras Pessoas que Têm Essas Emoções

Diretrizes: Liste as emoções que o perturbam na coluna da esquerda e, na coluna da direita, liste pessoas que você conhece ou personagens de histórias, poemas, filmes ou músicas que retratem essas emoções. Como você interpreta o fato de que muitas pessoas diferentes têm esses sentimentos?

Emoções que sinto	Pessoas que têm esses sentimentos

Regulação emocional em psicoterapia: um guia para o terapeuta cognitivo-comportamental, de Robert L. Leahy, Dennis Tirch e Lisa Napolitano.

FORMULÁRIO 2.7

Cronograma de Atividades, Emoções e Pensamentos

Diretrizes: Nossas emoções mudam frequentemente, dependendo do que estamos fazendo e pensando. Registre suas atividades a cada hora, anotando as emoções e seu grau ou intensidade e, em seguida, registrando os pensamentos e o grau em que acredita neles. Por exemplo, você pode avaliar a intensidade da raiva como 90% quando pensa "Ele está tentando me ridicularizar", e pode acreditar nesse pensamento 80%. Se acreditasse 20%, você poderia ter muito menos raiva. Há alguma relação entre as atividades, os pensamentos e as emoções? Estas são temporárias –aumentam e diminuem de intensidade? O que leva as emoções a ficarem menos intensas?

Horário	Atividade	Emoção (0-100%)	Pensamentos (grau de crédito 0-100%)
7:00			
8:00			
9:00			
10:00			
11:00			
12:00			
13:00			
14:00			
15:00			
16:00			
17:00			
18:00			
19:00			
20:00			
21:00			
22:00			
23:00			
0:00			

Regulação emocional em psicoterapia: um guia para o terapeuta cognitivo-comportamental, de Robert L. Leahy, Dennis Tirch e Lisa Napolitano.

FORMULÁRIO 2.8

Custos e Benefícios de Acreditar que as Emoções São Temporárias

Diretrizes: Quais são os custos e benefícios de acreditar que suas emoções são temporárias? O que mudaria se você acreditasse que um sentimento desagradável foi apenas temporário?

Custos	Benefícios

O que mudaria se você acreditasse que suas emoções são temporárias?

Regulação emocional em psicoterapia: um guia para o terapeuta cognitivo-comportamental, de Robert L. Leahy, Dennis Tirch e Lisa Napolitano.

FORMULÁRIO 2.9

Como Aceitar Sentimentos Difíceis

Diretrizes: Exemplos de como aceitar sentimentos incluem: "Não lute contra o sentimento; permita que ele aconteça. Tome distância e observe-o. Imagine que o sentimento está flutuando e você está flutuando com ele. Observe-o subir e descer, ir e vir, momento a momento". Veja se você pode estabelecer um limite para se sentir da forma como se sente – por exemplo, 10 minutos –, e então passe para outra coisa. Você também pode se distrair com outras atividades, fazer coisas agradáveis ou praticar a consciência da atenção plena – tomando distância, simplesmente observando que você se sente da maneira como se sente e deixando o sentimento passar.

Perguntas a serem feitas	Exemplos
• Qual é o sentimento difícil de aceitar?	
• O que significa você aceitar que teve este sentimento?	
• Quais são as vantagens e desvantagens de aceitar o sentimento?	
• Estabeleça um limite de tempo para focalizar o sentimento.	
• Traga a atenção para outras atividades e coisas a seu redor.	
• Há coisas produtivas, compensadoras ou agradáveis para fazer?	
• Pratique a consciência da atenção plena.	

FORMULÁRIO 2.10

Exemplos de Sentimentos Mistos

Diretrizes: Podemos ter muitos sentimentos diferentes em relação a uma pessoa, um local ou uma coisa. Por exemplo, podemos ter sentimentos mistos a respeito de nossos pais, parceiros, amigos, experiências, locais que visitamos e coisas que fazemos. É importante perceber que sentimentos mistos são normais e podem ilustrar a habilidade de se ter uma experiência mais rica e complexa. No formulário a seguir, liste pessoas, locais, coisas ou experiências em relação aos quais você tenha sentimentos mistos e, então, liste esses sentimentos.

Pessoas, locais, experiências e coisas pelos quais tenho sentimentos mistos	Variedade de meus sentimentos

Regulação emocional em psicoterapia: um guia para o terapeuta cognitivo-comportamental, de Robert L. Leahy, Dennis Tirch e Lisa Napolitano.

FORMULÁRIO 2.11

Vantagens e Desvantagens de Aceitar Sentimentos Mistos

Diretrizes: Você pode ter sentimentos mistos em relação ao fato de ter sentimentos mistos! Isso também é normal. Por favor, liste as vantagens e desvantagens de você aceitar que tem sentimentos mistos.

Vantagens	Desvantagens

Regulação emocional em psicoterapia: um guia para o terapeuta cognitivo-comportamental, de Robert L. Leahy, Dennis Tirch e Lisa Napolitano.

FORMULÁRIO 2.12

Busca de Emoções Positivas

Diretrizes: Há muitas emoções positivas que você pode ter experimentado e continua a experimentar. É importante integrar essas emoções em sua vida diária. Observe uma lista de 10 emoções positivas e, então, na coluna da direita, liste exemplos dessas emoções no passado ou no presente. Tente registrá-las diariamente.

Emoções positivas	Lembranças e exemplos dessas emoções
Alegria	
Gratidão	
Serenidade	
Interesse	
Esperança	
Orgulho	
Diversão	
Inspiração	
Reverência	
Amor	

FORMULÁRIO 2.13

Inventário de Metas Emocionais

Diretrizes: Às vezes, ficamos presos em uma emoção, como tristeza, raiva, ansiedade ou medo, e simplesmente não sabemos como nos livrar dela. Uma técnica que você pode usar para se "desprender" é identificar uma emoção diferente que gostaria de experimentar e desenvolver uma história ou um plano de como pode experimentá-la.

Emoção que quero sentir:
Descreva pensamentos, comportamentos e experiências que podem ajudá-lo a experimentar mais dessa emoção:
Como você pode planejar ter essas outras emoções?

Regulação emocional em psicoterapia: um guia para o terapeuta cognitivo-comportamental, de Robert L. Leahy, Dennis Tirch e Lisa Napolitano.

FORMULÁRIO 2.14

Significados Adicionais na Vida

Diretrizes: Pense nas muitas coisas em sua vida que podem dar a você significado e propósito. Na coluna da esquerda, estão listadas algumas sugestões, mas você pode adicionar quantas categorias ou experiências de significado e propósito quiser. Na coluna do meio, avalie o quão importante cada item é para você, de 0 (nenhuma importância) a 5 (essencial). Na coluna da direita, liste algumas coisas que você pode fazer – ações, pensamentos, meditação e outras – para ajudá-lo a buscar o que é significativo. A meta é esclarecer o que importa e direcioná-lo para os propósitos de sua vida.

O que dá sentido e propósito a minha vida?	**O quão importante é isso para mim?**	**Exemplos de coisas que faço para consegui-lo**
Amizade		
Amor pelos outros		
Ser bom pai ou boa mãe, filho(a) ou parceiro(a)		
Pertencer a uma comunidade		
Ajudar os outros		
Competência em meu trabalho		
Avançar na carreira		
Trabalhar em equipe		
Ter um estilo de vida saudável		
Exercitar-me e ser ativo		
Apreciar os arredores e minha vida		
Gratidão		
Apreciar o belo		

(*Continua*)

FORMULÁRIO 2.14

Significados Adicionais na Vida (*continuação*)

O que dá sentido e propósito a minha vida?	O quão importante é isso para mim?	Exemplos de coisas que faço para consegui-lo
Sentir-me conectado a algo maior que eu		
Justiça		
Aprender e crescer		
Aventura e experimentar coisas novas		
Expressar-me		
Tomar boas decisões		
Trabalhar duro e fazer as coisas		
Curiosidade e abertura		
Humor e diversão		
Melhorar minhas finanças		
Conectar-me com a tradição		
Espiritualidade		
Aprender coisas e habilidades novas		
Estar em contato com a natureza		
Meditação e oração		

FORMULÁRIO 2.15

Emoções que Também Posso Ter

Diretrizes: Na coluna da esquerda, listamos várias emoções positivas que você pode almejar. Cheque os itens que você poderia desejar e escreva algumas ideias do que teria de pensar ou fazer para experimentar essa emoção. Por exemplo, você pode sentir raiva em relação a algo que aconteceu (talvez um amigo tenha lhe tratado mal), mas pode imaginar sentir amor por outra pessoa ou curiosidade por uma atividade diferente. Pense em como as emoções podem mudar ou ser flexíveis dependendo de onde você põe seu foco ou atenção.

Tipo de emoção	**O que eu poderia pensar ou fazer que me levaria a essa emoção?**
Felicidade	
Interesse	
Empolgação	
Cuidado	
Afeição	
Perdão	
Aceitação	
Amor	
Amado	
Compaixão	
Gratidão	
Orgulho	
Confiança	
Outra	

FORMULÁRIO 2.16

Relação com Valores Mais Elevados

Diretrizes: Às vezes, sentimo-nos tristes, ansiosos ou com raiva porque sentimos falta de algo importante para nós. Digamos que você esteja triste com o fim de um relacionamento. Anote a resposta a cada um dos itens a seguir.

Perguntas a serem feitas a si mesmo sobre os seus valores	Sua resposta
Isto não significa que há um valor mais elevado que seja importante para você – por exemplo, a valorização de proximidade e intimidade? Que valor é esse e o que ele significa para você?	
Esse valor não diz algo de bom a seu respeito?	
Se você aspira a valores mais elevados, isso não significa que terá de ficar decepcionado algumas vezes?	
Você gostaria de ser um cínico que não valorizasse nada? Como seria sua vida?	
Há experiências valiosas ou significativas para você pelo fato de cultivar esse valor?	
Há outras pessoas que compartilham de seus valores mais elevados?	
Que conselhos você lhes daria, se estivessem passando pelo mesmo que você?	

FORMULÁRIO 2.17

Levantamento VIA das Forças de Caráter

Vá ao *site* *www.viacharacter.org* e clique em *Survey* para preencher o VIA Survey of Character. Este é um questionário de 240 itens desenvolvido para identificar várias forças de caráter que você possui. No *site*, você pode obter um resumo gratuito de suas respostas. Esse levantamento leva cerca de 30 a 40 minutos para ser preenchido. Traga os resultados desse levantamento para a próxima sessão com seu terapeuta.

FORMULÁRIO 3.1

Exemplos de Quando me Sinto Validado ou Não

Diretrizes: Às vezes, sentimos que os outros nos entendem, validam a forma como nos sentimos e nos dão apoio. Escreva alguns exemplos específicos disso na coluna da esquerda. Na coluna da direita, escreva exemplos de quando você não se sentiu validado.

Senti-me validado (amparado, apoiado) quando...	**Não me senti validado (amparado, apoiado) quando...**

Regulação emocional em psicoterapia: um guia para o terapeuta cognitivo-comportamental, de Robert L. Leahy, Dennis Tirch e Lisa Napolitano.

FORMULÁRIO 3.2

Formas Problemáticas de Fazer as Pessoas Reagirem a Mim

Diretrizes: Às vezes, não sentimos que as pessoas nos entendem e reagimos de maneiras que podem ser vistas pelos outros como problemáticas. Tente ser honesto consigo mesmo e indicar se já usou algum dos comportamentos a seguir. Dê exemplos específicos. Agora, pense sobre as consequências do uso dessas estratégias em resposta à invalidação. Esse comportamento vai ajudá-lo? Talvez haja alternativas que você possa considerar.

Comportamento problemático	Exemplo
Reclamar repetidamente	
Levantar a voz	
Gritar ou berrar	
Criticar a outra pessoa por não me entender	
Petulância	
Arremessar coisas	
Fazer parecer que algo terrível está acontecendo comigo	
Ameaçar me machucar	
Ameaçar ir embora	
Repetir-me insistentemente	
Outro	

FORMULÁRIO 3.3

Minhas Crenças sobre Validação

Diretrizes: Quando acreditamos que alguém não escuta nossos sentimentos, tendemos a ter uma corrente ou série de pensamentos. Tome o seu primeiro pensamento sobre o que significa para você se alguém não o valida. Agora, pergunte a si mesmo: "Se fosse verdade, isso iria me incomodar porque significaria que...?". Continue repetindo essa resposta para cada pensamento, até que não consiga pensar em mais nada. Digamos que comece com o pensamento "Ela não ouve o que estou dizendo" e, então, você tem uma corrente de outros pensamentos como "Isso significa que ela não se importa" e "Ninguém se importa". O que isso fará você sentir? Há formas diferentes de pensar sobre "Ela não ouve o que estou dizendo"? Pode haver outras maneiras de ver as crenças na lista a seguir – por exemplo, "Talvez as pessoas sejam imperfeitas" ou "Talvez eu possa tentar esclarecer o que estou sentindo"?

Crenças sobre validação	Grau de crença (0-100%)
Quero que os outros concordem comigo.	
Se as pessoas me oferecem conselhos, elas estão negligenciando meus sentimentos.	
A menos que tenha passado pelo que passei, você não pode realmente me entender.	
Contanto que as pessoas se esforcem para me entender, eu gosto disso.	
É perigoso confiar os sentimentos às pessoas. Elas podem criticar ou zombar de você.	
Outros exemplos.	

Regulação emocional em psicoterapia: um guia para o terapeuta cognitivo-comportamental, de Robert L. Leahy, Dennis Tirch e Lisa Napolitano.

FORMULÁRIO 3.4

Seta Descendente para Quando Não me Sinto Validado

Diretrizes: Quando acreditamos que alguém não está escutando nossos sentimentos, tendemos a ter uma corrente ou série de pensamentos. Tome o primeiro pensamento a respeito do que significa para você se alguém não o valida. Agora pergunte a si mesmo: "Se fosse verdade, isso iria me incomodar porque significaria que...?". Repita isso para cada pensamento, até não conseguir pensar em mais nada. Observe seus primeiros pensamentos neste diagrama e pergunte a si mesmo qual a consequência de interpretar a resposta de alguém dessa forma. Por exemplo, se você conclui que, se alguém não o escuta exatamente da forma como você quer ser ouvido, ele não liga para você, então você provavelmente ficará com muita raiva, solitário ou mesmo desesperançado. Mas, e se tivesse uma interpretação e um pensamento diferentes, como "Talvez ninguém seja perfeito" ou "Talvez eu possa tomar algum tempo para esclarecer o que estou dizendo"?

Quando alguém não me valida, isso me incomoda porque me faz pensar que...

↓

↓

↓

↓

↓

FORMULÁRIO 3.5

O Que Posso Fazer Quando Não Sou Validado

Diretrizes: Às vezes, não sentimos que os outros entendem como nos sentimos – sentimo-nos invalidados. Isso pode ser incômodo. Contudo, é possível que haja várias coisas que você pode fazer para tranquilizar seus sentimentos, em vez de depender dos outros. No formulário a seguir, liste alguns exemplos de técnicas que você pode tentar como alternativas para quando se sentir invalidado.

Alternativas à validação	Exemplos
Posso aceitar que os outros são imperfeitos.	
Posso reconhecer que há muitas formas pelas quais as pessoas me apoiaram.	
Posso me concentrar em resolver alguns de meus problemas.	
Posso encontrar formas de me tranquilizar agora.	
Posso me distrair com outras atividades e metas.	
Posso desafiar a ideia de que ser invalidado é terrível.	
Outras.	

Regulação emocional em psicoterapia: um guia para o terapeuta cognitivo-comportamental, de Robert L. Leahy, Dennis Tirch e Lisa Napolitano.

FORMULÁRIO 3.6

Coisas Adaptativas que Devo Dizer ou Fazer Quando me Sinto Invalidado

Diretrizes: Às vezes, quando as pessoas não nos entendem, podemos ser mais efetivos se dissermos ou fizermos certas coisas. Algumas sugestões de coisas adaptativas para fazer ou dizer estão apresentadas na lista a seguir. Adicione a esta lista outras coisas que você tenha dito ou feito que o ajudaram a obter validação, e cite exemplos.

Algumas coisas úteis para eu dizer ou fazer quando não me sentir compreendido ou validado	Exemplos
Não acho que eu esteja sendo claro. Eis o que estou tentando dizer.	
Realmente, aprecio que você se esforce para me entender, mas acho que, neste momento, você pode não estar entendendo pelo que estou atravessando.	
Você pode reformular o que me ouviu dizer para eu saber se estou sendo claro?	
Eu me sentiria melhor compreendido se você pudesse dizer ou fazer o seguinte...	
Obrigado por tomar tempo para me ouvir e por se importar.	
Sei que posso estar me alongando um pouco demais agora, mas aprecio que você esteja se esforçando.	
Seu apoio significa muito para mim.	
Outros exemplos.	

FORMULÁRIO 3.7

Exemplos de Minimização de Minhas Necessidades

Diretrizes: Às vezes, agimos como se nossas necessidades e nossos sentimentos não fossem de fato importantes. Podemos sentir que não merecemos ter nossas necessidades satisfeitas, desculpar-nos por elas ou mesmo ficar desorientados quando nossas emoções são discutidas. Na coluna da esquerda do formulário a seguir, identifique formas pelas quais você pode estar minimizando suas necessidades, e, na coluna da direita, dê alguns exemplos. Agora, pense sobre as consequências decorrentes de invalidar suas próprias necessidades. Você minimizaria as necessidades ou o sofrimento de um amigo? Por que não? Isso pareceria invalidação, crueldade ou negligência? Que coisas alternativas, compassivas e validadoras você diria a um amigo? Há alguma razão para que você possa não dizer essas coisas a si mesmo, em vez de minimizar suas necessidades?

Como minimizo minhas necessidades	Exemplos
Sentir que preciso que os outros me apoiem e me entendam é um sinal de fraqueza.	
Sou muito necessitado.	
Não gosto de falar sobre minhas necessidades.	
Espero muito da vida.	
Eu devo simplesmente aceitar as coisas como são porque minhas necessidades nunca serão satisfeitas.	
Parece que escolho pessoas que me tratam mal.	
Às vezes, tento agir como uma pessoa superficial.	
Às vezes, zombo de mim mesmo, como se eu fosse uma piada que ninguém leva a sério.	
É mais importante fazer as outras pessoas se sentirem confortáveis do que satisfazer minhas necessidades.	
Não sei do que preciso realmente.	
Com frequência, bebo ou abuso de alimentos, uso drogas ou faço outras coisas para me anestesiar emocionalmente.	
Outros exemplos.	

Regulação emocional em psicoterapia: um guia para o terapeuta cognitivo-comportamental, de Robert L. Leahy, Dennis Tirch e Lisa Napolitano.

FORMULÁRIO 3.8

Autovalidação Compassiva

Diretrizes: Pense na pessoa mais compassiva, generosa, amorosa e gentil que possa imaginar. Agora, imagine essa pessoa falando com você, tranquilizando-o, dizendo-lhe que suas necessidades são importantes e que sua dor é ouvida e sentida. O que essa pessoa diria? Como soaria essa voz compassiva? Como você se sentiria?

O que a minha voz compassiva pode dizer sobre minhas necessidades. O que ela diria ou faria?	Como eu me sentiria?

Regulação emocional em psicoterapia: um guia para o terapeuta cognitivo-comportamental, de Robert L. Leahy, Dennis Tirch e Lisa Napolitano.

FORMULÁRIO 3.9

Como Ser Mais Compensador e Obter Apoio de Seus Amigos

Diretrizes: Para conseguir satisfazer suas necessidades emocionais, é importante tornar suas relações mutuamente compensadoras. Pense nas formas pelas quais possa recompensar seus amigos, ajudá-los a compreendê-lo, fortalecer seus laços uns com os outros e expandir sua rede de apoio. Onze estratégias são listadas na coluna da esquerda no formulário a seguir. Na coluna da direita, dê alguns exemplos de como incorporar essas estratégias em sua vida diária.

Como ser mais compensador e obter apoio de seus amigos	Exemplos
1. Você está agindo de forma deprimente?	
2. "Preciso que meus amigos me entendam: Será que estou em uma 'armadilha de validação', exigindo validação?"	
3. Aprenda como pedir ajuda.	
4. Ao buscar validação, mantenha seu interlocutor em mente.	
5. Valide o validador.	
6. Fale de coisas positivas – coisas que esteja fazendo que possam ajudar.	
7. Se descrever um problema, descreva a solução.	
8. Não soe como seu próprio pior inimigo.	
9. Comece um contato positivo com atividades positivas.	
10. Respeite os conselhos.	
11. Torne-se parte de uma comunidade maior.	

Regulação emocional em psicoterapia: um guia para o terapeuta cognitivo-comportamental, de Robert L. Leahy, Dennis Tirch e Lisa Napolitano.

FORMULÁRIO 4.1

Mitos Emocionais

Diretrizes: Alguns mitos comuns sobre as emoções são listados a seguir. Para cada mito, formule um desafio, afirmando por que ele é falso.

1. Há uma forma certa de se sentir em cada situação.
   DESAFIO: ______________________________

2. Deixar que os outros saibam que estou me sentindo mal é fraqueza.
   DESAFIO: ______________________________

3. Sentimentos negativos são ruins e destrutivos.
   DESAFIO: ______________________________

4. Ser emotivo significa estar fora de controle.
   DESAFIO: ______________________________

5. As emoções podem simplesmente acontecer sem nenhuma razão.
   DESAFIO: ______________________________

6. Algumas emoções são realmente estúpidas.
   DESAFIO: ______________________________

7. Toda emoção dolorosa é resultado de má atitude.
   DESAFIO: ______________________________

8. Se os outros não aprovam meus sentimentos, eu obviamente não devo me sentir como me sinto.
   DESAFIO: ______________________________

9. As pessoas são os melhores juízes de como me sinto.
   DESAFIO: ______________________________

10. As emoções dolorosas não são realmente importantes e devem ser ignoradas.
    DESAFIO: ______________________________

(*Continua*)

FORMULÁRIO 4.1

Mitos Emocionais (*continuação*)

Por favor, acrescente seus próprios mitos ou crenças sobre as emoções e desafie-os aqui.

11. ______________________________
DESAFIO: ______________________________

12. ______________________________
DESAFIO: ______________________________

13. ______________________________
DESAFIO: ______________________________

14. ______________________________
DESAFIO: ______________________________

15. ______________________________
DESAFIO: ______________________________

FORMULÁRIO 4.2

Fatos Básicos sobre as Emoções

- Os seres humanos nascem com a capacidade de sentir emoções básicas, inclusive raiva, alegria, interesse, surpresa, medo e nojo.
- Apesar de os humanos nascerem com prontidão biológica para sentir vergonha e culpa, essas emoções requerem maior desenvolvimento cognitivo e surgem mais tarde na vida.
- As emoções são limitadas no tempo e cedem após atingirem um pico de intensidade.
- Apesar de as emoções terem duração relativamente breve, elas podem se autoperpetuar.
- Quando uma emoção persiste durante dias, ela se torna um estado de humor. Diferentemente das emoções, os estados de humor carecem de eventos causadores claros. Os estados de humor duram dias, meses e anos. A depressão é um estado de humor, mas a tristeza é uma emoção.

FORMULÁRIO 4.3

Modelo de Descrição das Emoções

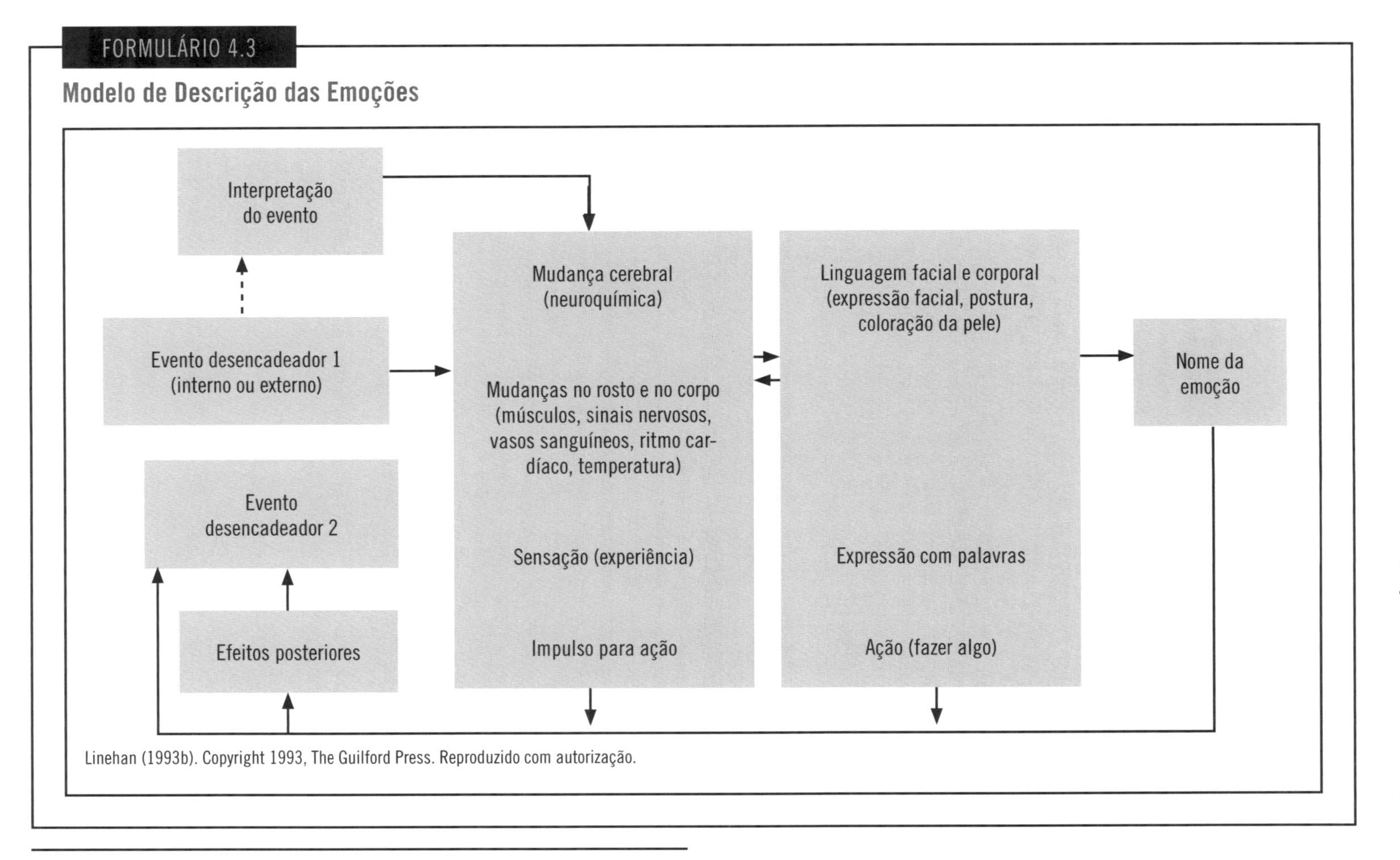

FORMULÁRIO 4.4

Quais São as Funções da Emoção?

COMUNICAR/INFLUENCIAR OS OUTROS: A expressão da emoção influencia os outros, queiramos ou não. A expressão de medo pode comunicar aos outros a presença de perigo. A expressão de tristeza pode evocar preocupação e empatia e influenciar os outros a serem afetuosos. A expressão de amor pode fazer as pessoas se aproximarem de nós. A expressão de raiva ou desaprovação pode fazer os outros mudarem o comportamento.

MOTIVAR/PREPARAR-NOS PARA AGIR: As emoções podem nos motivar e nos preparar para a ação. O medo intenso pode nos motivar a fugir do perigo ou estudar para um exame próximo, e o amor, a aproximar-nos dos outros. As emoções nos ajudam a tomar decisões, mantendo-nos informados.

COMUNICAR-SE COM O EU/AUTOVALIDAR-SE: As emoções podem oferecer informações valiosas sobre as situações e sobre as pessoas. Por exemplo, o medo pode indicar que a situação é perigosa; a desconfiança pode indicar que uma pessoa é traiçoeira. Apesar de as emoções fornecerem informações valiosas, não devem ser tratadas como fatos. As emoções podem se autovalidar: sentimos raiva porque temos uma boa razão para isso, ou sentimos tristeza porque algo que nos era valioso foi perdido.

FORMULÁRIO 4.5

Observação e Descrição das Emoções

Selecione uma reação emocional atual ou recente e preencha o que puder desta folha. Se experimentou mais de uma emoção, preencha este formulário para cada uma.

NOMES DAS EMOÇÕES: ______________________________

INTENSIDADE (0-100) ______________________________

EVENTO DESENCADEADOR de minha emoção: (quem, o quê, quando, onde).
O que desencadeou a emoção?

INTERPRETAÇÕES (crenças, pressuposições, avaliações) da situação?

MUDANÇAS CORPORAIS e **SENSAÇÕES:** O que sinto em meu corpo?

LINGUAGEM CORPORAL: Qual é minha expressão facial? Minha postura? Meus gestos?

(*Continua*)

FORMULÁRIO 4.5

Observação e Descrição das Emoções (*continuação*)

IMPULSOS DE AÇÃO: O que sinto vontade de fazer? O que quero dizer?

O que **EU DISSE OU FIZ** na situação: (Seja específico.)

Que **EFEITOS POSTERIORES** a emoção tem sobre mim (meu estado mental, outras emoções, comportamento, pensamentos, memória, corpo, etc.)?

Função da Emoção

____

____

____

FORMULÁRIO 4.6

Prática da Postura de Não Julgamento das Emoções

Diretrizes: Use este formulário para monitorar os julgamentos que tem sobre as emoções e como esses julgamentos afetam-no emocionalmente. Veja o exemplo a seguir.

Emoção que você julgou	Julgamentos	Consequências do julgamento
Tristeza.	Isso é fraqueza. Sou um fracassado por me sentir assim.	Raiva, vergonha.

Regulação emocional em psicoterapia: um guia para o terapeuta cognitivo-comportamental, de Robert L. Leahy, Dennis Tirch e Lisa Napolitano.

FORMULÁRIO 4.7

Experiência da Emoção como uma Onda

Diretrizes: As instruções a seguir são para que você possa experimentar sua emoção como uma onda. A emoção atinge o pico de intensidade e então retrocede.

- Experimente a emoção como uma onda.
- Tome distância; perceba-a, simplesmente.
- Permita que a emoção aumente, sabendo que ela decairá.
- Não tente lutar contra ela ou bloqueá-la.
- Não tente se agarrar a ela.
- Inspire a emoção.
- Abandone a luta.
- Relaxe.
- Surfe sobre a onda.

FORMULÁRIO 4.8

Registro de Indução de Emoções

Diretrizes: Use este formulário para registrar sua experiência de indução de emoções, respondendo às seguintes perguntas.

O que foi usado para induzir a emoção? ____________________

____

Que emoção você experimentou? ____________________

____

Intensidade da emoção quando a experimentou, inicialmente (0-100%): ____________________

Pico de intensidade da emoção (0-100): ____________________

Tempo até atingir o pico de intensidade: ____________________

____

Tempo até atingir a linha de base: ____________________

____

O que aprendi com esta indução de emoção: ____________________

____

____

____

____

____

____

____

____

____

____

____

Regulação emocional em psicoterapia: um guia para o terapeuta cognitivo-comportamental, de Robert L. Leahy, Dennis Tirch e Lisa Napolitano.

FORMULÁRIO 4.9

Registro de Experimentos

Diretrizes: Use este formulário para ajudá-lo a planejar um experimento para testar suas crenças sobre emoções. Registre suas respostas nos espaços fornecidos.

Qual é a crença que você está testando? ____________________

____

Quanto você acredita nela (0-100%)? ____________________

Como a crença será testada? ____________________

____

____

O que você prevê que acontecerá? ____________________

____

____

O quão confiante você está na previsão (0-100%)? ____________________

Qual foi o resultado real do experimento? ____________________

____

____

Reavalie a força da crença (0-100%): ____________________

FORMULÁRIO 4.10

Ação Oposta

Diretrizes: A ação oposta é uma técnica que você pode usar quando quiser modificar a emoção ou diminuir sua intensidade. Ela é mais eficaz quando a emoção não se justifica. Para usar efetivamente esta técnica, é importante primeiro identificar como a emoção que está sentindo o afeta. Além de agir de maneira oposta ao impulso de ação da emoção, você também altera a forma como ela afeta seu corpo, seus pensamentos, sua expressão facial, sua postura corporal, o que faz e o que diz. Por favor, avalie a intensidade emocional antes e depois de usar a ação oposta.

Nome da emoção: ________________ **Intensidade antes e depois (0-100%):** ______

Como esta emoção me afeta fisicamente (respiração, tensão muscular, etc.)?

Qual é meu impulso de ação?

Como a emoção afeta minha expressão facial, minha postura corporal, meu pensamento e meu comportamento?

À luz das informações acima, isto é o que farei para usar a ação oposta:

O uso da ação oposta foi efetivo?

FORMULÁRIO 5.1

Registro Diário da Prática da Atenção Plena

Diretrizes: Use este formulário diariamente para registrar sua prática de exercícios baseados na atenção plena. Lembre-se de registrar, cada vez que praticar, se você usou um arquivo de áudio com meditação guiada e a duração da prática. Além disso, registre se praticou durante o dia ou à noite. Anote as observações ou perguntas que tenham surgido durante a prática. Você pode discutir essas observações com seu terapeuta durante o próximo encontro.

Data	Prática diária	Observações, comentários e perguntas
Segunda-feira Data: ________	Você praticou? (sim ou não) Você usou um guia de áudio? (sim ou não)	
Terça-feira Data: ________	Você praticou? (sim ou não) Você usou um guia de áudio? (sim ou não)	
Quarta-feira Data: ________	Você praticou? (sim ou não) Você usou um guia de áudio? (sim ou não)	
Quinta-feira Data: ________	Você praticou? (sim ou não) Você usou um guia de áudio? (sim ou não)	
Sexta-feira Data: ________	Você praticou? (sim ou não) Você usou um guia de áudio? (sim ou não)	
Sábado Data: ________	Você praticou? (sim ou não) Você usou um guia de áudio? (sim ou não)	
Domingo Data: ________	Você praticou? (sim ou não) Você usou um guia de áudio? (sim ou não)	

FORMULÁRIO 6.1

Diário da Disposição

Diretrizes: Diariamente, avalie sua experiência nas três dimensões, usando uma escala de 1 a 10, sendo 10 a mais intensa. A primeira dimensão é o seu grau de disposição ao longo do dia. A segunda é a quantidade de sofrimento ao se engajar deliberadamente em comportamentos que valoriza. A terceira e última dimensão é o grau de envolvimento que experimenta durante o dia.

Dia	Segunda	Terça	Quarta	Quinta	Sexta	Sábado	Domingo
Disposição	0-10 _____	0-10 _____	0-10 _____	0-10 _____	0-10 _____	0-10 _____	0-10 _____
Observações							
Sofrimento	0-10 _____	0-10 _____	0-10 _____	0-10 _____	0-10 _____	0-10 _____	0-10 _____
Observações							
Envolvimento	0-10 _____	0-10 _____	0-10 _____	0-10 _____	0-10 _____	0-10 _____	0-10 _____
Observações							

FORMULÁRIO 6.2

Práticas de Desfusão na Vida Diária

Diretrizes: As técnicas a seguir são amostras de métodos diferentes que você pode usar para ajudá-lo a ver os pensamentos e sentimentos pelo que são, e não pelo que *eles parecem ser*. Durante esta semana, use ao menos uma das técnicas de desfusão para cada dia. À medida que a semana for passando, anote as observações que surjam sobre a experiência, tomando distância de seus pensamentos e vendo-os de novas maneiras. Você pode empregar estas técnicas quando se sentir preso em seus pensamentos, quando estiver perdido em ruminações sobre o passado ou consumido por preocupações com o futuro ou quando perceber que está preso no hábito de fazer avaliações e julgamentos sobre si mesmo e os outros.

1. **Rompa a identificação com os pensamentos**

Seu pé é uma parte de você, mas não é você todo. Quando tem um sonho, o sonho se desdobra em sua mente, mas ele não é "você". Da mesma forma, nossas mentes pensantes e verbais são uma parte do que somos, mas não são tudo o que somos. Para este exercício, aja como se sua mente fosse algo externo a você. Para esse propósito, vamos pensar em nossa mente como algo ou alguém separado de nós mesmos. Por exemplo, "minha mente está me dizendo que preciso ficar em casa hoje" ou "ah! minha mente está usando o velho padrão familiar de arrependimento de meu último fim de relacionamento!".

2. **Agradeça à mente**

Dê-se um momento para reconhecer que os seres humanos evoluíram até possuir uma máquina fascinante e poderosa de resolver problemas, a qual nós chamamos mente. Essa máquina de resolver problemas foi desenvolvida pela evolução para estar "sempre ligada", constantemente buscando possíveis ameaças e dificuldades. Ela também foi projetada para ter um modo de operação que diz "melhor prevenir do que remediar", de modo que interpreta até os eventos dúbios do ambiente como possivelmente negativos. Nós carregamos na mente os comentários sobre possíveis ameaças e problemas.

Quando a mente o prende em preocupação e ruminação, ela de fato está simplesmente fazendo seu trabalho. Então, da próxima vez que perceber na mente pensamentos negativos, tome distância dos pensamentos, reconheça-os como um fluxo de eventos mentais e agradeça a sua mente por fazer esse trabalho. Por exemplo: "Obrigado, minha mente, por tentar me alertar sobre os perigos de rejeição durante o jantar. Minha escolha é ir mesmo assim, mas sei que você só está fazendo seu trabalho. Obrigado."

3. **Leve as chaves com você**

Pegue o seu molho de chaves e combine cada pensamento e sentimento desafiador a uma das chaves. Ao longo do dia, reconheça que está carregando esses eventos mentais por vezes problemáticos, assim como está carregando as chaves. Você precisa carregá-las para poder funcionar durante o dia, exatamente como precisa carregar os pensamentos. Perceba os pensamentos e sua habilidade de carregá-los, sempre que notar as chaves.

As técnicas deste formulário são adaptadas de várias fontes da terapia de aceitação e compromisso (como Hayes, 2005; Hayes, Strosahl e Wilson, 1999) e podem também ser encontradas em *www.contextualpsychology.org*.

FORMULÁRIO 6.3

Os Monstros no Ônibus

Vamos imaginar que você se encontra no papel de um motorista de ônibus. Você tem seu uniforme, o painel brilhando, o assento confortável e um ônibus poderoso sob seu comando. Este ônibus que você está dirigindo é muito importante. Ele representa a sua vida. Todas as suas experiências, todos os desafios e pontos fortes, trouxeram-no a esse papel, como motorista do ônibus que é sua vida. Você escolheu uma destinação para esse ônibus. É um destino pelo qual você optou. O destino representa as metas que você valoriza e que deseja alcançar na vida. Chegar a esse destino é profundamente significativo para você. É importante chegar lá. Cada centímetro da viagem em direção ao objetivo valorizado significa que você, de fato, tem levado a vida na direção que considera correta neste momento. Enquanto dirige, é necessário que mantenha o curso e siga o caminho correto para a meta que valoriza.

Como qualquer motorista de ônibus, você é obrigado a parar no caminho e pegar passageiros. O problema com esta viagem específica é que alguns dos passageiros são verdadeiramente difíceis de lidar. Eles são, na verdade, monstros. Cada um representa um pensamento ou sentimento difícil que você teve de enfrentar durante a vida. Um dos monstros pode ser a autocrítica; outros são os sentimentos de pânico e terror; há, ainda, aqueles que representam as preocupações agitadas em relação ao que virá. O que quer que tenha lhe causado problemas ou o tenha distraído das ricas possibilidades da vida está subindo no ônibus na forma de um monstro.

Os monstros são desordeiros e rudes. Enquanto você dirige, eles gritam insultos para você e cospem. Você consegue ouvir seus gritos enquanto dirige: "Fracassado!", gritam eles. "Por que não desiste? Você não tem jeito!", ouve-se pelo ônibus. Um até grita: "Pare o ônibus! Isso nunca vai dar certo!". Você pensa em parar o ônibus para ralhar e disciplinar os monstros, mas se o fizer, você não mais estará na direção que importa para você. Talvez deva parar no acostamento e atirar os monstros para fora do ônibus. Novamente, isso significaria ter de parar de andar em direção a seus valores. Talvez, se virar à esquerda e tentar uma rota diferente, os monstros se acalmem. Porém, isso também é um desvio de viver a vida de modo que consiga concretizar seus objetivos valorizados e livremente escolhidos.

De repente, você percebe que, enquanto se ocupava elaborando estratégias e argumentos para lidar com os insistentes monstros no ônibus, passou de algumas esquinas onde deveria virar e perdeu algum tempo na viagem. Você agora entende que, para chegar aonde deseja e continuar se movendo na direção que escolheu na vida, precisa continuar dirigindo e deixar que os monstros continuem com as vaias, provocações e reclamações todo o tempo. Você pode optar por levar sua vida na direção correta, enquanto simplesmente abre espaço para todo o barulho que os monstros produzem. Você não pode expulsá-los nem fazê-los parar, mas pode fazer a escolha de continuar vivendo a vida de um modo significativo e compensador para você, continuar dirigindo o ônibus, mesmo com os monstros reclamando no caminho.

FORMULÁRIO 6.4

Registro de "Como Parar a Guerra"

Diretrizes: Use este formulário diariamente para registrar a prática do exercício "Como parar a guerra". Lembre-se de registrar cada vez que praticar. Registre as observações ou perguntas que surgirem durante a prática. Você pode discutir essas observações com seu terapeuta no próximo encontro.

Data	Prática diária	Observações, comentários e perguntas
Segunda-feira Data: ________	Você praticou? (sim ou não)	
Terça-feira Data: ________	Você praticou? (sim ou não)	
Quarta-feira Data: ________	Você praticou? (sim ou não)	
Quinta-feira Data: ________	Você praticou? (sim ou não)	
Sexta-feira Data: ________	Você praticou? (sim ou não)	
Sábado Data: ________	Você praticou? (sim ou não)	
Domingo Data: ________	Você praticou? (sim ou não)	

FORMULÁRIO 7.1

Perguntas a Serem Feitas Após Completar sua Primeira Semana Praticando o Exercício da Gentileza Amorosa

Diretrizes: Preencha este formulário e responda às questões a seguir após ter praticado o exercício de gentileza amorosa por uma semana. Seria bom preenchê-lo, da melhor forma possível, antes de encontrar seu terapeuta e trazê-lo para a sessão, a fim de trazer informações sobre sua discussão do treinamento da mente compassiva. Não importa quanto tenha praticado; responda às perguntas a seguir, pois elas podem trazer novas perspectivas e *insights* ao seu trabalho com as emoções.

1. Quantos dias na semana passada você praticou o exercício?

2. Durante quanto tempo você esteve sentado praticando o exercício?

3. Você usou um guia de áudio ou praticou de memória?

4. O que você notou em relação a seus pensamentos, sentimentos e sensações físicas enquanto praticava o exercício?

5. De que maneira isso foi diferente de sua forma típica de ser, pensar e sentir?

(*Continua*)

FORMULÁRIO 7.1

Perguntas a Serem Feitas Após Completar sua Primeira Semana Praticando o Exercício da Gentileza Amorosa (*continuação*)

6. Como esta prática pode estar relacionada com os problemas e emoções que você enfrenta atualmente e como ela pode ajudá-lo a lidar com eles?

7. Houve quaisquer obstáculos ou dificuldades enquanto praticava o exercício?

8. Como você poder trazer alguma gentileza amorosa para suas interações com os outros?

9. Como você pode trazer gentileza amorosa a sua relação consigo mesmo?

FORMULÁRIO 7.2

Perguntas a Serem Feitas Após Completar sua Primeira Semana de Imagens Mentais do Eu Compassivo

Diretrizes: Preencha este formulário e responda as seguintes perguntas após ter praticado o exercício do eu compassivo por uma semana. Seria bom preenchê-lo, da melhor forma possível, antes de encontrar seu terapeuta e trazê-lo para a sessão, a fim de completar com informações a discussão do treinamento da mente compassiva. Não importa quanto tenha praticado; responda às perguntas a seguir, pois elas podem trazer novas perspectivas e *insights* a seu trabalho com as emoções.

1. Em quantos dias na semana passada você praticou o exercício?

2. Quando você o praticou?

3. Você imaginou seu eu compassivo durante a meditação, enquanto desempenhava suas atividades diárias ou ambos?

4. O que você percebeu sobre seus pensamentos, sentimentos e sensações físicas enquanto praticava o exercício?

(*Continua*)

Regulação emocional em psicoterapia: um guia para o terapeuta cognitivo-comportamental, de Robert L. Leahy, Dennis Tirch e Lisa Napolitano.

FORMULÁRIO 7.2

Perguntas a Serem Feitas Após Completar sua Primeira Semana de Imagens Mentais do Eu Compassivo (*continuação*)

5. De que forma (se houve alguma) o ato de ver o mundo a partir da perspectiva do eu compassivo o afetou?

6. Se você decidiu compartilhar estas informações, como suas expressões ou linguagem corporal mudaram enquanto imaginava seu eu compassivo?

7. Novamente, se você decidir responder a esta pergunta, quais são as qualidades e os atributos que imagina em seu eu compassivo?

8. Houve obstáculos ou dificuldades enquanto fazia o exercício?

9. Como você pode usar essa imagem do eu compassivo para ajudá-lo no futuro?

FORMULÁRIO 7.3

Redação de Carta Autocompassiva

Este exercício consiste em você escrever uma carta a si mesmo a partir da perspectiva de uma pessoa muito compassiva, sábia e incondicionalmente receptiva. Caso se sinta confortável, você pode se imaginar como uma presença amorosa e gentil. Essa voz interior é a expressão de suas gentileza amorosa inata e sabedoria intuitiva.

Para se preparar, separe algum tempo para poder dedicar-se a este exercício, sem pressa. Encontre um espaço que pareça reservado e seguro. Traga lápis e papel com você e assegure-se de ter uma superfície sobre a qual possa escrever.

Ao começar, tome um minuto ou dois para se conscientizar atentamente do fluxo da respiração. Sinta os pés no chão. Suavemente, deixe que suas costas se endireitem e sinta-se enraizado à terra. Tanto quanto possível, abandone julgamentos, análises e mesmo descrições, e traga simplesmente a atenção ao fluxo respiratório entrando e saindo do corpo.

Após alguns minutos de respiração consciente, deixe que sua atenção repouse no fluxo dos pensamentos enquanto inspira. Retirando a atenção da respiração, traga a situação atual à mente. Que conflitos, problemas ou críticas a si mesmo vêm a sua mente? O que sua mente está começando a lhe dizer? Que emoções surgem em você?

Ao expirar, deixe esses pensamentos e sentimentos. Na próxima inspiração, dirija a atenção para uma imagem de si mesmo como um ser compassivo e sábio. Em sua mente compassiva, você possui sabedoria e força emocional. Você é alguém incondicionalmente receptivo em relação a tudo o que é, neste momento, em completa ausência de condenação. Seu eu compassivo irradia cordialidade emocional. Por um momento, reconheça a calma e sabedoria que possui. Dê-se um momento para sentir as sensações que acompanham o surgimento de uma mente compassiva. Reconheça a força e a qualidade de cura de uma vasta e profunda gentileza. Reconheça que a gentileza amorosa, essa poderosa compaixão, existe dentro de você como abundante reservatório de força.

Ao começar, lembre-se do simples ato de autovalidação. Há muitas boas razões para o desconforto pelo qual você está passando atualmente. Seu cérebro e sua mente evoluíram e emergiram ao longo de milhões de anos do desenvolvimento da vida neste planeta. Você não foi projetado para lidar com as pressões e complexidades particulares de nosso meio social atual. Seu histórico de aprendizado trouxe fortes desafios e situações que lhe causaram dor. Você pode se abrir a uma compreensão compassiva de que sua luta é uma parte natural da vida e que não é sua culpa?

Nos próximos minutos, redija uma carta compassiva que dê voz a seu eu compassivo. Permita-se elaborar uma carta que preencha o espaço a seguir. Da próxima vez que se encontrar com seu terapeuta, caso esteja disposto, traga-a para a sessão. Juntos, você e ele podem ler e refletir sobre as palavras e os sentimentos que você se permitiu expressar aqui.

(*Continua*)

Regulação emocional em psicoterapia: um guia para o terapeuta cognitivo-comportamental, de Robert L. Leahy, Dennis Tirch e Lisa Napolitano.

FORMULÁRIO 7.3

Redação de Carta Autocompassiva (*continuação*)

MINHA CARTA AUTOCOMPASSIVA:

FORMULÁRIO 8.1

Perguntas a Serem Feitas para Incrementar a Consciência Emocional

1. O que exatamente aconteceu que ativou sua resposta emocional?

2. Usando os cinco sentidos, o que você consegue perceber no ambiente em torno de você?

3. Voltando a consciência para o seu interior, que sensações físicas você percebe no corpo, neste momento?

4. Em que lugar do corpo você experimenta as sensações relacionadas à emoção neste momento?

5. Se tivesse de rotular ou nomear um sentimento, sua emoção, qual seria?

6. Que pensamentos passam por sua cabeça que estejam associados a essa emoção?

(*Continua*)

Regulação emocional em psicoterapia: um guia para o terapeuta cognitivo-comportamental, de Robert L. Leahy, Dennis Tirch e Lisa Napolitano.

FORMULÁRIO 8.1

Perguntas a Serem Feitas para Incrementar a Consciência Emocional (*continuação*)

7. Que necessidades ou desejos você associa a esse estado emocional?

8. Que impulsos de ação chegam com essa emoção?

9. Trata-se de uma emoção claramente definida ou você está tendo uma mistura de emoções? Caso afirmativo, que nomes você dá a elas?

10. Sua emoção parece uma resposta direta a algo em seu ambiente ou histórico (uma "emoção primária") ou é uma resposta a outra emoção (uma "emoção secundária")? Se for uma emoção sobre outra emoção, qual é a emoção primária à qual você está reagindo?

11. Esse sentimento parece ser uma emoção da qual você quer se aproximar ou se afastar?

12. Como você pode abrir espaço para essa emoção e cuidar melhor de si mesmo neste momento?

FORMULÁRIO 8.2

Registro de Pensamentos Emocionalmente Inteligentes (Versão Longa)

Diretrizes: Ao longo da próxima semana, use esta série de perguntas para ajudá-lo a praticar o aumento da consciência sobre seus pensamentos, emoções, sensações físicas e reações possíveis. Você pode usar esta folha quando perceber que algo está afetando a forma como se sente durante períodos de estresse ou mesmo quando, de repente, perceber que suas emoções mudaram negativamente. Você pode usar esta folha em tempo real para sintonizar o que está acontecendo no momento. Às vezes, contudo, não é possível. Isso não é um problema. Você ainda pode usar esta folha após algum tempo, para analisar as lembranças de um evento e fazer a si mesmo estas perguntas, como se as coisas estivessem acontecendo no momento. Ao usar este registro, esteja ciente, tanto quanto possível, da "simples atenção" focada no presente, como você vem treinando por meio da consciência com atenção plena. Se perguntas ou observações surgirem durante a prática, anote-as, para poder compartilhá-las com seu terapeuta no próximo encontro.

1. **Situação**
   O que está acontecendo em torno de você, no ambiente, agora? Onde você está?
   Quem está com você? O que você está fazendo? O que está percebendo no ambiente que o afeta?

(*Continua*)

Regulação emocional em psicoterapia: um guia para o terapeuta cognitivo-comportamental, de Robert L. Leahy, Dennis Tirch e Lisa Napolitano.

FORMULÁRIO 8.2

Registro de Pensamentos Emocionalmente Inteligentes (Versão Longa) (*continuação*)

2. Sensações físicas

Às vezes, nossa resposta a algo do ambiente pode ser sentida no corpo, como um "frio na barriga", por exemplo. Trazer a atenção, da melhor forma que pudermos, para as sensações pode ser útil. Desenvolver consciência e sensibilidade a essas experiências pode demandar prática; então, se não perceber nada de especial, permita-se simplesmente ter a experiência, enquanto consegue um momento para que sua atenção tenha tempo de observar o que quer que esteja presente. Nesta situação, que sensações físicas você está notando em seu corpo? Em que lugar do corpo você nota as sensações? Quais são as qualidades dessas sensações?

3. Emoções

Dar nome às emoções usando "palavras emocionais" pode ser útil. Dando-se um momento para de fato abrir espaço para essa experiência emocional, que palavra (emocional) descreve melhor o que está sentindo neste momento? O quão intensamente você diria que está sentindo essa emoção? Se tivesse de avaliá-la em uma escala de 0 a 100, sendo 100 o sentimento mais intenso possível e 0 sua total ausência, quanto seria?

(*Continua*)

FORMULÁRIO 8.2

Registro de Pensamentos Emocionalmente Inteligentes (Versão Longa) (*continuação*)

4. **Pensamentos**
   Que pensamentos estão passando por sua mente nesta situação? Pergunte a si mesmo: "O que está passando por minha cabeça agora? O que minha mente está me dizendo?". O que está surgindo em sua cabeça nesta situação? O que esta situação diz sobre você? O que ela sugere sobre seu futuro? Da melhor forma possível, perceba o fluxo de pensamentos que se desdobram em sua mente nesta situação. Que pensamentos estão chegando?

5. **"Aprendendo a ficar"**
   Nós, humanos, aprendemos a tentar nos livrar ou afastar coisas que pareçam ameaçadoras ou desagradáveis. Isso faz muito sentido quando você pensa a respeito. Como você e seu terapeuta discutiram, as tentativas de suprimir ou eliminar pensamentos e sentimentos que trazem sofrimento, às vezes, tornam estes muito mais fortes. Então, por um momento, aproveite esta oportunidade para aprender a ficar com sua experiência, simplesmente como ela é. Seguindo o fluxo da respiração neste momento, tanto quanto puder, abra espaço para o que vier a surgir em sua mente. No espaço a seguir, escreva as observações que tiver sobre o simples ato de suavemente abrir espaço para sua experiência, momento a momento.

(*Continua*)

FORMULÁRIO 8.2

Registro de Pensamentos Emocionalmente Inteligentes (Versão Longa) (*continuação*)

6. Resposta "interior"

Agora que percebeu e se deixou vivenciar mais plenamente as sensações, as emoções e os pensamentos que apareceram nesta situação, como você pode reagir melhor neste momento? Adotando uma atitude consciente e "emocionalmente inteligente", você pode reconhecer que os pensamentos e sentimentos são eventos mentais, e não a realidade em si. Trabalhando com seu terapeuta, você pode aprender muitas formas de responder a pensamentos e sentimentos que trazem sofrimento. Eis algumas perguntas a serem feitas a fim de praticar esta semana:

- "Quais os custos e benefícios de acreditar nestes pensamentos?"
- "Como poderia agir, se realmente acreditasse nisso?"
- "Como poderia agir, se não acreditasse nisso?"
- "O que eu poderia dizer a um amigo que estivesse passando pela mesma situação?"
- "Que necessidades estão envolvidas neste evento e como posso cuidar melhor de mim agora?"
- "Eu posso observar conscientemente estes eventos em minha mente, escolher um plano de ação e agir de modo que sirva a meus propósitos?"

No espaço a seguir, escreva suas respostas e observações.

(*Continua*)

FORMULÁRIO 8.2

Registro de Pensamentos Emocionalmente Inteligentes (Versão Longa) (*continuação*)

7. **Resposta "exterior"**
   Faça a si mesmo as seguintes perguntas:

   - "Como posso perseguir melhor meus próprios objetivos e valores nesta situação?"
   - "Há um problema aqui que eu precise resolver para viver minha vida de forma significativa e com valor?"
   - "Como posso interagir com os outros nesta situação de forma efetiva e condizente com minhas metas e meus valores?"
   - "Esta situação exige uma resposta comportamental? Alguma atitude precisa ser tomada?"
   - "Não fazer nada é uma opção?"
   - "Como posso cuidar melhor de mim mesmo nesta situação?"

   No espaço abaixo, registre as respostas ou observações que envolvam formas pelas quais você possa usar esta situação como um passo em uma vida que pareça compensadora e sintonizada com seus valores pessoais.

FORMULÁRIO 8.3

Registro de Pensamentos Emocionalmente Inteligentes (Versão Curta)

1. **Situação**
   O que está acontecendo ao seu redor, no ambiente, agora? Onde você está? Quem está com você? O que você está fazendo?

2. **Sensações físicas**
   Nesta situação, que sensações físicas você percebe? Em que lugar do corpo você tem essas sensações?

(*Continua*)

Regulação emocional em psicoterapia: um guia para o terapeuta cognitivo-comportamental, de Robert L. Leahy, Dennis Tirch e Lisa Napolitano.

FORMULÁRIO 8.3

Registro de Pensamentos Emocionalmente Inteligentes (Versão Curta) (*continuação*)

3. **Emoções**
   Usando uma palavra, descreva e "dê um nome" à emoção que está sentindo neste momento. O quão intensamente você diria que está sentindo a emoção, em uma escala de 0 a 100?

4. **Pensamentos**
   Que pensamentos estão passando pela sua mente nesta situação?

5. **"Aprendendo a ficar"**
   Por um momento, aproveite esta oportunidade para aprender a permanecer com sua experiência, simplesmente como ela é. Acompanhe o fluxo de sua respiração. No espaço a seguir, escreva as observações sobre isso.

(*Continua*)

FORMULÁRIO 8.3

Registro de Pensamentos Emocionalmente Inteligentes (Versão Curta) (*continuação*)

6. **Resposta "interior"**
   Como você pode reagir melhor aos pensamentos e emoções neste momento?
   Qual seria a resposta autocompassiva, racional e equilibrada?

7. **Resposta "exterior"**
   Nesta situação, há alguma atitude no mundo externo que você precise tomar para perseguir as metas que valoriza? Caso afirmativo, quais são essas atitudes?

FORMULÁRIO 9.1

Distinção entre Pensamentos e Sentimentos

Diretrizes: Quando está se sentindo chateado, você provavelmente tem pensamentos incômodos. Digamos que esteja se sentindo triste. Você pode estar pensando: "Isto nunca vai melhorar". Ou, digamos, que se sinta com raiva. Seu pensamento pode ser: "Ele está me desrespeitando". Na coluna da esquerda, descreva a situação (o que aconteceu); na coluna do centro, descreva os sentimentos (p. ex., tristeza, raiva, ansiedade); e, na coluna da direita, descreva seus pensamentos.

Situação	Sentimentos	Pensamentos
Descreva o que aconteceu, o que levou a isso, qual era o contexto.	Identifique seus sentimentos ou emoções (p. ex., triste, desamparado, ansioso, com medo, anestesiado, desesperançado, com raiva, com ciúme, vazio, feliz, aliviado, curioso).	O que você estava pensando?

Regulação emocional em psicoterapia: um guia para o terapeuta cognitivo-comportamental, de Robert L. Leahy, Dennis Tirch e Lisa Napolitano.

FORMULÁRIO 9.2

Categorias de Pensamentos Automáticos

1. **Leitura mental:** Você presume saber o que as pessoas pensam sem ter evidências suficientes de seus pensamentos. "Ele acha que sou um fracassado."
2. **Previsão de futuro:** Você prevê o futuro negativamente – as coisas vão piorar, ou há perigo à frente. "Vou ser reprovado no exame" ou "Não vou conseguir o emprego".
3. **Catastrofização:** Você acredita que o que aconteceu ou vai acontecer será tão terrível e insuportável que não conseguirá tolerar. "Seria terrível se eu fracassasse."
4. **Rotulação:** Você atribui características gerais negativas a si mesmo ou aos outros. "Sou indesejável" ou "Ele não presta".
5. **Desqualificação dos aspectos positivos:** Você afirma que as coisas positivas que você ou os outros fazem são triviais. "É isso que as esposas devem fazer – então, não conta que ela seja boa comigo" ou "Aqueles sucessos foram fáceis, então, não contam".
6. **Filtro negativo:** Você se concentra quase exclusivamente nos pontos negativos e quase nunca percebe os positivos. "Veja todas as pessoas que não gostam de mim."
7. **Supergeneralização:** Você percebe um padrão global negativo com base em um único incidente. "Isto geralmente acontece comigo. Parece que eu fracasso em muitas coisas."
8. **Pensamento dicotômico:** Você vê os eventos ou as pessoas em termos de tudo-ou-nada. "Sou rejeitado por todos" ou "Foi uma total perda de tempo".
9. **Pensamentos do tipo "deveria":** Você interpreta os eventos em termos de como as coisas deveriam ser, em lugar de simplesmente focar em como são. "Eu deveria me sair bem. Caso contrário, sou um fracasso."
10. **Personalização:** Você atribui uma quantidade desproporcional de culpa a si mesmo pelos eventos negativos e não vê que certos eventos são também causados pelos outros. "O casamento acabou porque eu fracassei."
11. **Culpabilização:** Você focaliza a outra pessoa como a *fonte* de seus sentimentos negativos e se recusa a assumir a responsabilidade por mudar a si mesmo. "Ela é culpada pela forma como me sinto agora" ou "Meus pais causaram todos os meus problemas".
12. **Comparações injustas:** Você interpreta os eventos em termos de padrões irrealistas – por exemplo, você foca primeiramente aquelas pessoas que são melhores que você e se considera comparativamente inferior. "Ela é mais bem-sucedida que eu" ou "Os outros se saíram melhor que eu no teste".
13. **Orientação para o arrependimento:** Você foca a ideia de que poderia ter feito melhor no passado, em vez de focar o que pode fazer melhor agora. "Eu poderia ter conseguido um emprego melhor se tivesse tentado" ou "Não deveria ter dito isso".
14. **E se?:** Você fica fazendo uma série de perguntas sobre "e se" algo acontecer e não se satisfaz com nenhuma das respostas. "Sim, mas e se eu ficar ansioso?" ou "E se não conseguir recuperar o fôlego?".
15. **Raciocínio emocional:** Você deixa os sentimentos guiarem sua interpretação da realidade. "Sinto-me deprimido; portanto, meu casamento não está dando certo."

(*Continua*)

Regulação emocional em psicoterapia: um guia para o terapeuta cognitivo-comportamental, de Robert L. Leahy, Dennis Tirch e Lisa Napolitano.

FORMULÁRIO 9.2

Categorias de Pensamentos Automáticos (*continuação*)

16. **Inabilidade para refutar:** Você rejeita as evidências ou os argumentos que possam contradizer seus pensamentos negativos. Por exemplo, quando tem o pensamento "Não sou digno de amor", você rejeita como *irrelevantes* as evidências de que as pessoas gostam de você. Consequentemente, seu pensamento não pode ser refutado. "Essa não é a questão. Há problemas mais graves. Há outros fatores."
17. **Foco no julgamento:** Você vê a si mesmo, os outros e os eventos em termos de avaliações como bom-mau ou superior-inferior, em lugar de simplesmente descrever, aceitar ou entender. Você continuamente mede a si mesmo e aos outros de acordo com padrões arbitrários, considerando a si mesmo e aos outros como inadequados. Você focaliza os julgamentos dos outros e também os seus próprios julgamentos de si mesmo. "Não me saí bem na faculdade", "Se for jogar tênis, não vou me sair bem" ou "Veja como ela é bem-sucedida e eu não sou".

FORMULÁRIO 9.3

Formulário de Pensamentos em 4 Colunas

Diretrizes: Cada um de nós tem um estilo particular de pensar. Neste formulário, por favor, anote a situação (p. ex., sentado em casa sozinho, falando com alguém, fazendo seu trabalho) associada a um sentimento negativo (p. ex., tristeza, raiva, ansiedade). Então, anote pensamentos específicos associados a esse sentimento nessa situação. Usando os *checklist* de categorias de pensamentos automáticos, anote a categoria específica de seu pensamento negativo. Após preencher este formulário por alguns dias, faça uma lista das tendências mais comuns do seu pensamento e como isso pode afetar a forma como se sente.

Situação	Sentimento	Pensamento automático	Categoria de pensamento

Regulação emocional em psicoterapia: um guia para o terapeuta cognitivo-comportamental, de Robert L. Leahy, Dennis Tirch e Lisa Napolitano.

FORMULÁRIO 9.4

Exame das Vantagens e Desvantagens dos Pensamentos

Pensamento negativo	Vantagens	Desvantagens
Pese as vantagens e desvantagens (divida ambas por 100 pontos).	Vantagens	Desvantagens
Como minha vida mudaria, se eu acreditasse menos neste pensamento?		

Nota: A maior parte dos pensamentos negativos pode aparentar ter vantagens para você, mesmo que estes o ponham para baixo. Por exemplo, a autocrítica pode parecer ter as vantagens de motivá-lo, ser realista ou ajudá-lo a descobrir o que precisa ser mudado.

FORMULÁRIO 9.5

Exame das Evidências de um Pensamento

Diretrizes: Temos muitos pensamentos negativos que tendemos a não examinar cuidadosamente. Uma forma de testar a realidade do pensamento é examinar as evidências a favor e contra, assim como a qualidade das evidências. Por exemplo, você pode estar usando suas emoções como evidências ("Sinto-me mal; portanto, estou mal"), mas essa é a melhor qualidade de uma evidência? Você seria capaz de convencer outra pessoa com tal evidência? Como outras pessoas a veriam? Pese as evidências favoráveis e contrárias a seu pensamento por meio da divisão por 100 pontos e indique o que você concluiria após ver todas as evidências.

Pensamento negativo:

Evidências a favor do pensamento	**Qualidade da evidência (0-10)**	**Evidências contra o pensamento**	**Qualidade da evidência (0-10)**
O que você pensa sobre a qualidade das evidências a favor e contra o pensamento?			
Pese as evidências a favor e contra o pensamento (divida ambas por 100 pontos)		Custos = Benefícios =	
Conclusões			

Regulação emocional em psicoterapia: um guia para o terapeuta cognitivo-comportamental, de Robert L. Leahy, Dennis Tirch e Lisa Napolitano.

FORMULÁRIO 9.6

Formulário do Advogado de Defesa

Diretrizes: Imagine que seus pensamentos negativos sobre si mesmo, sua experiência e o futuro sejam a voz de um promotor em um julgamento. Escreva todas as "acusações" na coluna da esquerda. Agora, imagine que você seja um advogado contratado para defendê-lo contra as acusações. Você vai querer usar todas as evidências para apoiar o seu cliente (você mesmo). Você vai desafiar a validade das evidências, chamar testemunhas para defendê-lo e apresentar evidências para apoiar a si mesmo. Escreva a sua defesa contra essas acusações.

As "acusações do promotor"	Sua defesa

FORMULÁRIO 9.7

O que o Júri Pensaria?

Diretrizes: Imagine que você tomasse um de seus pensamentos negativos e o colocasse em julgamento. Siga as perguntas da coluna da esquerda e dê as respostas. Esse pensamento resistiria a um escrutínio?

Perguntas que o júri poderia considerar	Sua resposta
O promotor provou que o réu é culpado de coisas terríveis?	
Há problemas com as evidências apresentadas pelo promotor?	
Qual foi o argumento mais forte do promotor? O que você acha disso?	
Qual foi o argumento mais forte do advogado de defesa? O que você acha disso?	
O promotor é realmente justo? Por quê?	
O que você acha que pessoas justas pensariam se assistissem a este julgamento?	

Regulação emocional em psicoterapia: um guia para o terapeuta cognitivo-comportamental, de Robert L. Leahy, Dennis Tirch e Lisa Napolitano.

FORMULÁRIO 9.8

Conselhos que Eu Daria a Meu Melhor Amigo

Diretrizes: Você pode estar passando por um momento difícil neste momento e, então, poderia pensar nos conselhos que daria a um amigo com o mesmo problema. O que você sugeriria ou diria a seu amigo? Isso é diferente da forma como se dirige a si mesmo? Por quê?

Problema que estou tendo ou pensamentos negativos	Conselhos que daria a um amigo
Por que daria a um amigo conselhos que não dou a mim mesmo?	

Regulação emocional em psicoterapia: um guia para o terapeuta cognitivo-comportamental, de Robert L. Leahy, Dennis Tirch e Lisa Napolitano.

FORMULÁRIO 9.9

Por Que É Difícil Aceitar Bons Conselhos

Diretrizes: Frequentemente, é mais fácil dar conselhos aos outros do que a si mesmo. Ao longo de cada coluna, tente examinar por que é difícil aceitar seus próprios bons conselhos.

O bom conselho difícil de aceitar	Por que é difícil aceitar meu bom conselho	Por que devo aceitar meu bom conselho

Regulação emocional em psicoterapia: um guia para o terapeuta cognitivo-comportamental, de Robert L. Leahy, Dennis Tirch e Lisa Napolitano.

FORMULÁRIO 9.10

Colocação dos Eventos em um *Continuum*

Diretrizes: Tome o evento atual que está lhe incomodando e avalie o quão ruim ele parece ser, atribuindo o valor 0 à ausência de qualquer coisa negativa e 100 à pior coisa que poderia acontecer a alguém. Agora, pense em eventos que correspondam a cada uma das marcas de 10 pontos na escala a seguir. O que estaria em 80, 70, 40, 20, etc.? Descreva por que o evento atual é avaliado como tão intenso para você e por que os outros eventos não são tão "terríveis". É possível que você esteja vendo o que acontece agora como pior do que realmente é?

0 10 20 30 40 50 60 70 80 90 100

FORMULÁRIO 9.11

Colocação dos Eventos em Perspectiva: O que Ainda Posso Fazer

Diretrizes: Às vezes, quando coisas ruins acontecem conosco, deixamos de reconhecer que há outras coisas que podemos fazer para tornar nossas vidas agradáveis e significativas. Tome o evento atual que está lhe incomodando. O que ainda pode fazer, tanto agora como no futuro, que possa ser positivo para você? Você pode também fazer uma lista de coisas que você deixou de fazer desde que esse evento negativo ocorreu. O que essa lista mostra? Se você ainda pode fazer muitas coisas agradáveis e significativas, o evento negativo parece menos terrível para você?

Mesmo que isso tenha acontecido, ainda posso fazer as seguintes coisas, agora ou no futuro:

FORMULÁRIO 9.12

Como Superar a Urgência

Diretrizes: Frequentemente, temos dificuldade de ver coisas na perspectiva do tempo. Observe as perguntas na coluna da esquerda e dê sua melhor resposta na coluna da direita. As coisas parecem diferentes com uma perspectiva distinta da urgência ou do tempo?

Estado de humor ou pensamentos negativos atuais	Sua resposta
O que você vê como consequência do seu senso de urgência e emergência?	
É possível que você se sinta melhor quanto a essas coisas durante algumas horas ou alguns dias? Isso já aconteceu antes?	
Que coisas poderiam acontecer nas próximas horas ou nos próximos dias que poderiam fazer você se sentir melhor?	
Como você pode se distrair de seu estado de humor atual e fazer coisas mais prazerosas?	
Por que isto *não* é uma emergência real?	
Você pode se concentrar em tornar o presente melhor?	

FORMULÁRIO 10.1

Instruções para o Relaxamento Muscular Progressivo

Diretrizes: Sentado confortavelmente em uma cadeira ou deitado, pratique contrair e relaxar cada um dos principais grupos musculares listados a seguir. Ao contrair cada grupo muscular, mantenha a tensão por 4 a 8 segundos. Traga plenamente a consciência para a tensão. Então, solte a tensão naquele músculo, trazendo plenamente sua consciência para a sensação de relaxamento. Lembre-se de que o relaxamento é uma habilidade que requer prática.

Grupos musculares principais

1. Pé esquerdo
2. Pé direito
3. Panturrilha esquerda
4. Panturrilha direita
5. Quadríceps esquerdo
6. Quadríceps direito
7. Abdome
8. Glúteos
9. Mão e antebraço esquerdos
10. Mão e antebraço direitos
11. Bíceps esquerdo
12. Bíceps direito
13. Ombros
14. Tórax
15. Costas
16. Pescoço
17. Boca
18. Rosto

Regulação emocional em psicoterapia: um guia para o terapeuta cognitivo-comportamental, de Robert L. Leahy, Dennis Tirch e Lisa Napolitano.

FORMULÁRIO 10.2

Instruções para a Respiração Diafragmática

O que é?

A respiração diafragmática também é chamada de respiração abdominal. É a forma como respiramos quando estamos relaxados. Respirar desta forma quando estamos estressados ajuda-nos a ficar mais relaxados. Em contrapartida, quando estamos estressados, respiramos rapidamente e pelo tórax.

A respiração diafragmática é uma habilidade que requer prática. Recomenda-se que você desenvolva essa habilidade por meio da prática diária, quando estiver relativamente calmo. Dessa maneira, você será capaz de usar a respiração diafragmática de modo mais efetivo quando estiver angustiado.

Como pratico?

É mais fácil praticar a respiração diafragmática deitado ou sentado. Para ter certeza de que esteja respirando corretamente, você pode colocar uma mão sobre o tórax e a outra sobre o abdome.

Para começar, inspire normalmente pelo nariz. Ao inspirar, pense em mandar o ar para a barriga ou diafragma, desviando-o do tórax. Sinta o abdome expandir-se.

Expire pela boca, fazendo um som como "*shhhh*". Ao expirar, sinta o abdome ficar plano. Prolongue a expiração antes de inspirar novamente.

A sensação deve ser confortável. Não há necessidade de fazer pausas entre a inspiração e a expiração.

Continue a respirar dessa forma por pelo menos 5 minutos.

Regulação emocional em psicoterapia: um guia para o terapeuta cognitivo-comportamental, de Robert L. Leahy, Dennis Tirch e Lisa Napolitano.

FORMULÁRIO 10.3

Autotranquilização

Autotranquilizar-se consiste em usar os sentidos para tornar o sofrimento mais tolerável. Traga sua consciência para os cinco sentidos – paladar, tato, olfato, audição e visão –, a fim de atenuar a dor emocional.

Visão

Traga sua consciência para as coisas que vê, como belas pinturas, fotos de pessoas que ama, flores, a chama de uma vela, crianças brincando, animais, cenas da natureza, padrões, arquitetura e cores vibrantes; veja pássaros voando, assista a um pôr do sol, olhe para cima à noite para contemplar as estrelas, veja as pessoas dançando.

Paladar

Tome uma xícara de chá, desfrute de uma refeição especial, saboreie um chocolate ou outra coisa que você normalmente não se permita comer, deleite-se com suco de laranja fresco, mastigue um chiclete.

Som

Escute os sons da natureza, como pássaros cantando ou folhas farfalhando; ouça música relaxante; escute o som de risadas; escute crianças brincando; escute a voz de alguém que você ama.

Tato

Use seda, tecidos macios, aconchegue-se sob os cobertores de sua cama, escove seu cabelo, passe loções nas mãos, tome um banho quente.

Olfato

Acenda um incenso ou uma vela aromática, use seu perfume favorito, use sabonete e xampu aromáticos, acenda uma fogueira em um dia frio, asse uma torta e aspire o seu aroma.

FORMULÁRIO 10.4

Programação Semanal de Atividades: Previsão de Prazer e Resultado

Diretrizes: Na tabela a seguir, indique, para cada hora da semana, o que *planeja fazer* e quanto prazer (e efetividade) você *acha que experimentará* usando uma escala de P0 (nenhum prazer) a P10 (maior prazer que você pode imaginar), sendo que P5 indica uma quantidade moderada de prazer. Anote o nível de efetividade – ou sentimento de competência – e avalie sua experiência de E0 a E10. Por exemplo, se você prevê que obterá um nível 6 de prazer e um nível 4 de efetividade caso faça exercício físico às 8h na segunda-feira, então escreva "exercício, P6 e E4" na lacuna "Segunda 8:00". Em seguida, escreva o que você realmente experimentou em termos de prazer e efetividade.

Horário	Segunda	Terça	Quarta	Quinta	Sexta	Sábado	Domingo
6:00							
7:00							
8:00							
9:00							
10:00							
11:00							
12:00							
13:00							
14:00							
15:00							
16:00							
17:00							
18:00							
19:00							
20:00							
21:00							
22:00							
23:00							
0:00							
1:00-6:00							

Regulação emocional em psicoterapia: um guia para o terapeuta cognitivo-comportamental, de Robert L. Leahy, Dennis Tirch e Lisa Napolitano.

FORMULÁRIO 10.5

Lista de Prioridades

Diretrizes: É fundamental saber o que é importante e o que não é. Se você é como muitas pessoas, está desperdiçando tempo valioso com comportamentos de baixa prioridade, os quais podem incluir navegar na internet, ruminar e preocupar-se, assistir à televisão ou envolver-se em atividades que podem não ser relevantes para suas metas importantes. A primeira coisa a fazer é identificar o que é importante. Usando a seguinte tabela, liste atividades de alta, média e baixa prioridades.

Prioridade mais alta	Prioridade média	Prioridade mais baixa

FORMULÁRIO 10.6

Automonitoramento de Comportamentos Desviados das Tarefas

Diretrizes: Registre os comportamentos de baixa prioridade, fora do previsto ou de "momentos de bobeira"que não estejam em seu plano para lidar de modo mais efetivo com o tempo. Escreva onde e quando isso ocorre e quanto tempo você perde. Pergunte a si mesmo se isso faz você se sentir melhor ou pior.

Segunda	Terça	Quarta	Quinta	Sexta	Sábado	Domingo

Regulação emocional em psicoterapia: um guia para o terapeuta cognitivo-comportamental, de Robert L. Leahy, Dennis Tirch e Lisa Napolitano.

FORMULÁRIO 10.7

Planejamento

Diretrizes: Você somente conseguirá fazer as coisas se as planejar. Você pode usar a seguinte programação de atividades para organizar tarefas importantes que precise realizar – quando irá fazê-las e quanto tempo gastará para concluí-las. Também inclua algum tempo para uma atividade compensadora, de forma que tenha algo a almejar.

Segunda	Terça	Quarta	Quinta	Sexta	Sábado	Domingo

FORMULÁRIO 10.8

Antiprocrastinação

Diretrizes: Faça a si mesmo as perguntas da coluna à esquerda e preencha suas respostas na coluna da direita.

Questões a serem feitas	**Suas respostas**
Qual é a tarefa que realmente preciso fazer?	
Quais são os custos e benefícios de fazê-la?	Custos: Benefícios:
Como me sentirei após fazer isso?	
Estou exagerando o quão difícil ou desagradável isso será?	
Que recompensa posso me dar, se fizer isso?	
Programar um horário e local para realizar a tarefa.	
Qual foi o resultado real?	

FORMULÁRIO 10.9

Instruções para o Uso da Imaginação Positiva

Diretrizes: Com frequência não é possível deixar fisicamente uma situação que causa sofrimento. Com o uso de imagens mentais relaxantes e positivas, é possível escapar mentalmente da situação. Imaginando-se em uma situação relaxada e positiva, você pode experimentar um relaxamento real. Mantenha em mente que o uso da visualização para relaxar é uma habilidade. É importante praticá-lo regularmente para poder utilizá-lo de modo mais efetivo em períodos de sofrimento.

Como?

- Visualize um local seguro e relaxante. Pode ser uma praia ou montanha, bem como um local real ou no qual nunca esteve.
- Visualize-o tão detalhadamente quanto puder e incorpore tantos sentidos quantos forem possíveis.
- O que você percebe com a audição, o olfato, a visão, o tato e o paladar?
- Imagine-se relaxando nessa cena.
- Se tiver dificuldade de relaxar, diga a si mesmo: "Estou deixando a tensão passar".
- Lembre-se dos detalhes – imagens, aromas, sons.
- Você pode voltar a esse local tantas vezes quanto quiser.

Regulação emocional em psicoterapia: um guia para o terapeuta cognitivo-comportamental, de Robert L. Leahy, Dennis Tirch e Lisa Napolitano.

FORMULÁRIO 10.10

Instruções para a Técnica de Alexander (Posição Deitada)

1. Encontre um local confortável e silencioso, onde possa não ser perturbado por cerca de 20 minutos. Você vai ficar deitado em um colchonete ou cobertor durante esse tempo. Por isso, busque um espaço razoavelmente limpo no chão e que esteja em temperatura confortável. Desdobre o colchonete, criando uma área suficiente para cobrir o chão sob o seu corpo deitado de costas. Pegue três ou quatro livros e coloque-os no colchonete para apoiar sua cabeça, como um travesseiro.
2. Sente-se sobre o colchonete com as pernas estendidas à frente e a coluna suavemente ereta, equilibrada confortavelmente sobre os ísquios. Ao seguir estas instruções, deixe que seus movimentos sejam lentos e suaves, tendo consciência do fluxo da respiração entrando e saindo do seu corpo.
3. Dobre os joelhos de forma que eles fiquem apontados para o teto, repousando os pés no chão à frente.
4. Ao expirar, incline-se para a frente sobre as pernas flexionadas, sentindo o alto da cabeça enquanto elas se estendem à frente. Seus braços estão simplesmente soltos a partir dos ombros, de forma relaxada. Deixe a coluna alongar-se de modo suave por meio desse gesto lento.
5. Flexione a coluna para trás enquanto você abandona a posição sentada, inclinando-se para a frente, para deitar-se sobre o colchonete. Isso pode ser feito de forma lenta e suave. Se for desconfortável ou estressante, você pode optar por usar as mãos como apoio e trazer o corpo com as mãos para a posição de decúbito.
6. Ajuste os livros sob a cabeça de forma que ela fique apoiada confortavelmente. Eles devem ser apenas altos o suficiente para se encaixarem sob a curva do pescoço. Novamente, tudo isso pode ser feito de forma lenta e suave.
7. Você está agora deitado no chão com a cabeça e o pescoço suavemente apoiados. Suas costas estão retas e alongadas. Suas pernas estão juntas. Os joelhos estão dobrados de forma que suas pernas formem um triângulo entre os quadris e os tornozelos. Todos os pontos de seu corpo estão apoiados.
8. Mova as mãos suavemente das laterais do corpo para que passem a repousar sobre o seu abdome, sentindo o fluxo da respiração entrando e saindo do corpo.
9. Pelos próximos 20 minutos, sua meta é não fazer nada, tanto quanto puder. Deixe os olhos fechados. Reconheça que esta é uma ocasião para repousar e relaxar conscientemente. Com cada inspiração, sinta a presença de vida no corpo ganhando atenção e vitalidade. Utilize cada expiração para sentir a liberação da tensão e a atenção centrada em todo o corpo.
10. Acompanhe suavemente o fluxo da respiração entrando e saindo do corpo, inspirando e sabendo que está inspirando, expirando e sabendo que está expirando. Deixe que a respiração encontre seus próprios ritmo e fluxo.
11. Perceba a forma como o seu peso é apoiado no colchonete. Ao expirar, sinta-se afundar no chão. Tanto quanto puder, deixe-se expirar e soltar toda a tensão que sentir no corpo a cada respiração.

(*Continua*)

FORMULÁRIO 10.10

Instruções para a Técnica de Alexander (Posição Deitada) (*continuação*)

12. Durante este repouso, se sentir qualquer desconforto em qualquer parte do corpo, faça os ajustes necessários em sua posição para permitir maiores conforto e relaxamento.
13. Reconheça o apoio que seu corpo recebe enquanto você o sente alongar e relaxar.
14. Permaneça nessa posição de repouso por cerca de 20 minutos.
15. Quando estiver pronto, deixe este exercício, balançando-se de modo suave e lento de um lado para o outro. Após alguns momentos, gire seu corpo para o lado esquerdo e use as mãos para erguê-lo suavemente para a posição sentada.
16. Ao levantar-se para ficar em pé, faça-o gradualmente, mantendo uma parte do repouso e da presença estabelecidos durante o exercício enquanto você estava deitado.

REFERÊNCIAS

Ainsworth, M. S., Blehar, M. C., Waters, E., & Wall, S. (1978). *Patterns of attachment: A psychological study of the strange situation.* Mahwah, NJ: Erlbaum.

Aldao, A., Nolen-Hoeksema, S., & Schweizer, S. (2010). Emotion-regulation strategies across psychopathology: A meta-analytic review. *Clinical Psychology Review*, 30(2), 217–237.

Aldwin, C. M. (2007). *Stress, coping, and development: An integrative perspective* (2nd ed.). New York: Guilford Press.

Alloy, L. B., Abramson, L. Y., Safford, S. M., & Gibb, B. E. (2006). The Cognitive Vulnerability to Depression (CVD) Project: Current findings and future directions. In L. B. Alloy & J. H. Riskind (Eds.), *Cognitive vulnerability to emotional disorders* (pp. 33–61). Mahwah, NJ: Erlbaum.

Alloy, L. B., Reilly-Harrington, N., Fresco, D. M., Whitehouse, W. G., & Zechmeister, J. S. (1999). Cognitive styles and life events in subsyndromal unipolar and bipolar disorders: Stability and prospective prediction of depressive and hypomanic mood swings. *Journal of Cognitive Psychotherapy*, 13, 21–40.

American Psychiatric Association. (2000). *Diagnostic and statistical manual of mental disorders* (4th ed., text rev.). Washington, DC: Author.

American Society for the Alexander Technique. (2006). *Professional training in the Alexander Technique: A*

guide to AmSAT teacher training. Retrieved March 17, 2010, from */www.alexandertech.org/training/TrainBroch.pdf.*

Arntz, A., Bernstein, D., Oorschot, M., & Schobre, P. (2009). Theory of mind in borderline and cluster-C personality disorder. *Journal of Nervous and Mental Disease*, 197(11), 801–807.

Arntz, A., Rauner, M., & van den Hout, M. (1995). "If I feel anxious, there must be danger": Ex-consequentia reasoning in inferring danger in anxiety disorders. *Behaviour Research and Therapy*, 33(8), 917–925.

Baer, R. A. (2003). Mindfulness training as a clinical intervention: A conceptual and empirical review. *Clinical Psychology: Science and Practice*, 10(2), 125–143.

Bandura, A. (2003). Theoretical and empirical exploration of the similarities between emotional numbing in posttraumatic stress disorder and alexithymia. *Journal of Anxiety Disorders*, 17(3), 349–360.

Barkow, J. H., Cosmides, L., & Tooby, J. (Eds.). (1992). *The adapted mind: Evolutionary psychology and the generation of culture.* New York: Oxford University Press.

Barlow, D. H. (2002). *Anxiety and its disorders: The nature and treatment of anxiety and panic* (2nd ed.). New York: Guilford Press.

Barlow, D. H., Allen, L. B., & Choate, M. L. (2004). Toward a unified treatment for emotional disorders. *Behavior Therapy*, 35(2), 205–230.

Barlow, D. H., & Craske, M. G. (2006). *Mastery of your anxiety and panic: Patient workbook* (4th ed.). New York: Oxford University Press.

Baron-Cohen, S. (1991). The development of a theory of mind in autism: Deviance and delay? *Psychiatric Clinics of North America*, 14(1), 33–51.

Baron-Cohen, S., Scott, F. J., Allison, C., Williams, J., Bolton, P., Matthews, F. E., et al. (2009). Prevalence of autism-spectrum conditions: UK school-based population studies. *British Journal of Psychiatry*, 194(6), 500–509.

Batson, C. D., Shaw, L. L., & Oleson, K. C. (1992). Distinguishing affect, mood, and emotion: Toward functionally based conceptual distinctions. In M. S. Clark (Ed.), *Review of personality and social psychology* (pp. 294–326). Newbury Park, CA: Sage.

Beck, A. T. (1976). *Cognitive therapy and the emotional disorders.* New York: International Universities Press.

Beck, A. T. (1996). Beyond belief: A theory of modes, personality and psychopathology. In P. Salkovskis (Ed.), *Frontiers of cognitive therapy* (pp. 1–25). New York: Guilford Press.

Beck, A. T., Freeman, A., Davis, D., & Associates. (2004). *Cognitive therapy of personality disorders* (2nd ed.). New York: Guilford Press.

Beck, A. T., Rush, A. J., Shaw, B. F., & Emery, G. (1979). *Cognitive therapy of depression.* New York: Guilford Press.

Beck, J. S. (2011). *Cognitive therapy: Basics and beyond* (2nd ed.). New York: Guilford Press.

Belsky, J., & Pluess, M. (2009). Beyond diathesis stress: Differential susceptibility to environmental influences. *Psychological Bulletin*, 135(6), 885–908.

Bennett-Levy, J., Butler, G., Fennell, M., Hackmann, A., Mueller, M., & Westbrook, D. (Eds.). (2004). *Oxford guide to behavioural experiments in cognitive therapy.* Oxford, UK: Oxford University Press.

Berenbaum, H., & James, T. (1994). Correlates and retrospectively reported antecedents of alexithymia. *Psychosomatic Medicine*, 56(4), 353–359.

Bonanno, G. A., Keltner, D., Noll, J. G., Putnam, F. W., Trickett, P. K., LeJeune, J., et al. (2002). When the face reveals what words do not: Facial expressions of emotion, smiling, and the willingness to disclose childhood sexual abuse. *Journal of Personality and Social Psychology*, 83(1), 94–110.

Bond, F. W., & Bunce, D. (2000). Mediators of change in emotion-focused and problem-focused worksite stress management interventions. *Journal of Occupational Health Psychology*, 5, 156–163.

Borkovec, T. D., Alcaine, O. M., & Behar, E. (2004). Avoidance theory of worry and generalized anxiety disorder. In R. G. Heimberg, C. L. Turk, & D. S. Mennin (Eds.), *Generalized anxiety disorder: Advances in research and practice* (pp. 77–108). New York: Guilford Press.

Bower, G. H. (1981). Mood and memory. *American Psychologist*, 36(2), 129–148.

Bower, G. H., & Forgas, J. P. (2000). Affect, memory, and social cognition. In E. Eich, J. F. Kihlstrom, G. H. Bower, J. P. Forgas, & P. M. Niedenthal (Eds.), *Cognition and emotion* (pp. 87–168). New York: Oxford University Press.

Bowlby, J. (1968). *Attachment and loss: Vol. I. Attachment.* London: Hogarth.

Bowlby, J. (1973). *Attachment and loss: Vol. II. Separation.* London: Hogarth.

Brown, K. W., & Ryan, R. M. (2003). The benefits of being present: Mindfulness and its role in psychological well-being. *Journal of Personality and Social Psychology*, 84, 822–848.

Buckholdt, K. E., Parra, G. R., & Jobe-Shields, L. (2009). Emotion regulation as a mediator of the relation between emotion socialization and deliberate self-harm. *American Journal of Orthopsychiatry*, 79(4), 482–490.

Butler, A., Chapman, J. M., Forman, E. M., & Beck, A. T. (2006). The empirical status of cognitive-behavioral therapy: A review of meta-analyses. *Clinical Psychology Review*, 26(1), 17–31.

Butler, E. A., Egloff, B., Wilhelm, F. H., Smith, N. C., Erickson, E. A., & Gross, J. J. (2003). The social consequences of expressive suppression. *Emotion*, 3(1), 48–67.

Campbell-Sills, L., Barlow, D. H., Brown, T. A., & Hofmann, S. G. (2006). Acceptability and suppression of negative emotion in anxiety and mood disorders. *Emotion*, 6(4), 587–595.

Carver, C. S., & Scheier, M. (1998). *On the self-regulation of behavior.* Cambridge, UK: Cambridge University Press.

Carver, C. S., & Scheier, M. F. (2009). Action, affect, and two-mode models of functioning. In E. Morsella, J. A. Bargh, & P. M. Gollwitzer (Eds.), *Oxford handbook of human action. Social cognition and social neuroscience* (pp. 298–327). New York: Oxford University Press.

Caspi, A., Moffitt, T. E., Morgan, J., Rutter, M., Taylor, A., Arseneault, L., et al. (2004). Maternal expressed emotion predicts children's antisocial behavior problems: Using monozygotic-twin differences to identify environmental effects on behavioral development. *Developmental Psychology*, 40(2), 149–161.

Cassidy, J. (1995). Attachment and generalized anxiety disorder. In D. Cicchetti & S. L. Toth (Eds.),

Rochester symposium on developmental psychopathology: Vol. 6. Emotion, cognition, and representation (pp. 343–370). Rochester, NY: University of Rochester Press.

Chapman, A. L., Rosenthal, M. Z., & Leung, D. W. (2009). Emotion suppression in borderline personality disorder: An experience sampling study. *Journal of Personality Disorders*, 23(1), 29–47.

Ciarrochi, J. V., & Bailey, A. (2009). *A CBT practitioner's guide to ACT: How to bridge the gap between cognitive behavioral therapy and acceptance and commitment therapy*. New York: New Harbinger.

Ciarrochi, J. V., Forgas, J., & Mayer, J. (2006). *Emotional intelligence in everyday life: A scientific inquiry* (2nd ed.). New York: Psychology Press/Taylor & Francis.

Ciarrochi, J. V., & Mayer, J. D. (2007). The key ingredients of emotional intelligence interventions: Similarities and differences. In J. V. Ciarrochi & J. D. Mayer (Eds.), *Applying emotional intelligence: A practitioner's guide* (pp. 144–156). New York: Psychology Press.

Clark, D. A. (2002). Unwanted mental intrusions in clinical disorders: An introduction. *Journal of Cognitive Psychotherapy*, 16(2), 123–126.

Clark, D. A., & Beck, A. T. (2009). *Cognitive therapy of anxiety disorders: Science and practice*. New York: Guilford Press.

Clark, D. A., Beck, A. T., & Alford, B. A. (1999). *Scientific foundations of cognitive theory and therapy of depression*. New York: Wiley.

Clark, D. M. (1986). A cognitive approach to panic. *Behaviour Research and Therapy*, 24(4), 461–470.

Clarkin, J., Yeomans, F. E., & Kernberg, O. F. (2006). *Psychotherapy for borderline personality: Focusing on object relations*. Washington, DC: American Psychiatric Press.

Cloitre, M., Cohen, L. R., & Koenen, K. C. (2006). *Treating survivors of childhood abuse: Psychotherapy for the interrupted life*. New York: Guilford Press.

Cohn, M. A., & Fredrickson, B. L. (2009). Positive emotions. In S. J. Lopez & C. R. Snyder (Eds.), *Oxford handbook of positive psychology* (2nd ed., pp. 13–24). New York: Oxford University Press.

Corcoran, R., Rowse, G., Moore, R., Blackwood, N., Kinderman, P., Howard, R., et al. (2008). A transdiagnostic investigation of 'theory of mind' and 'jumping to conclusions' in patients with persecutory delusions. *Psychological Medicine*, 38(11), 1577–1583.

Cribb, G., Moulds, M. L., & Carter, S. (2006). Rumination and experiential avoidance in depression. *Behaviour Change*, 23(3), 165–176.

Cuijpers, P., van Straten, A., & Warmerdam, L. (2007). Behavioral activation treatments of depression: A meta-analysis. *Clinical Psychology Review*, 27(3), 318–326.

Culhane, S. E., & Watson, P. J. (2003). Alexithymia, irrational beliefs, and the rational-emotive explanation of emotional disturbance. *Journal of Rational-Emotive and Cognitive Behavior Therapy*, 21(1), 57–72.

Dalgleish, T., Yiend, J., Schweizer, S., & Dunn, B. D. (2009). Ironic effects of emotion suppression when recounting distressing memories. *Emotion*, 9(5), 744–749.

Damasio, A. (2005). *Descartes' error: Emotion, reason, and the human brain*. New York: Penguin.

Darwin, C. (1965). *The expression of the emotions in man and animals*. Chicago: University of Chicago Press. (Original work published 1872)

Davidson, R. J. (2000). Affective style, psychopathology, and resilience: Brain mechanisms and plasticity. *American Psychologist*, 55, 1196–1214.

Davidson, R. J., Fox, A., & Kalin, N. H. (2007). Neural bases of emotion regulation in nonhuman primates and humans. In J. J. Gross (Ed.), *Handbook of emotion regulation* (pp. 47–68). New York: Guilford Press.

Depue, R., & Morrone-Strupinsky, J. V. (2005). A neurobehavioral model of affiliative bonding: Implications for conceptualizing a human trait of affiliation. *Behavioral and Brain Sciences*, 28(3), 313–395.

DeRubeis, R. J., & Feeley, M. (1990). Determinants of change in cognitive therapy for depression. *Cognitive Therapy and Research*, 14(5), 469–482.

DeWaal, F. (2009). *The age of empathy: Nature's lessons for a kinder society*. New York: Harmony.

DiGiuseppe, R., & Tafrate, R. C. (2007). *Understanding anger disorders*. New York: Oxford University Press.

Dugas, M. J., Buhr, K., & Ladouceur, R. (2004). The role of intolerance of uncertainty in etiology and maintenance. In R. G. Heimberg, C. L. Turk, & D. S. Mennin (Eds.), *Generalized anxiety disorder: Advances in research and practice* (pp. 143–163). New York: Guilford Press.

Dugas, M. J., & Robichaud, M. (2007). *Cognitive-behavioral treatment for generalized anxiety di-*

sorder: From science to practice. New York: Routledge.

Dunn, B. D., Billotti, D., Murphy, V., & Dalgleish, T. (2009). The consequences of effortful emotion regulation when processing distressing material: A comparison of suppression and acceptance. *Behaviour Research and Therapy*, 47(9), 761–773.

Eibl-Eibesfeldt, I. (1975). *Ethology, the biology of behavior* (2d ed.). New York: Holt, Rinehart & Winston.

Eisenberg, N., & Fabes, R. A. (1994). Mothers' reactions to children's negative emotions: Relations to children's temperament and anger behavior. *Merrill-Palmer Quarterly*, 40(1), 138–156.

Eisenberg, N., Gershoff, E. T., Fabes, R. A., Shepard, S. A., Cumberland, A. J., Losoya, S. H., et al. (2001). Mother's emotional expressivity and children's behavior problems and social competence: Mediation through children's regulation. *Developmental Psychology, 37*(4), 475–490.

Eisenberg, N., Liew, J., & Pidada, S. U. (2001). The relations of parental emotional expressivity with quality of Indonesian children's social functioning. *Emotion, 1*(2), 116–136.

Eizaguirre, A. E., Saenz de Cabezon, A. O., Alda, I. O. d., Olariaga, L. J., & Juaniz, M. (2004). Alexithymia and its relationships with anxiety and depression in eating disorders. *Personality and Individual Differences, 36*(2), 321–331.

Ekman, P. (1993). Facial expression and emotion. *American Psychologist*, 48, 384–392.

Ekman, P., & Davidson, R. J. (1994). *The nature of emotion: Fundamental questions.* New York: Oxford University Press.

Eliot, R., Watson, J. C., Goldman, R. N., & Greenberg, L. S. (2003). *Learning emotion focused therapy.* Washington, DC: American Psychological Association.

Ellis, A. (1962). *Reason and emotion in psychotherapy.* Secaucus, NJ: Citadel Press.

Ellis, A., & MacLaren, C. (1998). *Rational emotive behavior therapy: A therapist's guide.* San Luis Obispo, CA: Impact.

Fairburn, C. G., Cooper, Z., Doll, H. A., O'Connor, M. E., Bohn, K., Hawker, D. M., et al. (2009). Transdiagnostic cognitive-behavioral therapy for patients with eating disorders: A two-site trial with 60-week follow-up. *American Journal of Psychiatry*, 166(3), 311–319.

Fairburn, C. G., Cooper, Z., & Shafran, R. (2003). Cognitive behaviour therapy for eating disorders: A "transdiagnostic" theory and treatment. *Behavior Research and Therapy*, 41(5), 509–528.

Farb, N. A. S., Segal, Z., Mayberg, V., Bean, H. J., McKeon, D., & Fatima, Z. (2007). Attending to the present: Mindfulness meditation reveals distinct neural modes of self-reference. *Social Cognitive and Affective Neuroscience, 2*(4), 313–322.

Flavell, J. H. (2004). Theory-of-mind development: Retrospect and prospect. *Merrill-Palmer Quarterly, 50*(3), 274–290.

Foa, E. B., & Kozak, M. J. (1986). Emotional processing of fear: Exposure to corrective information. *Psychological Bulletin, 99*, 20–35.

Folkman, S., & Lazarus, R. S. (1988). Coping as a mediator of emotion. *Journal of Personality and Social Psychology, 54*(3), 466–475.

Fonagy, P. (2000). Attachment and borderline personality disorder. *Journal of the American Psychoanalytic Association, 48*(4), 1129–1146; discussion, 1175–1187.

Fonagy, P. (2002). *Affect regulation, mentalization, and the development of the self.* New York: Other Press.

Fonagy, P., & Target, M. (1996). Playing with reality: I. Theory of mind and the normal development of psychic reality. *International Journal of Psychoanalysis, 77*(Pt. 2), 217–233.

Fonagy, P., & Target, M. (2007). The rooting of the mind in the body: New links between attachment theory and psychoanalytic thought. *Journal of the American Psychoanalytic Association, 55*(2), 411–456.

Forgas, J. P. (1995). Mood and judgment: The affect infusion model (AIM). *Psychological Bulletin, 117*(1), 39–66.

Forgas, J. P. (2000). Feeling is believing? The role of processing strategies in mediating affective influences on beliefs. In N. H. Frijda, A. S. R. Manstead, & S. Bem (Eds.), *Emotions and belief: How feelings influence thoughts* (pp. 108–143). New York: Cambridge University Press.

Forgas, J. P., & Bower, G. H. (1987). Mood effects on person-perception judgments. *Journal Of Personality and Social Psychology*, 53(1), 53–60.

Forgas, J. P., & Locke, J. (2005). Affective influences on causal inferences: The effects of mood on attributions for positive and negative interpersonal episodes. *Cognition and Emotion, 19*(7), 1071–1081.

Forman, E. M., Herbert, J. D., Moitra, E., Yeomans, P. D., & Geller, P. A. (2007). A randomized controlled effectiveness trial of acceptance and commitment therapy and cognitive therapy for anxiety and depression. *Behavior Modification, 31*(6), 772–799.

Fox, N. A. (1995). Of the way we were: Adult memories about attachment experiences and their role in determining infant–parent relationships: A commentary on van IJzendoorn (1995). *Psychological Bulletin, 117*(3), 404–410.

Fraley, R. C. (2002). Attachment stability from infancy to adulthood: Meta-analysis and dynamic modeling of developmental mechanisms. *Personality and Social Psychology Review, 6*(2), 123–151.

Fraley, R. C., Fazzari, D. A., Bonanno, G. A., & Dekel, S. (2006). Attachment and psychological adaptation in high exposure survivors of the September 11th attack on the World Trade Center. *Personality and Social Psychology Bulletin, 32*(4), 538–551.

Fredrickson, B. L., & Branigan, C. (2005). Positive emotions broaden the scope of attention and thought-action repertoires. *Cognition and Emotion, 19*(3), 313–332.

Fredrickson, B. L., & Losada, M. F. (2005). Positive affect and the complex dynamics of human flourishing. *American Psychologist, 60*(7), 678–686.

Freeston, M. H., Ladouceur, R., Gagnon, F., Thibodeau, N., Rheaume, J., Letarte, H., et al. (1997). Cognitive-behavioral treatment of obsessive thoughts: A controlled study. *Journal of Consulting and Clinical Psychology, 65*, 405–413.

Germer, C. K., Seigel, R. D., & Fulton, P. R. (Eds.). (2005). *Mindfulness and psychotherapy*. New York: Guilford Press.

Gevirtz, R. N. (2007). Psychophysiological perspectives on stress-related and anxiety disorders. In P. M. Lehrer, R. L. Woolfolk, & W. E. Sime (Eds.), *Principles and practice of stress management* (3rd ed., pp. 209–226). New York: Guilford Press.

Gigerenzer, G. (2007). *Gut feelings: The intelligence of the unconscious*. New York: Viking.

Gigerenzer, G., Hoffrage, U., & Goldstein, D. G. (2008). Fast and frugal heuristics are plausible models of cognition: Reply to Dougherty, Franco-Watkins, and Thomas (2008). *Psychological Review*, 115(1), 230–239.

Gilbert, P. (2007). Evolved minds and compassion in the therapeutic relationship. In P. Gilbert & R. L. Leahy (Eds.), *The therapeutic relationship in the cognitive behavioral psychotherapies* (pp. 106–142). New York: Routledge.

Gilbert, P. (2009). *The compassionate mind*. London: Constable.

Gilbert, P. (2010). *Compassion focused therapy: Distinctive features*. London: Routledge.

Gilbert, P., & Irons, C. (2005). Focused therapies and compassionate mind training for shame and self-attacking. In P. Gilbert (Ed.), *Compassion: Conceptualisations, research and use in psychotherapy* (pp. 263–326). New York: Routledge.

Gilbert, P., & Leahy, R. L. (2007). *The therapeutic relationship in the cognitive behavioral psychotherapies*. New York: Routledge.

Gilbert, P., & Tirch, D. (2007). Emotional memory, mindfulness, and compassion. In F. Didonna (Ed.), *Clinical handbook of mindfulness* (pp. 99–110). New York: Springer.

Goleman, D. (1995). *Emotional intelligence*. New York: Bantam Books.

Gortner, E. M., Rude, S. S., & Pennebaker, J. W. (2006). Benefits of expressive writing in lowering rumination and depressive symptoms. *Behavior Therapist*, 37(3), 292–303.

Gottman, J. M. (1997). *The heart of parenting: How to raise an emotionally intelligent child*. New York: Simon & Schuster.

Gottman, J. M., Katz, L. F., & Hooven, C. (1996). Parental meta-emotion philosophy and the emotional life of families: Theoretical models and preliminary data. *Journal of Family Psychology*, 10(3), 243–268.

Gottman, J. M., Katz, L. F., & Hooven, C. (1997). *Meta-emotion: How families communicate emotionally*. Mahwah, NJ: Erlbaum.

Gratz, K., Rosenthal, M., Tull, M., Lejuez, C., & Gunderson, J. (2006). An experimental investigation of emotion dysregulation in borderline personality disorder. *Journal of Abnormal Psychology, 115*, 850–855.

Gray, J. A. (2004). *Consciousness: Creeping up on the hard problem*. Oxford, UK: Oxford University Press.

Greenberg, L. S. (2002). *Emotion-focused therapy: Coaching clients to work through their feelings*. Washington, DC: American Psychological Association.

Greenberg, L. S. (2007). Emotion in the therapeutic relationship in emotion-focused therapy. In P. L. Gilbert & R. L. Leahy (Ed.), *The therapeutic relationship in the cognitive behavioral psychotherapies* (pp. 43–62). New York: Routledge.

Greenberg, L. S., & Paivio, S. C. (1997). *Working with emotions in psychotherapy.* New York: Guilford Press.

Greenberg, L. S., & Safran, J. D. (1987). *Emotion in psychotherapy: Affect, cognition, and the process of change.* New York: Guilford Press.

Greenberg, L. S., & Safran, J. D. (1990). Emotional-change processes in psychotherapy. In R. Plutchik & H. Kellerman (Eds.), *Emotion: Theory, research, and experience: Vol. 5. Emotion, psychopathology, and psychotherapy* (pp. 59–85). San Diego, CA: Academic Press.

Greenberg, L. S., & Watson, J. C. (2005). *Emotion-focused therapy for depression* (1st ed.). Washington, DC: American Psychological Association.

Grewal, D., Brackett, M., & Salovey, P. (2006). Emotional intelligence and the self-regulation of affect. In D. K. Snyder, J. Simpson, & J. N. Hughes (Eds.), *Emotion regulation in couples and families: Pathways to dysfunction and health* (pp. 37–55). Washington, DC: American Psychological Association.

Grilo, C. M., Walker, M. L., Becker, D. F., Edell, W. S., & McGlashan, T. H. (1997). Personality disorders in adolescents with major depression, substance use disorders, and coexisting major depression and substance use disorders. *Journal of Consulting and Clinical Psychology, 65*, 328–332.

Gross, J. J. (1998a). Antecedent- and response-focused emotion regulation: Divergent consequences for experience, expression, and physiology. *Journal of Personality and Social Psychology,* 74, 224–237.

Gross, J. J. (1998b). The emerging field of emotion regulation: An integrative review. *Review of General Psychology*, 2(3), 271–299.

Gross, J. J., & John, O. P. (2003). Individual differences in two emotion regulation processes: Implications for affect, relationships, and well-being. *Journal of Personality and Social Psychology, 85*(2), 348–362.

Gross, J. J., & Thompson, R. A. (2007). Emotion regulation: Conceptual foundations. In J. Gross (Ed.), *Handbook of emotion regulation* (pp. 3–24). New York: Guilford Press.

Guidano, V. F., & Liotti, G. (1983). *Cognitive processes and the emotional disorders.* New York: Guilford Press.

Gupta, S., Zachary Rosenthal, M., Mancini, A. D., Cheavens, J. S., & Lynch, T. R. (2008). Emotion regulation skills mediate the effects of shame on eating disorder symptoms in women. *Eating Disorders, 16*(5), 405–417.

Haidt, J. (2001). The emotional dog and its rational tail: A social intuitionist approach to moral judgment. *Psychological Review, 108*, 814–834.

Hanh, T. N. (1992). *Peace is every step: The path of mindfulness in everyday life.* New York: Bantam Books.

Harvey, A., Watkins, E., Mansell, W., & Shafran, R. (2004). *Cognitive behavioural processes across psychological disorders: A transdiagnostic approach to research and treatment.* Oxford, UK: Oxford University Press.

Hayes, S. C., Barnes-Holmes, D., & Roche, B. (Eds.). (2001). *Relational frame theory: A post-Skinnerian account of human language and cognition.* New York: Plenum Press.

Hayes, S. C., Luoma, J. B., Bond, F. W., Masuda, A., & Lillis, J. (2006). Acceptance and commitment therapy: Model, processes and outcomes. *Behaviour Research and Therapy, 44*(1), 1–25.

Hayes, S. C., & Smith, S. (2005). *Get out of your mind and into your life.* Oakland, CA: New Harbinger.

Hayes, S. C., & Strosahl, K. D. (Eds.). (2004). *A practical guide to acceptance and commitment therapy.* New York: Springer-Verlag.

Hayes, S. C., Strosahl, K. D., & Wilson, K. G. (1999). *Acceptance and commitment therapy: An experiential approach to behavior change.* New York: Guilford Press.

Hayes, S. C., Strosahl, K. D., Wilson, K. G., Bissett, R. T., Pistorello, J., Toarmino, D., et al. (2004). Measuring experiential avoidance: A preliminary test of a working model. *The Psychological Record, 54*, 553–578.

Hayes, S. C., Wilson, K. G., Gifford, E. V., Follette, V. M., & Strosahl, K. (1996). Experiential avoidance and behavioral disorders: A functional approach to diagnosis and treatment. *Journal of Consulting and Clinical Psychology, 64*, 1152–1168.

Hofmann, S., Sawyer, A., Witt, A., & Oh, D. (2010). The effect of mindfulness-based therapy on anxiety and depression: A meta-analytic review. *Journal of Consulting and Clinical Psychology, 78*(10), 169–183.

Hofmann, S. G., Schulz, S. M., Meuret, A. E., Suvak, M., & Moscovitch, D. A. (2006). Sudden gains during therapy of social phobia. *Journal of Consulting and Clinical Psychology, 74*(4), 687–697.

Holmes, E. A., & Hackmann, A. (Eds.). (2004). *Mental imagery and memory in psychopathology* (Special Edition: Memory, Vol. 12, No. 4). Hove, UK: Psychology Press.

Ingram, R. E., Miranda, J., & Segal, Z. V. (1998). *Cognitive vulnerability to depression.* New York: Guilford Press.

Isley, S. L., O'Neil, R., Clatfelter, D., & Parke, R. D. (1999). Parent and child expressed affect and children's social competence: Modeling direct and indirect pathways. *Developmental Psychology, 35*(2), 547–560.

Izard, C. E. (1971). *The face of emotion.* New York: Appleton-Century-Crofts.

Izard, C. E. (2007). Basic emotions, natural kinds, emotion schemas, and a new paradigm. *Perspectives on Psychological Science, 2*(3), 260–280.

Jacobson, E. (1942). *You must relax: A practical method of reducing the strains of modern living* (rev. ed.). Oxford, UK: Whittlesey House, McGraw-Hill.

Jacobson, N. S., & Margolin, G. (1979). *Marital therapy: Strategies based on social learning and behavior exchange principles.* New York: Brunner-Routledge.

Joiner, T. E., Jr., Brown, J. S., & Kistner, J. (Eds.). (2006). *The interpersonal, cognitive, and social nature of depression.* Mahwah, NJ: Erlbaum.

Joiner, T. E., Jr., Van Orden, K. A., Witte, T. K., & Rudd, M. D. (2009). *The interpersonal theory of suicide: Guidance for working with suicidal clients.* Washington, DC: American Psychological Association.

Jones, F. P. (1997). *Freedom to change: The development and science of the Alexander Technique.* London: Mouritz.

Kabat-Zinn, J. (1990). *Full catastrophe living: The program of the stress reduction clinic at the University of Massachusetts Medical Center.* New York: Delta.

Kabat-Zinn, J. (1994). *Wherever you go there you are.* New York: Hyperion.

Kabat-Zinn, J. (2009). Foreword. In F. Didonna (Ed.), *Clinical handbook of mindfulness* (pp. xxv–xxxiii). New York: Springer.

Kamalashila. (1992). *Meditation: The Buddhist way of tranquility and insight.* Birmingham, UK: Windhorse.

Keltner, D., Horberg, E. J., & Oveis, C. (2006). Emotions as moral intuitions. In J. P. Forgas (Ed.), *Affect in social thinking and behavior* (pp. 161–175). New York: Psychology Press.

Klonsky, E. D. (2007). The functions of deliberate self-injury: A review of the evidence. *Clinical Psychology Review, 27*(2), 226–239.

Kohut, H. (1977). *The restoration of the self.* New York: International Universities Press.

Kornfield, J. (1993). *A path with heart.* New York: Bantam.

Kring, A. M., & Sloan, D. M. (Eds.). (2010). *Emotion regulation and psychopathology: A transdiagnostic approach to etiology and treatment.* New York: Guilford Press.

Kunreuther, H., Slovic, P., Gowda, R., & Fox, J. C. (Eds.). (2002). *The affect heuristic: Implications for understanding and managing risk-induced stigma. Judgments, decisions, and public policy.* New York: Cambridge University Press.

Lazarus, R. S. (1982). Thoughts on the relations between emotion and cognition. *American Psychologist, 37*(9), 1019–1024.

Lazarus, R. S. (1991). Cognition and motivation in emotion. *American Psychologist, 46*(4), 352–367.

Lazarus, R. S. (1999). *Stress and emotion: A new synthesis.* New York: Springer.

Lazarus, R. S., & Folkman, S. (1984). *Stress, appraisal, and coping.* New York: Springer.

Leahy, R. L. (2001). *Overcoming resistance in cognitive therapy.* New York: Guilford Press.

Leahy, R. L. (2002). A model of emotional schemas. *Cognitive and Behavioral Practice, 9*(3), 177–190.

Leahy, R. L. (2003a). *Cognitive therapy techniques: A practitioner's guide.* New York: Guilford Press.

Leahy, R. L. (2003b). Emotional schemas and resistance. In R. L. Leahy (Ed.), *Roadblocks in cognitive-behavioral therapy: Transforming challenges into opportunities for change* (pp. 91–115). New York: Guilford Press.

Leahy, R. L. (2005a). A social-cognitive model of validation. In P. Gilbert (Ed.), *Compassion: Conceptualisations, research, and use in psychotherapy* (pp. 195–217). London: Routledge.

Leahy, R. L. (2005b). *The worry cure: Seven steps to stop worry from stopping you*. New York: Crown.

Leahy, R. L. (2007a). Emotion and psychotherapy. *Clinical Psychology: Science and Practice, 14*(4), 353–357.

Leahy, R. L. (2007b). Emotional schemas and resistance to change in anxiety disorders. *Cognitive and Behavioral Practice, 14*(1), 36–45.

Leahy, R. L. (2009). Resistance: An emotional schema therapy (EST) approach. In G. Simos (Ed.), *Cognitive behavior therapy: A guide for the practicing clinician* (Vol. 2, pp. 187–204). London: Routledge.

Leahy, R. L. (2010). *Beat the blues before they beat you: Depression free*. New York: Hay House.

Leahy, R. L., Beck, J., & Beck, A. T. (2005). Cognitive therapy for the personality disorders. In S. Strack (Ed.), *Handbook of personology and psychopathology* (pp. 442–461). Hoboken, NJ: Wiley.

Leahy, R. L., & Holland, S. J. (2000). *Treatment plans and interventions for depression and anxiety disorders*. New York: Guilford Press.

Leahy, R. L., & Kaplan, D. (2004, November). *Emotional schemas and relationship adjustment*. Paper presented at the meeting of the Association for Advancement of Behavior Therapy, New Orleans, LA.

Leahy, R. L., & Napolitano, L. A. (2005, November). *What are the emotional schema predictors of personality disorders?* Paper presented at the meeting of the Association for Behavioral and Cognitive Therapies, Washington, DC.

Leahy, R. L., & Napolitano, L. A. (2006). *Do metacognitive beliefs about worry differ across the personality disorders?* Paper presented at the meeting of the Anxiety Disorders Association of America, Miami, FL.

LeDoux, J. E. (1996). *The emotional brain: The mysterious underpinnings of emotional life*. New York: Simon & Schuster.

LeDoux, J. E. (2000). Emotion circuits in the brain. *Annual Review of Neuroscience, 23*, 155–184.

LeDoux, J. E. (2003). The emotional brain, fear, and the amygdala. *Cellular and Molecular Neurobiology, 23*(4–5), 727–738.

Linehan, M. M. (1993a). *Cognitive-behavioral treatment of borderline personality disorder*. New York: Guilford Press.

Linehan, M. M. (1993b). *Skills training manual for treating borderline personality disorder*. New York: Guilford Press.

Linehan, M. M., Bohus, M., & Lynch, T. R. (2007). Dialectical behavior therapy for pervasive emotion dysregulation: Theoretical and practical underpinnings. In J. Gross (Ed.), *Handbook of emotion regulation* (pp. 581–605). New York: Guilford Press.

Little, P., Lewith, G., Webley, F., Evans, M., Beattie, A., Middleton, K., et al. (2008). Randomised controlled trial of Alexander Technique lessons, exercise, and massage (ATEAM) for chronic and recurrent back pain. *British Medical Journal, 337*, 438–452.

Lundh, L.-G., Johnsson, A., Sundqvist, K., & Olsson, H. (2002). Alexithymia, memory of emotion, emotional awareness, and perfectionism. *Emotion, 2*(4), 361–379.

Luoma, J. B., Hayes, S. C., & Walser, R. (2007). *Learning ACT: An acceptance and commitment therapy skills-training manual for therapists*. Oakland, CA: New Harbinger.

Lutz, A., Brefczynski-Lewis, J., Johnstone, T., & Davidson, R. J. (2008). Regulation of the neural circuitry of emotion by compassion meditation: Effects of meditative expertise. *PLoS ONE, 3*(3), e1897.

Lynch, T. R., Chapman, A., Rosenthal, M. Z., Kuo, J. R., & Linehan, M. M. (2006). Mechanisms of change in dialectical behavior therapy: Theoretical and empirical observations. *Journal of Consulting and Clinical Psychology, 62*(4), 459–480.

Mahoney, M. J. (2003). *Constructive psychotherapy: A practical guide*. New York: Guilford Press.

Main, M., Kaplan, N., & Cassidy, J. (1985). Security in infancy, childhood, and adulthood: A move to the level of representation. In I. Bretherton & E. Waters (Eds.), Growing points of attachment theory and research. *Monographs of the Society for Research in Child Development, 50*(1–2, Serial No. 209), 66–104.

Marks, I. M. (1987). *Fears, phobias, and rituals: Panic, anxiety, and their disorders*. New York: Oxford University Press.

Martell, C. R., Addis, M. E., & Jacobson, N. S. (2001). *Depression in context: Strategies for guided action*. New York: Norton.

Martell, C. R., Dimidjian, S., & Herman-Dunn, R. (2010). *Behavioral activation for depression: A clinician's guide*. New York: Guilford Press.

Mathews, G., Zeidner, M., & Roberts, R. D. (2002). *Emotional intelligence: Science and myth*. Cambridge, MA: MIT Press.

Matthews, K. A., Woodall, K. L., Kenyon, K., & Jacob, T. (1996). Negative family environment as a predictor of boys' future status on measures of hostile attitudes, interview behavior, and anger expression. *Health Psychology, 15*(1), 30–37.

Mayer, J. D., & Salovey, P. (1997). What is emotional intelligence? In P. Salovey & D. J. Sluyter (Eds.), *Emotional development and emotional intelligence: Educational implications* (pp. 3–31). New York: Basic Books.

Mayer, J. D., Salovey, P., & Caruso, D. R. (2000). Models of emotional intelligence. In R. J. Sternberg (Ed.), *Handbook of human intelligence* (2nd ed., pp. 396–420). New York: Cambridge University Press.

Mayer, J. D., Salovey, P., & Caruso, D. R. (2004). Emotional intelligence: Theory, findings, and implications. *Psychological Inquiry, 15*(3), 197–215.

Mennin, D., Heimberg, R., Turk, C., & Fresco, D. (2002). Applying an emotion regulation framework to integrative approaches to generalized anxiety disorder. *Clinical Psychology: Science and Practice, 9*, 85–90.

Mennin, D. S., Turk, C. L., Heimberg, R. G., & Carmin, C. N. (2004). Regulation of emotion in generalized anxiety disorder. In M. A. Reinecke & D. A. Clark (Eds.), *Cognitive therapy over the lifespan: Evidence and practice* (pp. 60–89). New York: Guilford Press.

Miranda, J., Gross, J. J., Persons, J. B., & Hahn, J. (1998). Mood matters: Negative mood induction activates dysfunctional attitudes in women vulnerable to depression. *Cognitive Therapy and Research, 22*(4), 363–376.

Miranda, J., & Persons, J. B. (1988). Dysfunctional attitudes are mood-state dependent. *Journal of Abnormal Psychology, 97*(1), 76–79.

Mischel, W. (2001). Toward a cumulative science of persons: Past, present, and prospects. In W. T. O'Donohue, D. A. Henderson, S. C. Hayes, J. E. Fisher, & L. J. Hayes (Eds.), *A history of the behavioral therapies: Founders' personal histories* (pp. 233–251). Reno, NV: Context Press.

Mischel, W., & Shoda, Y. (2010). The situated person. In B. Mesquita, L. F. Barrett, & E. R. Smith (Eds.), *The mind in context* (pp. 149–173). New York: Guilford Press.

Monson, C. M., Price, J. L., Rodriguez, B. F., Ripley, M. P., & Warner, R. A. (2004). Emotional deficits in military-related PTSD: An investigation of content and process disturbances. *Journal of Traumatic Stress, 17*(3), 275–279.

Mowrer, O. H. (1939). A stimulus-response analysis of anxiety and its role as a reinforcing agent. *Psychological Review, 46*, 553–565.

Napolitano, L., & McKay, D. (2005). Dichotomous thinking in borderline personality disorder. *Cognitive Therapy and Research, 31*(6), 717–726.

Neff, K. D. (2003). Development and validation of a scale to measure self-compassion. *Self and Identity, 2*, 223–250.

Neff, K. D. (2009). Self-compassion. In M. R. Leary & R. H. Hoyle (Eds.), *Handbook of individual differences in social behavior* (pp. 561–573). New York: Guilford Press.

Neff, K. D., Kirkpatrick, K., & Rude, S. S. (2007). Self-compassion and its link to adaptive psychological functioning. *Journal of Research in Personality, 41*, 139–154.

Neff, K. D., Rude, S. S., & Kirkpatrick, K. (2007). An examination of self-compassion in relation to positive psychological functioning and personality traits. *Journal of Research in Personality, 41*, 908–916.

Nesse, R. M. (2000). Is depression an adaptation? *Archives of General Psychiatry, 57*, 14–20.

Nesse, R. M., & Ellsworth, P. C. (2009). Evolution, emotions, and emotional disorders. *American Psychologist, 64*(2), 129–139.

Nock, M. K. (2008). Actions speak louder than words: An elaborated theoretical model of the social functions of self-injury and other harmful behaviors. *Applied and Preventive Psychology, 12*(4), 159–168.

Nolen-Hoeksema, S. (2000). The role of rumination in depressive disorders and mixed anxiety/depressive symptoms. *Journal of Abnormal Psychology, 109*, 504–511.

Nolen-Hoeksema, S., Stice, E., Wade, E., & Bohon, C. (2007). Reciprocal relations between rumination and bulimic, substance abuse, and depressive symptoms in female adolescents. *Journal of Abnormal Psychology, 116*(1), 198–207.

Novaco, R. W. (1975). *Anger control: The development and evaluation of an experimental treatment*. Oxford, UK: Lexington.

Ochsner, K. N., & Feldman Barrett, L. (2001). A multiprocess perspective on the neuroscience of emotion. In T. J. Mayne & G. A. Bonnano (Eds.), *Emotion: Current issues and future directions* (pp. 38–81). New York: Guilford Press.

Ochsner, K. N., & Gross, J. J. (2005). The cognitive control of emotion. *Trends in Cognitive Sciences, 9*(5), 242–249.

Ochsner, K. N., & Gross, J. J. (2007). The neural architecture of emotion regulation. In J. J. Gross (Ed.), *Handbook of emotion regulation* (pp. 87–109). New York: Guilford Press.

Paxton, S. J., & Diggens, J. (1997). Avoidance coping, binge eating, and depression: An examination of the escape theory of binge eating. *International Journal of Eating Disorders, 22*, 83–87.

Pennebaker, J. W. (1997). Writing about emotional experiences as a therapeutic process. *Psychological Science, 8*, 162–166.

Pennebaker, J. W., & Francis, M. E. (1996). Cognitive, emotional, and language processes in disclosure. *Cognition and Emotion, 10*, 601–626.

Pennebaker, J. W., & Seagal, J. D. (1999). Forming a story: The health benefits of narrative. *Journal of Clinical Psychology, 55*, 1243–1254.

Phelps, E. A., & LeDoux, J. E. (2005). Contributions of the amygdala to emotion processing: From animal models to human behavior. *Neuron, 48*(2), 175–187.

Purdon, C., & Clark, D. A. (1999). Metacognition and obsessions. *Clinical Psychology and Psychotherapy, 6*(2), 102–110.

Quirk, G. J., & Gehlert, D. R. (2003). Inhibition of the amygdala: Key to pathological states? In P. Shinnick-Gallagher & A. Pitkanen (Eds.), *The amygdala in brain function: Basic and clinical approaches* (Vol. 985, pp. 263–272). New York: New York Academy of Sciences.

Rachman, S. J. (1997). A cognitive theory of obsessions. *Behaviour Research and Therapy, 35*, 793–802.

Rahula, W. (1958). *What the Buddha taught.* New York: Grove Press.

Rehm, L. P. (1981). *Behavior therapy for depression: Present status and future directions.* New York: Academic Press.

Rinpoche, M. Y. (2007). *The joy of living: Unlocking the secret and science of happiness.* New York: Harmony Books.

Riskind, J. H. (1997). Looming vulnerability to threat: A cognitive paradigm for anxiety. *Behaviour Research and Therapy, 35*(8), 685–702.

Riskind, J. H., Black, D., & Shahar, G. (2009). Cognitive vulnerability to anxiety in the stress generation process: Interaction between the looming cognitive style and anxiety sensitivity. *Journal of Anxiety Disorders, 24*(1), 124–128.

Robinson, P., & Strosahl, K. D. (2008). *The mindfulness and acceptance workbook for depression: Using acceptance and commitment therapy to move through depression and create a life worth living.* Oakland, CA: New Harbinger.

Roelofs, J., Rood, L., Meesters, C., Te Dorsthorst, V., Bogels, S., Alloy, L. B., et al. (2009). The influence of rumination and distraction on depressed and anxious mood: A prospective examination of the response styles theory in children and adolescents. *European Child and Adolescent Psychiatry, 18*, 635–642.

Roemer, E., & Orsillo, S. M. (2009). *Mindfulness- and acceptance-based behavior therapies in practice.* New York: Guilford Press.

Roemer, E., Salters, K., Raffa, S., & Orsillo, S. (2005). Fear and avoidance of internal experiences in GAD: Preliminary tests of a conceptual model. *Cognitive Therapy and Research, 29*(1), 71–88.

Rogers, C. (1965). *Client centered therapy: Its current practice, implications and theory.* Boston: Houghton-Mifflin.

Rothbaum, F., & Weisz, J. R. (1994). Parental caregiving and child externalizing behavior in nonclinical samples: A meta-analysis. *Psychological Bulletin, 116*(1), 55–74.

Safran, J. D., Muran, J. C., Samstag, L. W., & Stevens, C. (2002). Repairing alliance ruptures. In J. C. Norcross (Ed.), *Psychotherapy relationships that work* (pp. 23–254). New York: Oxford University Press.

Segal, Z. V., Williams, J. M. G., & Teasdale, J. D. (2002). *Mindfulness-based cognitive therapy for depression: A new approach to preventing relapse.* New York: Guilford Press.

Selman, R. L., Jaquette, D., & Lavin, D. R. (1977). Interpersonal awareness in children: Toward an integration of developmental and clinical child psychology. *American Journal of Orthopsychiatry, 47*(2), 264–274.

Selye, H. (1974). *Stress without distress.* New York: Dutton.

Selye, H. (1978). *The stress of life*. Oxford, UK: McGraw-Hill.

Siegel, D. (2007). *The mindful brain*. New York: Norton.

Siegel, R., Germer, C. K., & Olendzki, A. (2009). Mindfulness: What is it? Where did it come from? In F. Didonna (Ed.), *Clinical handbook of mindfulness* (pp. 17–35). New York: Springer.

Simon, H. A. (1983). *Reason in human affairs*. Stanford, CA: Stanford University Press.

Sloman, L., Gilbert, P., & Hasey, G. (2003). Evolved mechanisms in depression: The role and interaction of attachment and social rank in depression. *Journal of Affective Disorders, 74*(2), 107–121.

Smucker, M. R., & Dancu, C. V. (1999). *Cognitive--behavioral treatment for adult survivors of childhood trauma: Imagery rescripting and reprocessing*. Northvale, NJ: Jason Aronson.

Smyth, J. M., & Pennebaker, J. W. (2008). Exploring the boundary conditions of expressive writing: In search of the right recipe. *British Journal of Health Psychology, 13*, 1–7.

Sroufe, L., & Waters, E. (1977). Heart rate as a convergent measure in clinical and developmental research. *Merrill-Palmer Quarterly, 23*(1), 3–27.

Stewart, I., Barnes-Holmes, D., Hayes, S. C., & Lipkens, R. (2001). Relations among relations: Analogies, metaphors, and stories. In S. C. Hayes, D. Barnes-Holmes, & B. Roche (Eds.), *Relational frame theory: A post-Skinnerian account of human language and cognition* (pp. 73–86). New York: Plenum Press.

Stewart, S. H., Zvolensky, M. J., & Eifert, G. H. (2002). The relations of anxiety sensitivity, experiential avoidance, and alexithymic coping to young adults' motivations for drinking. *Behavior Modification, 26*(2), 274–296.

Stone, E. A., Lin, Y., Rosengarten, H., Kramer, H. K., & Quartermain, D. (2003). Emerging evidence for a central epinephrine-innervated alpha 1-adrenergic system that regulates behavioral activation and is impaired in depression. *Neuropsychopharmacology, 28*(8), 1387–1399.

Stuart, R. B. (1980). *Helping couples change: A social learning approach to marital therapy*. New York: Guilford Press.

Sturmey, P. (2009). Behavioral activation is an evidence-based treatment for depression. *Behavior Modification, 33*(6), 818–829.

Suveg, C., Sood, E., Barmish, A., Tiwari, S., Hudson, J. L., & Kendall, P. C. (2008). "I'd rather not talk about it": Emotion parenting in families of children with an anxiety disorder. *Journal of Family Psychology, 22*(6), 875–884.

Tamir, M., John, O. P., Srivastava, S., & Gross, J. J. (2007). Implicit theories of emotion: Affective and social outcomes across a major life transition. *Journal of Personality and Social Psychology, 92*(4), 731–744.

Tang, T. Z., & DeRubeis, R. J. (1999). Sudden gains and critical sessions in cognitive-behavioral therapy for depression. *Journal of Consulting and Clinical Psychology, 67*(6), 894–904.

Tang, T. Z., DeRubeis, R. J., Hollon, S. D., Amsterdam, J., & Shelton, R. (2007). Sudden gains in cognitive therapy of depression and depression relapse/recurrence. *Journal of Consulting and Clinical Psychology, 75*(3), 404–408.

Taylor, G. J. (1984). Alexithymia: Concept, measurement, and implications for treatment. *The American Journal of Psychiatry, 141*, 725–732.

Taylor, G. J., Bagby, R., & Parker, J. D. A. (1997). Disorders of affect regulation: *Alexithymia in medical and psychiatric illness*. New York: Cambridge University Press.

Tengwall, R. (1981). A note on the influence of F. M. Alexander on the development of Gestalt therapy. *Journal of the History of the Behavioral Sciences, 17*(1), 126–130.

Thera, S. (2003). *The way of mindfulness*. Kandy, Sri Lanka: Buddhist Publication Society.

Tirch, D., & Amodio, R. (2006). Beyond mindfulness and posttraumatic stress disorder. In M. G. T. Kwee, K. J. Gergen, & F. Koshikawa (Eds.), *Horizons in Buddhist psychology* (pp. 101–118). Taos, NM: Taos Institute.

Tirch, D. D., Leahy, R. L., & Silberstein, L. (2009, November). *Relationships among emotional schemas, psychological flexibility, dispositional mindfulness, and emotion regulation*. Paper presented at the meeting of the Association for Behavioral and Cognitive Therapies, New York.

Troy, M., & Sroufe, L. (1987). Victimization among preschoolers: Role of attachment relationship history. *Journal of the American Academy of Child and Adolescent Psychiatry, 26*(2), 166–172.

Turk, C., Heimberg, R. G., Luterek, J. A., Mennin, D. S., & Fresco, D. M. (2005). Delineating emotion regulation deficits in generalized anxiety disorder:

A comparison with social anxiety disorder. *Cognitive Therapy and Research, 29*, 89–106.

Twemlow, S. W., Fonagy, P., Sacco, F. C., O'Toole, M. E., & Vernberg, E. (2002). Premeditated mass shootings in schools: Threat assessment. *Journal of the American Academy of Child and Adolescent Psychiatry, 41*(4), 475–477.

Urban, J., Carlson, E., Egeland, B., & Sroufe, L. (1991). Patterns of individual adaptation across childhood. *Development and Psychopathology, 3*(4), 445–460.

van IJzendoorn, M. (1995). Adult attachment representations, parental responsiveness, and infant attachment: A meta-analysis on the predictive validity of the Adult Attachment Interview. *Psychological Bulletin, 117*(3), 387–403.

Veen, G., & Arntz, A. (2000). Multidimensional dichotomous thinking characterizes borderline personality disorder. *Cognitive Therapy and Research, 24*(1), 23–45.

Völlm, B. A., Taylor, A. N. W., Richardson, P., Corcoran, R., Stirling, J., McKie, S., et al. (2006). Neuronal correlates of theory of mind and empathy: A functional magnetic resonance imaging study in a nonverbal task. *NeuroImaging, 29*, 90–98.

Wagner, A. W., & Linehan, M. M. (1998). Dissociation. In V. M. Follette, J. I. Ruzek, & F.R. Abueg (Eds.), *Cognitive-behavioral therapies for trauma*. New York: Guilford Press.

Wagner, A. W., & Linehan, M. M. (2006). Applications of dialectical behavior therapy to posttraumatic stress disorder and related problems. In V. M. Follette & J. I. Ruzek (Eds.), *Cognitive-behavioral therapies for trauma* (2nd ed., pp. 117–145). New York: Guilford Press.

Walser, R. D., & Hayes, S. C. (2006). Acceptance and commitment therapy in the treatment of posttraumatic stress disorder: Theoretical and applied issues. In V. M. Follette & J. I. Ruzek (Eds.), *Cognitive-behavioral therapies for trauma* (2nd ed., pp. 146–172). New York: Guilford Press.

Wang, S. (2005). A conceptual framework for integrating research related to the physiology of compassion and the wisdom of Buddhist teachings. In P. Gilbert (Ed.), *Compassion: Conceptualisations, research and use in psychotherapy* (pp. 75–120). New York: Routledge.

Wegner, D. M., Schneider, D. J., Carter, S., & White, T. (1987). Paradoxical effects of thought suppression. *Journal of Personality and Social Psychology, 53*, 5–13.

Wells, A. (2004). A cognitive model of GAD: Metacognitions and pathological worry. In R. G. Heimberg, C. L. Turk, & D. S. Mennin (Eds.), *Generalized anxiety disorder: Advances in research and practice* (pp. 164–186). New York: Guilford Press.

Wells, A. (2009). *Metacognitive therapy for anxiety and depression*. New York: Guilford Press.

Wenzlaff, R. M., & Wegner, D. M. (2000). Thought suppression. In S. T. Fiske (Ed.), *Annual review of psychology* (Vol. 51, pp. 59–91). Palo Alto, CA: Annual Reviews.

Wilson, D. S., & Wilson, E. O. (2007). Rethinking the theoretical foundation of sociobiology. *Quarterly Review of Biology, 82*(4), 327–348.

Wilson, K. G., & DuFrene, T. (2009). *Mindfulness for two: An acceptance and commitment therapy approach to mindfulness in psychotherapy*. Oakland, CA: New Harbinger.

Wolpe, J. (1958). *Psychotherapy by reciprocal inhibition*. Stanford, CA: Stanford University Press.

Yen, S., Zlotnick, C., & Costello, E. (2002). Affect regulation in women with borderline personality traits. *Journal of Nervous and Mental Diseases, 190*, 696.

Young, J. E. (1990). *Cognitive therapy for personality disorders: A schema-focused approach*. Sarasota, FL: Professional Resource Exchange.

Young, J. E., Klosko, J. S., & Weishaar, M. E. (2003). *Schema therapy: A practitioner's guide*. New York: Guilford Press.

Zajonc, R. B. (1980). Feeling and thinking: Preferences need no inferences. *American Psychologist, 35*, 151–175.

Zettle, R. D., & Hayes, S. C. (1987). A component and process analysis of cognitive therapy. *Psychological Reports, 61*, 939–953.

Zweig, R. D., & Leahy, R. L. (in press). Eating Disorders and Weight Management: Treatment Plans and Interventions. New York: Guilford Press.

ÍNDICE

Nota: Os números de página em *itálico* indicam figuras.

E

F

S

T

U

V

IMPRESSÃO:

PALLOTTI
GRÁFICA

Santa Maria - RS | Fone: (55) 3220.4500
www.graficapallotti.com.br